2012—2013

心理学
学科发展报告

REPORT ON ADVANCES IN
PSYCHOLOGY

中国科学技术协会　主编
中国心理学会　编著

中国科学技术出版社
·北 京·

图书在版编目（CIP）数据

2012—2013心理学学科发展报告／中国科学技术协会主编；中国心理学会编著．—北京：中国科学技术出版社，2014.2

（中国科协学科发展研究系列报告）

ISBN 978-7-5046-6528-7

I. ①2… II. ①中… ②中… III. ①心理学－学科发展－研究报告－中国－2012—2013 IV. ① B84-12

中国版本图书馆CIP数据核字(2014)第003724号

策划编辑	吕建华　赵　晖	
责任编辑	郭秋霞	
责任校对	孟华英	
责任印制	王　沛	
装帧设计	中文天地	

出　　版	中国科学技术出版社
发　　行	科学普及出版社发行部
地　　址	北京市海淀区中关村南大街16号
邮　　编	100081
发行电话	010-62103354
传　　真	010-62179148
网　　址	http://www.cspbooks.com.cn

开　　本	787mm×1092mm　1/16
字　　数	270千字
印　　张	11.5
版　　次	2014年4月第1版
印　　次	2014年4月第1次印刷
印　　刷	北京市凯鑫彩色印刷有限公司
书　　号	ISBN 978-7-5046-6528-7/B·42
定　　价	39.00元

2012—2013
心理学学科发展报告

REPORT ON ADVANCES IN PSYCHOLOGY

首席科学家　杨玉芳

专家组成员　（按姓氏笔画排序）

王 力	王 玉	王 莹	王偲偲	方 方
左西年	乐国安	刘 力	刘 烨	刘 嘉
刘华山	许 燕	孙 洋	孙向红	克燕南
高红梅	李 扬	李 纾	李 量	杨玉芳
吴昌旭	余嘉元	张 亮	张建新	陈文锋
罗 非	周 雯	周 媛	周明洁	赵国朕
侯杰泰	饶俪琳	施建农	高志要	郭永玉
黄 端	黄景新	梁竹苑	蒋 毅	韩布新
傅小兰	舒 华	禤宇明	薛 贵	

学 术 秘 书　张 亮　黄 端

序

科技自主创新不仅是我国经济社会发展的核心支撑，也是实现中国梦的动力源泉。要在科技自主创新中赢得先机，科学选择科技发展的重点领域和方向、夯实科学发展的学科基础至关重要。

中国科协立足科学共同体自身优势，动员组织所属全国学会持续开展学科发展研究，自 2006 年至 2012 年，共有 104 个全国学会开展了 188 次学科发展研究，编辑出版系列学科发展报告 155 卷，力图集成全国科技界的智慧，通过把握我国相关学科在研究规模、发展态势、学术影响、代表性成果、国际合作等方面的最新进展和发展趋势，为有关决策部门正确安排科技创新战略布局、制定科技创新路线图提供参考。同时因涉及学科众多、内容丰富、信息权威，系列学科发展报告不仅得到我国科技界的关注，得到有关政府部门的重视，也逐步被世界科学界和主要研究机构所关注，显现出持久的学术影响力。

2012 年，中国科协组织 30 个全国学会，分别就本学科或研究领域的发展状况进行系统研究，编写了 30 卷系列学科发展报告（2012—2013）以及 1 卷学科发展报告综合卷。从本次出版的学科发展报告可以看出，当前的学科发展更加重视基础理论研究进展和高新技术、创新技术在产业中的应用，更加关注科研体制创新、管理方式创新以及学科人才队伍建设、基础条件建设。学科发展对于提升自主创新能力、营造科技创新环境、激发科技创新活力正在发挥出越来越重要的作用。

此次学科发展研究顺利完成，得益于有关全国学会的高度重视和精心组织，得益于首席科学家的潜心谋划、亲力亲为，得益于各学科研究团队的认真研究、群策群力。在此次学科发展报告付梓之际，我谨向所有参与工作的专家学者表示衷心感谢，对他们严谨的科学态度和甘于奉献的敬业精神致以崇高的敬意！

　　是为序。

2014 年 2 月 5 日

前　言

继 2006 年科协首次启动学科进展研究项目以来，心理学会已经是第四次承担《心理学学科发展报告》（以下简称《发展报告》）的撰写任务了。在首席科学家和学者们的共同努力下，前三次《发展报告》在心理学研究领域逐渐获得重视，不仅成为研究生们在选题阶段的重要文献参考和选择研究方向的依据，而且使社会大众对心理学揭示心智奥秘、促进心理健康的最新成果有了全面、系统地了解。尤其是对近年来心理学工作者在灾后心理援助、中国儿童青少年心理发展、国民重要心理特征调查等重要领域取得的系列成果进行了梳理，为后续的研究指明了发展的方向。

尽管如此，《发展报告》的撰写仍旧存在一些需要改进的地方。比如历次的《发展报告》对未来的展望比较少，叙述比较简单，对今后学科发展的研究领域或重点研究方向分析不够。再如写作时间比较仓促，又限于篇幅，很多内容来不及细致和深入地调研和讨论。关于学科建设方面的内容在文中也反映得比较少。迄今为止，还尚未对心理学研究中使用的大型实验设备、实验平台的发展进行总结。针对以往三次编写中的问题，本次编写组作了些改进。

首先，中国科协延长了项目的执行周期，使得我们有更充裕的时间组织、甄选、修改和完善报告；其次，此次报告涵盖的范围更广，也更有针对性。本书的综合报告以香山科学会议"心理行为的生物学基础及环境影响因素"为基础，会议聚集了国内心理学各领域的代表性专家，是我国心理学界近年来最权威的会议之一。此次专题报告凝练了香山会议的研讨成果，撰写专家从生物学层次、个体层次，社会层次等各个角度剖析了近年来心理学的发展情况，并比较了国内外状况的异同，进而对心理行为研究的未来发展趋势进行展望。对于专题报告，为了能挑选更具有代表性的主题，我们对心理学界近几年来获批的国家重大基金和重要成果进行了一一筛选，并专门展开研讨，听取专家的意见，从中选出了本书中的五个专题报告。它们分别来源于四个重大课题，国家"973"项目"人类智力的神经基础"，国家"973"项目"网络海量可视媒体智能处理的理论与方法"，国家"863"项目"中国人亚健康状态综合评估诊断"与"亚健康状态的综合干预"，国家"973"项目"面向长期空间飞行的航天员作业能力变化规律及机制研究"，以及一项发表在《科学》杂志上的学习的认知神经科学领域的重要成果。这些专题代表性地反映了心理学面向国家需求，为国民经济发展服务的中心发展思想；最后，我们针对心理学研究中使用的大型设备和实验平台进行了总结，弥补了前几次《发展报告》的不足。

本次《发展报告》由中国科学院心理所杨玉芳研究员作为首席科学家，由孙向红研究员负责组织和项目的实施。本书从筹备到定稿经历了一年半的时间，在此期间得到了多位专家和作者的支持，在这里对各位作者和专家的支持与付出表示衷心的感谢！《发展报告》以服务于心理学内外的专家和年轻学者，为之提供参考指引方向为目标，也期冀本书的出版能够为推动心理学在我国的发展和普及添一份力量。

中国心理学会
2013 年 12 月

目　录

综合报告

专题报告

ABSTRACTS IN ENGLISH

Comprehensive Report

Reports on Special Topics

综合报告

心理行为的生物学基础与环境因素

　　人的心理与行为是心理学的基本研究主题。心理包括心理过程与人格。认知、情感和意志都有发生、发展和消失的阶段，属于心理过程。人格是个人在不同环境中一贯表现、有别于他人的相对稳定的心理特征的总和，包括需要、动机、能力、气质、性格等。但人格不是独立存在的，而是通过心理过程表现出来的。行为是指人在主客观因素影响下而产生的、具有目标和动机的外部活动。

　　心理与行为既有生理和生物的基础，又受到社会、经济和文化等环境因素的影响。这一特点决定了心理学具有自然科学与社会科学的双重属性。由于研究对象的复杂性，心理学对心理行为的研究是多层次和多角度并存。大体可分为三个研究层次：生物学层次，研究心理行为的神经和遗传基础；个体层次，研究个体的心理过程和人格；社会层次，研究由人组成的群体、组织和社会的心理行为以及人与社会的交互影响。

　　对心理行为的生物学基础与环境因素的研究，可以说涵盖了心理学的主要内容。围绕这个主题，本综合报告将从心理行为的神经生物学基础、影响心理行为的社会文化环境因素、心理学应用以及研究方法新进展等四个方面进行分析与介绍。

　　综合报告由两部分组成。一是介绍近年来国内外心理行为研究与应用的主要进展，特别是我国学者结合国情开展研究所取得的令人瞩目的成果。二是比较与展望，阐述心理行为研究的未来发展趋势，国内外研究状况的比较，以及对我国心理行为研究与发展提出的政策建议。

一、主要研究进展

　　进入 21 世纪以来，中国心理学研究取得快速发展。目前，国内已经拥有三百多个心理学研究和教学机构，遍布全国各省市。在国家、省市（部委）等层次建立了一批心理学重点实验室。这些机构为心理学在科学研究和人才培养方面的持久稳定发展提供了重要基础和支撑。

　　围绕心理行为这个研究主题，中国学者进行了大量研究。在一些基础研究领域，有不少优秀的科研成果产生，在国际顶级刊物上发表的论文数量不断增加。在应用领域，心理学为国家的社会建设与经济发展作出了积极贡献。

（一）心理行为及其生物学基础

心理和行为过程是复杂的，相应的机制也是复杂的。随着研究成果的不断积累，人们对各种复杂心理行为过程及其生物学基础的认识正在经历着一个从局部和孤立到总体和统一的历程。这标志着人类对心理行为和其生物学机制之间交互作用的认识进入了一个新的阶段。以下将从 10 个方面来阐述心理行为与生物学基础之间的关系，反映这一学科发展的大趋势。

1. 在中枢唤醒基础上所出现的意识为整合复杂信息输入以及触发适应性行为提供了一个统一的信息表达平台

心理行为活动及其生物学基础之间的关系首先需要从大脑的唤醒状态谈起。主观意识体验主要在觉醒的状态下获得，大脑的唤醒状态是正常意识加工的一个重要条件。因此，了解产生唤醒状态的神经机制就成为了认识心理行为及其生物学基础之间关系的一个关键。

古老的脑干网状激活系统是维持觉醒的核心结构。电刺激深度麻醉的实验动物的脑干网状结构可以产生类似于清醒状态下的全脑性的脑电活动和行为唤醒。已有充分的证据表明，在哺乳动物中意识唤醒活动的发源脑区是由鱼类脑干引发 C- 形启动（C-start）逃避反射行为的 Mauthner 巨型神经细胞进化而来的脑干巨细胞网状核[1]。在哺乳动物中，由突发强感觉刺激所引发的在鱼类中的 C-start 防御性反射反应已被全身性的惊反射反应所替代，而哺乳动物脑干网状结构的巨细胞又直接参与了惊反射活动[2]。一个值得关注的问题是，如果简单的防御性躯体反射是动物进化过程中最原始的行为雏形，为什么产生这种反射活动的网状巨细胞系统参与了"起搏"大脑的意识唤醒过程？探索这个问题将对理解意识的本源至关重要。因此，对 C-start 防御性反射和惊反射同源性的深入研究将对揭示意识的起源有重要的意义。

巨细胞网状核的神经元接受听觉、躯体感觉、前庭觉以及视觉等多种感觉道的输入，并与脑干、皮层以及皮层下前脑等各个层次的脑区都有广泛的神经联系，并涉及各种神经介质系统[1]。这种广泛性的神经投射关系以及多种神经介质突触传递系统的介入造成了参与唤醒的神经元群体系统活动的模块化和多层次化，进而使得中枢唤醒过程的生物学基础有复杂的结构性和统一性。因此，唤醒的生物学基础来自以巨细胞网状核为核心的神经元群体集合的结构复杂性以及功能的复杂性。

更重要的是，在唤醒状态的基础上，长期的进化使得大脑发展出了各种能引发主观特征体验的系统（如各种感觉系统、情绪系统、表象系统等），进而大脑对外部事件（如声音）和大脑主观事件（如表象）以及躯体内部事件（如血糖降低）的表达上升到了主观意识层次。由于多种来源的复杂信息都可以进入主观意识这一加工平台，因此大脑对情绪过程、认知过程、动机过程以及运动过程的加工结果就有了统一性的监控。这种统一化的主观监控反映了大脑为适应复杂信息输入以及引发适应性行为的一个关键性策略，同时也是智力进化、言语发展、文明发展以及社会发展的一个重要基础。

2. 基于神经元的时间动态动作电位基础上的神经元信息交流集合的时空模式

不仅唤醒的生物学基础来自神经元群体集合的结构复杂性以及功能的复杂性，任何心理和行为活动也都建立在大量神经元动作电位活动集群的基础上。神经元是大脑最重要的功能结构单位。每一个神经元的动作电位（简称放电）的产生建立在该神经元整合多源性输入的基础上，是一种建立在神经元之间的聚集－发散联系基础上神经计算的结果。因为神经元的放电是以一种在时间维度上展开的模式来表达信息，因此采用这种时间性载体的重要意义在于能实现处于特定脑结构部位的神经元群体组合的编码与时间动态模式的编码之间的交互作用，以使得编码形式更加立体化。即尽管一个神经元不能表达一个完整的知觉客体或事件（或称有极大的不确定性和不可靠性），但它参与了神经元群的时间动态的完整表达，并通过参与神经元群不同的时空模式来使得群体性的神经编码信息表达的更具有可靠性、确定性、经济性、灵活性和多样性。

神经元的放电在时间维度上展开的另一个重要意义是能实现神经元活动之间的时间相关性计算[3]。这种基于时间相关性计算基础上的神经元群体之间交互作用可以形成的时间动态"捆绑"，而神经元群体活动之间的有不同复杂级别的时间动态"捆绑"则可产生多类型和多层次性的动态"融合"。动态"融合"也是一种神经元群体的自组织表达形式，而动态"融合"的升级性表达可以形成中枢信息表达的升华。动态"融合"信息表达的升华不但是形成主观客体的基础[4]，也可能是形成主观概念的基础以及产生个体的各种智力（包括语言和音乐能力）的基础。然而，针对某一个特定的知觉客体或事件，相应的"捆绑"过程是如何选择和组织起来的还是一个未解的难题。

因为信息输入的复杂性，大脑中在某一时刻会出现表达多个知觉客体或事件的神经元集合，而某一个神经元也会在一定程度上同时参与多个知觉客体或事件的编码。如何能将表达不同知觉客体或事件的神经元群的集合分开，这个问题与著名的"鸡尾酒会"问题在本质上是一致的[5]，即是否参与了针对某一个特定的知觉特征、客体或事件编码的神经元活动都有同样的特异性的动态"标签"。

3. 与神经信号编码过程相平行，心理行为的神经生理学机制也需要基于自下而上加工与自上而下加工之间交互作用的中枢门控体系来维持

人和动物所处的自然环境是复杂的。大脑的基本功能之一就是从大量持续不断的感觉信息涌入中，选择性加工与当前情景有意义的、相关的感觉刺激信息，而忽略或抑制无关和干扰的信息，以实现个体对环境的适应。因此，由于大脑神经元群体加工的复杂性，对这种群体加工的调控也是复杂的。在对外部事件和内部事件神经编码的复杂性进化和发展的同时，也伴随着对信息加工的自下而上与自上而下之间交互作用门控体系的种系进化。这种门控体系可以体现在各个加工层次上，也是实现在各个层次上的选择性加工（如注

意）的基础。例如，上面所提及的与"起搏"大脑的意识有关的由脑干巨型网状神经元所引发的，惊反射就受到跨种系的前脉冲抑制（prepulse inhibition）的门控作用，而前脉冲抑制门控作用又受到更高级的选择性注意的调节作用[6]。还需要一提的是，根据大量的研究结果，视觉丘脑（外侧膝状体）仅仅是一个视觉系统上行中继站的传统观点已经被抛弃。外侧膝状体从视网膜所接受到的纤维投射要远少于发自其他脑区（包括皮层）的纤维投射，表明这个丘脑结构所受到的自上而下的调节影响要大于来自视网膜投射的自下而上的一个影响。实际上，外侧膝状体直接参与了注意转换和运动计划（motor planning）等门控过程[7]。再有，在大脑中并没有门控体系中的最高中枢。例如，前额叶在将注意力集中一个与当前任务有关的感觉刺激的过程中起了关键的作用，而基底神经节对前额叶在视觉加工的自上而下的调节过程中也起了重要的作用[8]，即前额叶的门控过程也受到来自基底神经节的门控调节作用。

记忆功能对人和动物适应复杂的生存和社会环境也非常重要，门控过程也与记忆过程有密切的交互作用。由于中枢系统在每个时刻都接收大量的内外信息的涌入，因此记忆内容的形成过程必须在很强的选择过程中实现，即门控过程与记忆过程之间的交互作用对记忆的获得、保持至关重要。例如，工作记忆与选择性注意之间就有密切的关系：工作记忆所保持的某任务或期望状态信息与在线的视感觉输入信息之间的比较直接影响了对视感觉输入信息的选择性门控过程，而这一门控过程建立在前额叶与顶叶、颞叶以及丘脑之间的神经交互作用的基础上[9]。

4. 记忆和学习过程与情绪过程的整合

受到门控作用的记忆过程与学习过程有密切的关联。学习使得自下而上和自上而下的交互作用形式更加复杂，使得个体和群体对环境的适应行为由于有了经学习所获得的经验和知识的记忆而变得更加丰富和精准。在记忆和学习的交互作用中，情绪过程也起了很大的作用。即情绪过程与学习和记忆过程之间有密切的功能联系。一个经典的例子是因负性情绪学习而形成的恐惧性记忆以及恐惧记忆对认知过程的调节作用。

当人和动物经历伤害性事件（如在野外被蛇咬或在实验室接受电击），会产生强烈的恐惧情绪体验。从生物进化功能的角度看，恐惧性情绪可以被看作是一种跨种系的、用主观体验来对环境中所发生事件的伤害和威胁性质的反映。它可以促使人和动物躲避和消除来自伤害性事物的威胁。因而，恐惧情绪对人和动物种族保存具有重要意义。当一个有充分显示性（salience）的无生态学意义的中性感觉刺激（如一个纯音）与一个能引发恐惧情绪的伤害/威胁性感觉刺激（如电击，即非条件性刺激，unconditioned stimulus，US）同时呈现后，尤其当这两种刺激被同时呈现若干次后，这个中性刺激就被恐惧条件化（fear conditioned）。条件化后的感觉刺激（conditioned stimulus，CS）本身可以单独引发由US所引发的恐惧性情绪反应。这种CS-US信号之间联结式学习（associative learning）的建立不但使得CS起到了提示、预见和表达伤害性US信息的作用，而且CS的出现所引起的恐惧性情绪也能强化针对该CS的选择性注意、知觉加工以及记忆加工[6]，进而形成恐惧情绪过程与认知过程之间的交互作用。因此，恐惧条件化的建立以及相应的情绪过程与认知过程之间的交互作用极大丰富了人和动物适应复杂环境的行为。我们认为，恐惧条件化的根本意义就在于它引发了对 CS 的选择性注意和更加深入的认知加工。

外侧杏仁核直接接受来自听觉丘脑（短潜伏期通路）和听觉联合皮层（长潜伏期通路）的神经轴突投射，并对传入的声音信号进行处理。同时，外侧核还接受躯体感觉系统的投射（包括与疼痛相关的投射）。听觉的 CS 信号和痛觉的 US 信号会聚到外侧杏仁核。这种在外侧核种的信号整合神经过程是恐惧学习发生的一个重要基础，也使得外侧核直接参与了恐惧记忆的存储[10]。外侧杏仁核与前额叶、海马、听觉联合感觉皮层、丘脑、下丘脑和纹状体等结构都有紧密的神经和功能联系。外侧核在与这些脑区的复杂解剖功能联系当中，实现恐惧条件化的形成、相关记忆的储存、恐惧反应的表达、恐惧条件化的消退以及消退恢复等过程[11]。

近年的分子神经生物学研究发现，在 CS-US 联结的短时记忆（short-term memory，STM）向长时记忆（long-term memory，LTM）的转换过程中伴随有特定基因的表达以及新蛋白质的合成[11]。此外，当由条件化刺激所引发的恐惧记忆处于提取阶段时，该长时记忆处于一个不稳定（labile）和再巩固（reconsolidation）的状态。在这个状态下，长时记忆容易受到干扰，并需要重新进行蛋白质的合成，以保持该长时记忆[12]。由于在记忆提取时需要蛋白质合成来继续维持该记忆的保持（de novo protein synthesis to persist），因而习得性恐惧记忆具有很强的易感特征以及受外界影响的复杂性。更进一步，在恐惧条件化形成后，当 CS 被多次反复呈现而不与 US 结合后，CS 所引起的情绪、心理以及行为反应就逐步降低乃至消失，这就是所谓的消退现象[13]。消退本身也是一个学习过程，即是一个学习 CS 新特性的过程，而并非消除了恐惧记忆。其相应的机制包括原来的恐惧记忆与对新记忆的竞争，前额叶在这个竞争中起关键作用[13]。恐惧条件化的消退在很大程度上依赖于实验情景。当实验情景发生改变后，消退也会消失，又出现了恐惧条件化的恢复（renewal），海马在恐惧条件化的恢复过程中起关键作用。这也反映了恐惧条件化本身具有很强的适应环境变化的可塑性。

值得强调的是，在清醒大鼠中，尽管杏仁核外侧核中绝大多数听反应神经元没有对声音频率的选择性，而少数有弱选择性的神经元仅对 10 ～ 12kHz 以上的纯音反应[14]，然而由恐惧条件化所造成的杏仁核听觉反应的变化都有非常显著的刺激特异性（Du, et al., 2012）。这表明，虽然杏仁核外侧核的频率分辨能力不足以形成恐惧条件化中的刺激频率特异性，但包括了杏仁核的与恐惧条件化有关的神经环路能精准地将一个被恐惧条件化的声音与另一个未经条件化的声音区分开。因此，这种刺激特异性一定建立在经历了恐惧条件化后的并具有了相应记忆储存的脑区之间交互作用的基础上，特别是与听皮层的交互作用的基础上。

已有研究证据表明听觉皮层也参与了恐惧条件化后的记忆储存。例如，蛋白激酶 PKMζ 是 PKC 蛋白激酶家族中的一员，它的特殊结构使得这种蛋白激酶具有自动化激活机制，而与长时记忆相关的突触长时程增强（long-term potentiation，LTP）就是通过

PKM ζ 的持续性激活来维持[15]。这表明 PKM ζ 是保持记忆痕迹的物质基础之一。在听觉恐惧条件化后，抑制次级听觉皮层的 PKM ζ 活性可以有效地消除长时程恐惧记忆的行为表达[16]。而在长时程的条件化恐惧记忆的提取过程中，在次级听觉皮层中的由活动所引发的早期基因（immediate early gene）zif268 的表达出现了具有刺激特异性的增强[17]。神经电生理的研究结果也表明，在对某纯音进行恐惧条件化后，大鼠次级听觉皮层对这个纯音频率的选择性增强。如表现为以该频率为特征频率的神经元的感受野变窄[18]以及神经元的特征频率向被恐惧条件化的频率偏移[19]。因此，当某一个声音被恐惧条件化后，该 CS 的声学结构特征、空间特征及其情绪意义等长时程记忆被整合后储存在多个脑区中，包括杏仁核、海马、内侧前额叶、听觉皮层（可能还包括听觉丘脑）以及后顶叶。因此，每个脑区的记忆内容是组合型的（即记忆贮存的全息性）。但由于每个脑区的加工特点各不相同，与记忆有关的神经结构 / 活动可塑性变化的"本地属性"（权重性）也各不相同，即其记忆储存组合类型的权重分配体现了各个脑区的加工特点（如听觉系统侧重于声音结构和空间位置的分析，杏仁核侧重于声音的情绪意义的表达，后顶叶侧重于跨感觉道的空间意识表达、海马侧重于情景分析，而前额叶侧重于与信息整合有关的注意定势等）。所以各个脑区的记忆储存和提取加工之间必须具有动态"捆绑"关系以实现恐惧记忆的完整表达，包括刺激特异性的表达。由于听觉丘脑内膝体腹侧区以及听觉初级皮层的神经元对 1 ~ 40kHz 的纯音都有很高的频率选择性[20]，当 CS 出现后，次级听皮层的记忆提取会受到初级听觉皮层频率加工、杏仁核情绪意义加工、前额叶的信息整合加工，以及顶叶空间加工的多重影响，使得刺激特异性和情绪意义的记忆表达整合性地出现在包括次级听皮层在内的联合听皮层中。由于次级听觉皮层还向杏仁核投射，次级听觉皮层则修饰杏仁核的恐惧记忆表达过程，使得恐惧条件化刺激所引发的杏仁核神经元反应的增强也具有了频率和空间的刺激特异性。因此，情绪学习中的刺激特异性机制的核心是相关脑区之间的机能"捆绑"。

综上所述，情绪学习是人和动物适应复杂环境的一个极为重要的生存功能。它的建立、巩固、表达、再巩固以及消退和恢复的形成都是多种神经过程之间的时间动态整合的结果。因而，深入研究恐惧条件化及其调节的动态过程具有重大的基础理论性意义。这是因为通过对恐惧条件化的研究不仅可以直接探索情绪、学习和记忆的这三种认知过程的神经基础，更重要的是，可以系统性探讨恐惧情绪与感觉、知觉、记忆以及行为之间的动态交互作用。这种系统化多层次的研究可极大地深化对脑活动复杂性基本规律的认识，是认识大脑本质的重要途径。

情绪学习是各个种系动物所具有的适应环境的能力，今后的一个重要的研究课题是：这种基本的适应环境的能力的基本原则是否也在人类高端的心理过程（如与文化、宗教、艺术以及政治等方面相关的心理过程）中体现。

5. 从原始情绪体验到艺术审美在神经机制上的统一性

如上所述，从生物进化功能的角度看，情绪可以被看作是一种用对内脏和激素体液系统活动的主观体验来对环境中所发生事件的性质（正性或负性）的反映。它可以促使人和动物躲避和消除来自伤害性事物的威胁，趋近对个体或种系有生存意义的事物和事件。对于与人类艺术审美有关的情绪过程长期以来被认为是一种高端性的心理过程。然而，随着认知神经科学研究的发展，人们从神经机制的角度上对审美的本质有了新的认识。例如，有证据表明，通过接受初级内脏感觉皮层（背后侧岛叶）的纤维投射而获得来自孤束核的内脏活动信号的前岛叶不但在原始情绪过程中有激活，而在审美评价过程中也有显著的激活。表明在评价客体的生物学意义和评定审美价值之间有内在性的神经机制的联系[21]，即高层次性的审美过程在眶额皮层与岛叶的功能联系的基础上通过外感觉信息与内感觉信息的整合而同时带有高层次性的社会文化需求的特征以及基本的生物学需求的特征。因此，审美能力也是从原始性的对事物的情绪反应进化而来。

不同人有不同的审美特征。今后的一项有意思的研究是考察不同个体的审美特点与其内脏的情绪反应特点之间有无相关性。

6. 语言的起源与运动系统的进化以及言语过程中的多维度信息交流

在人类的进化历史中，语言的产生是一个神奇的过程。因为在地球上的众多生物中，只有人类拥有系统性的语言功能。语言是人类作为高级智慧生物的一个重要标志。有了语言，人类对外部世界、情绪和身体感受的表达更加丰富和细腻。目前，语言起源的"工具打造假说"受到很多研究者的关注。该假说认为，手的结构和功能的发展让人类祖先能够灵活地制造和使用工具，进而促进了语言的形成[22]。语言最初的形式是手语，即通过肢体动作向对方传达意图。随着人类祖先的制造和使用工具能力的提高以及对自然探索的经验积累的增加，复杂的概念和表象也随之产生。由于手语是无法精准地表达复杂或抽象事物，需要通过发音器官阐述更加复杂的声音信号来准确传递自己的意图。手语和发音经过长期的进化和融合，手不再作为主要的意义表达的效应器，而是由新的发音器官（喉、下巴、软腭、嘴唇、舌头等）所代替，最终形成了言语表达。

研究者发现，言语过程和工具使用过程具有相同的神经解剖学基础。尽管言语更多地发生在听觉和发声有关的脑区或模块，而工具的使用更多地涉及视觉空间、身体感觉和手工活动，但二者也有很多共同点。例如，言语和工具使用都属于有目标指向的序列性运动动作，两者都需要整合感官的知觉和运动控制从而执行或理解。并且，言语神经网络和工具使用神经网都涉及额下回、下顶叶和后颞叶皮层等脑结构。其中，额下回作为后侧－前侧脑区链接的枢纽，随着操作复杂度或语言抽象度的增加，额下回的激活区域均从前中侧扩展到后侧。另外，工具使用和语言产生都涉及"双通路"的脑网络结构：在工具使用中，背侧通路是初级视皮层到后顶叶，是与空间运动有关的神经通路；而腹侧通路是从枕叶至颞叶，是加工关于工具的功能和使用的语义知识的信息的通路。由于这两个通路还在后顶叶和下顶叶汇合，因此被认为是将知识经验和动作技能结合的神经基础。在言语神经网络中，背侧通路是上颞叶至听觉运动区（顶叶颞叶交界处和后布洛卡区）的通路，与发声相关；而腹侧通路是从上颞叶至布洛卡区前部，与存储语义表征有关。与工具使用的通路相似，言语的背腹两条通路在额叶后部汇合，那是言语产生和语言理解过程中的层级结构的基础。另外，大脑半球功能一侧化的情况同样出现在言语和工具使用中。语言形成和工具使用都主要具有左半球偏侧化的加工优势。近来也有研究认为右半球在语言加工过程中提供了重要的背景相关信息，而在工具使用过程中也起到了协调动作序列的作用。这说明工具的使用和语言的形成建立在多脑区信息整合的基础上，两者在解剖学上有紧密的关联[22]。

从进化的角度看，两者在解剖学的关联也为其功能学连接提供了证据。远古人类通过工具制造和使用的训练，大脑的神经可塑性增加，逐步形成抽象的逻辑思维。随着使用工具日趋复杂，人们逐步形成对自我、对他人的社会认知，这使得人们寻求有效的方式进行社会沟通，不仅仅依靠手语，而是将手语和发音相结合，传递更准确的意图。另外，工具的使用使得人们可以记录和保存文字（如龟壳上的甲骨文）。正是由于工具，使得文字的出现成为可能，而文字在语言的发展中奠定了重要基础。

不但在语言的起源上，在言语的知觉中，听觉系统和运动系统也有密切的共同参与，以实现言语信息的多维度整合。Liberman在研究阅读机时，发现言语知觉中的协同发音问题：不同的字母在不同的单词中发音是不同的，比如"phone"中的"p"与"sport"中的"p"发音完全不同，但这并不影响我们在这两个词中对字母"p"的识别。Liberman认为言语知觉并不仅仅是对声音信号的分析过程，听者会追随说话人的发音姿势，即发音器官的运动模式，形成特定的语音指令传入大脑皮层进行加工，实现对说话人言语的理解。而这整个过程需要运动系统的参与。这就是著名的言语知觉的运动理论[23]。尽管运动理论提出后受到很多争议，但目前随着脑成像技术的发展，很多研究的确发现了听觉系统和运动系统在言语知觉中发挥了协同性的作用。运动系统在言语知觉中的激活，依赖于任务负荷的大小。相比于安静环境，在嘈杂和混响的环境中识别目标言语需要消耗更多的认知资源，运动系统会被激活，以辅助听觉系统实现对目标言语的加工。运动系统激活的目的，使得听者与说话人形成统一的发音器官运动模式，听者可以时时追随说话人的语速和呼吸频率，更好地了解说话人的意图[24]。

言语这一重要的心理过程也促进了在人类社会体系中各个层次上的交流，并受到环境的差异和个体需求的差异的影响。而环境的差异和个体需求的差异使得言语过程与情绪/情感之间的交互作用也有了社会文化性。言语过程是大脑机能的一种表达形式，它的出现也对中枢系统的可塑性模式有重大的影响，促进了大脑功能的扩展。这里强调的是，言语交流不仅仅是依循语法规则在内容信息上的交流，还伴随着通过对嗓音声学特征的调制而实现对说话人的情绪（如高兴、愤怒、悲伤、害怕等）和态度（如肯定、怀疑、祈求、不满、傲慢等）的表达。对这种言语的多维信息的识别过程建立在多脑区的功能联系的基础上。这些脑区除包括相应的言语神经环路外，还包括后上外侧颞叶皮层（posterior superior lateral temporal cortex）、颞顶交汇区（temporo-parietal junction）、内侧前额叶、眶额皮层、杏仁核以及基底神经节[25]。

以上这些对人类语言过程的了解，可能会带来一场以人和计算机语言交流为核心的新一轮工业革命。

7. 在脑－行为－基因－环境之间复杂交互作用中的个体发展

上述所讨论的各种心理行为与其神经生物机制之间的交互作用都要经历个体的发展过程。发展心理学研究的核心问题就是揭示在个体心理的发生发展过程中，基因、环境、脑和行为之间的联系[26]。其中，脑发育和心理行为发展受到复杂的基因调控的问题受到了越来越多的重视，尤其基因与脑发育、心理行为发育以及生长环境的复杂性对应关系成为了当今的一个研究热点[27, 28]。如何综合多基因的效应来对脑与心理行为发展的遗传性进行解释，如何解释脑发育状态本身与心理行为的关系因特定基因型不同而存在人群以及环境的差异，这些都是今后要回答的重要问题。

8. 脑功能的异常动物模型

人和动物在适应所生存的环境时各个心理活动之间是有协调关系的，相应的大脑各个功能活动之间也有协调性的关联。在一定的社会环境下，建立在生物过程（如物质代谢、基因遗传和个体发育等）基础上的脑协调功能也会出现各种异常。对脑疾病的生物学机理的认识可以通过建立动物模型来加深。一些重大的精神疾病和神经疾病，如精神分裂症、焦虑症、抑郁症、躁狂症、注意缺陷多动障碍、药物成瘾、睡眠障碍等都有了相应的动物模型。在这些行为模型的基础上系统地探索相应的神经机制并建立相应的神经机制模型可以加深对相应精神异常神经生物学机理的理解，并已经为这些精神异常的早期诊断、新治疗方法的建立以及疗效评估等方面作出了积极的贡献[6, 29]。

9. 信息科学的发展和实验研究成果的积累可以促成理论生理心理学的建立

随着实验工作成果的不断积累，实验研究的模式也将从分散性的逐步发展为综合性的。当实验研究资料的丰富性达到一定程度时，理论生理心理学就要适应研究发展的需要而出现。全世界的实验工作的研究资料被统一整合，研究者的主要任务是依据丰富的研究资料对心理行为过程和神经过程作统一化的理解，并试图找到能连接心理行为与生理之间的鸿沟的理论桥梁。同时，在计算机科学、信息科学以及材料科学高度发展的基础上，各种理论计算模型可以通过计算机模拟计算、机器人的脑仿真以及动物脑内调控芯片网络的植入这三种方法来检验（李量，2012）。因此，可以肯定地说，有关心理行为的生物学基础的研究已经进入了数字化时代，人们可以从这三种数字化方法中获得新奇的发现。

10. 心理行为活动和神经活动之间的交互作用蕴藏着宇宙的基本法则，也将成为哲学研究的重要课题

物质、生命和意识是宇宙中的整合体，相互之间有密切的交互作用。而在其复杂的心理行为过程和神经生物过程交互作用当中，又蕴藏着宇宙的基本法则。对这种基本法则的认识也将会推动哲学研究的进步。因此，培养科学－哲学型的综合性研究人才也是今后科学界的一项重要任务。

（二）社会文化环境对人的心理行为的影响与塑造

人自出生之日起，就处于特定的社会环境中，受到各种宏观、微观环境直接和间接的影响，进而从生物学意义上的个体成长为社会中的一员。从生物性个体成长为社会性的人，主要通过社会化过程来完成。社会化（socialization）是指个体通过社会学习获得社会所认可的信念、行为及价值观的过程。虽然个体的经历可能因不同的遗传和环境等因素的复杂的相互作用而各不相同，但每个人都通过社会化过程构建了自己的心理与行为模式。从这个角度看，个体的心理与行为在很大程度上是由其所处的社会文化环境所塑造的。社会文化环境中的不同因素以各自独特的方式影响着个体心理与行为的发展。

客观社会阶层是一种宏观社会环境（macrocontexts）。它导致了高低阶层者物质生活上的差异，使人们生活在不同社区，拥有不同的社交圈，上不同的学校，吃不同的食物，享受不同形式的娱乐活动，穿着不同的服饰[30]。这些差异直接反映了高低阶层者的物质财富、教育和职业的差异。而在社会化的过程中，个体对阶层相关的符号的感知和推论就形成了关于自身的社会地位的认知。这种由自身所处社会地位的认知，导致高低阶层者认知上的唯我主义（solipsism）倾向和情境主义（contextualism）倾向的差异，进一步影响其感知自我、他人和社会的方式。

网络（互联网）是一种微观社会环境（microcontexts）。它日益成为人们社会生活的一部分，几乎无处不在、无所不能，迅速、及时地传播大量的信息，提供社会角色模式和流行的价值观，对人的社会化产生着深刻的影响。网络中的巨量信息具有高度流动性和虚拟性，使得信息交流和沟通等活动超出传统的范畴。网络中大量快捷的信息使人类实现了信息共享，克服了交流的时间和地域的限制，改变了人们的交往和学习方式。因此，网络在人们生活中扮演的角色越来越重要，使得基于网络的心理行为研究逐渐受到研究者的关注，它为我们研究人类的心理与行为规律提供了新的视角。

文化与社会密不可分。既然社会环境能影响个体的心理与行为，那么文化对个体的心理与行为也能产生影响。"一个社会的文化为各类生活问题提供了既存的答案。孩子在其成长过程中逐渐学会用本文化特有的视角来看这个世界。文化向他提供了应付这个世界的手段"[31]。因此，一个人从一出生便被打上了文化的烙印。个体心理与行为的发展目标就是要使其成为一个合格的文化成员，个体的思维方式和行为模式都要符合所属文化群体的要求。可见，个体心理与行为本身就是文化的产物[32]。

以下将重点阐述宏观社会环境中的社会阶层和微观社会环境中网络这两个因素是如何影响和塑造个体的心理与行为的，阐述文化对创造力和行为决策的影响。

1. 社会环境对人的心理与行为的影响与塑造

（1）社会阶层对人的心理与行为的影响

社会阶层（social class）指的是由于经济、政治等多种原因而形成的，在社会层次结构中处于不同地位的群体，这些群体之间存在着客观的社会资源（收入、教育和职业）的差异，以及感知到由此造成的社会地位的差异[33]。社会阶层是心理学探究的一个新的前沿领域。其操作定义有 3 种取向：有的定义强调社会阶层的客观成分，即客观社会阶层（objective social class）或客观社会经济地位（objective SES）；有的定义强调社会阶层的主观成分，即主观社会阶层（subjective social class）或主观社会经济地位（subjective SES）；还有的定义则同时强调客观成分和主观成分两个层面。

Kraus 等（2012）从社会认知视角出发，提出客观物质资源和主观感知的社会地位差异导致了高低不同社会阶层的形成。处于同一社会阶层中的人们由于共享的经历，形成了相对稳定的认知倾向。低阶层者拥有较少的社会资源并感知到较低的社会地位，这限制了他们行为和追求目标的机会，进而增加了他们对外部力量的依赖。长期生活在这种状态下，使得低社会阶层者形成了一种情境主义（contextualism）的社会认知倾向，即情境定向，倾向于认为心理和行为受情境因素的影响。相反，高社会阶层者拥有较多的社会资源，并感知到较高的社会地位，因此能自由地追求他们自己设定的目标[34, 35]。长期生活在这种状态下，使得高社会阶层者形成了唯我主义（solipsism）的社会认知倾向，即个人定向，倾向于认为人的行为主要受个体内部因素（特质、目标、情绪等）的影响，忽略和抵制情境因素对行为的影响，行为多由目标、情绪等个体内部因素激发。环境所导致的高低阶层者认知倾向的差异，进一步影响了其感知自我、他人和社会的方式。

在自我方面，社会阶层的影响体现在自我概念、个人控制和威胁敏感性上。长期处于较低的社会阶层中的个体，形成了互依的（communal）自我概念；而长期处于较高社会阶层中个体，形成了独立的（personally agentic）自我概念。形成了互依的自我概念的低阶层者，更多自发地表述与环境密切相关的那部分自我；倾向于做出与他人一致的选择；强调环境而不是特质和基因影响了行为。相反，形成了独立的自我概念高阶层者，更倾向于用内在特质来进行自我表达；倾向于做出独特的选择；并强调基因和特质对行为的影响[36, 37]。同时，长期处于较低的社会阶层中的个体，自我控制感较弱，威胁敏感性较强[38-40]；而长期处于较高的社会阶层中的个体，自我控制感较高，威胁敏感性较低[41, 42]。

在人际方面，社会阶层的影响体现在人际关系策略和亲社会行为上。高阶层者唯我主义的认知倾向最终导致其偏好交换的关系（exchange relationship）策略；低阶层者的情境主义的认知定向最终导致其偏好互依的关系（communal relationship）策略。在交换的关系中，双方是由于互有需求而进行了关系建构与维持，个体关注于关系中的付出与收益是否平等；相反，在互依关系中，个体对对方的需要和利益进行无条件的投入，哪怕对象是陌生人，个体关注的更多的是对方的需求而不是平等的关系[43, 44]。同时，情境主义认知倾向的低阶层者表现出更多的亲社会行为；唯我主义认知倾向的高阶层者更多地以自我为中心，表现出较少的亲社会行为[45-47]。

在社会知觉方面，社会阶层对社会知觉的影响体现在内群体态度和解释风格上。由于情境主义的认知定向，低社会阶层者对内群体持有社会建构主义（social constructivist）倾

13

向；由于唯我主义的认知定向，高社会阶层者对内群体持有本质主义（essentialist）倾向。即低社会阶层个体倾向于认为社会阶层是根据流行的意识形态、历史经济条件和社会习俗来划分的；高社会将阶层则认为社会阶层是根据内在且稳定的生理因素来划分的[48, 49]。社会阶层对社会知觉的影响体现在同理心上，由于情境主义的认知定向，低社会阶层者对互动对象的移情更加准确，更具有同理心；由于唯我主义的认知定向，高社会阶层者对互动对象的移情准确性较差，较少具有同理心[42]。同时，由于情境主义的认知定向，低社会阶层者倾向于对事件进行外部归因；由于唯我主义的认知定向，高社会阶层者倾向于对事件进行内部归因[50, 51, 40]。

综上可知，社会阶层影响着人的心理行为和社会生活的各个方面。处于同一社会阶层中的人们由于共享的经历，形成了相对稳定的认知、情感和行为倾向。环境所导致的高低阶层者认知上的唯我主义与情境主义倾向的差异，进一步影响了其感知自我、他人和社会的方式。在自我方面，低阶层者以互依的方式来定义自我，其自我控制感水平较低，并且对来自环境中的威胁更敏感；高阶层者则形成了独立的自我概念，其自我控制感水平较高，并且对来自环境中的威胁不够敏感。在人际方面，低阶层者采取一种互依的关系策略，并表现出更多的亲社会行为；高阶层者则采取一种交换的关系策略，且亲社会行为较少。在社会知觉方面，低阶层者更具有同理心，倾向于对事件进行情境归因，而高阶层者倾向于对事件进行特质归因。

（2）网络对人的心理与行为的影响

作为信息化时代重要技术基础和标志物的互联网近年来在全球迅速发展和普及，它不仅深刻地影响了人们的行为方式，而且广泛地影响着社会心理和国民心态。有关网络对人们的心理和行为影响的研究，主要包括：网络与心理健康、网络学习、网络游戏成瘾、网络人际交往、网络集群行为研究等。这里，我们主要从网络社会交往、网络学习以及基于网络的心理信息学（psychoinformatics）三个方面来阐述网络对人的心理与行为的影响，也包括对心理学研究的影响。

网络交往是网络使用行为的一种，主要指人与人通过计算机以及互联网进行人际互动[52]。Tamir 和 Mitchell（2012）的研究发现人们在自我披露时，大脑中与多巴胺神经系统相关的脑区被激活程度显著增加。多巴胺是一种与快乐、兴奋相关的化学物质，例如在一见钟情、性行为、吸烟时。因此，人们在网络交往中使用 Facebook、Twitter 等社交媒体来自我披露（谈论自己、分享自己的观点、照片等）时，激活了大脑奖赏系统中的多巴胺系统，使得社交媒体对人们能产生性、香烟一般难以抵挡的诱惑力。研究还进一步表明这些网络交往方式会对人的现实行为带来影响，例如有研究显示，女性被试在可转发、评论微博时，相对只能阅读微博的对照组的安全型冒险行为倾向显著增强[53]。但这种开放性、无边界的网络交往对人们心理与行为的影响是好是坏并未形成一个一致的结论。如"社会存在理论"和"社会环境线索理论"认为，与面对面交流（face-to-face，FTF）相比，计算机媒介交流由于缺乏语音线索，个体的社会存在感就会减少，人就会变得更加冷漠。Kraut 等人[40]的研究也发现，互联网的过度使用会产生负面效应，如导致个体社会圈子缩小，抑郁和孤独感增加等。国内研究者也发现，网络交往与大学生的孤独感之间存在显著相关。另一方面，Whitty 和 Carr[54] 认为，网络空间为人们提供了一个独一无二的交往环境，这是其他媒介很难或者无法达到的。Suler[55] 则主张，人们在网络空间里更开放，也更诚实。总之，网络同伴交往的支持者认为，虚拟交往并不是远离真实生活和真实人际关系，个人使用互联网不仅维持已有的人际关系，而且也在一个相对没有威胁的环境下建立新的、亲密的、有意义的人际关系，这种人际关系的建立更快、更强、更深也更持久。

网络学习（online learning & e-learning）是指利用计算机将学习的内容、需要交流的材料提供给学习者，学习者通过网络进行人机互动、人人互动而获取经验的一种学习方式。当前网络学习研究的重点主要是网络学习偏好，网络学习的认知过程（学习效率、分心、认知超负荷、信息迷航），影响网络学习的学生个体因素（先前知识、自我调节机能、认知风格）等。网络学习经常与超媒体学习等概念相联系。超媒体学习环境似乎更适合那些具有更多先前知识，更好自我调节技能，更多积极认知风格以及学习态度的学生[56, 57]。研究表明，低水平先前知识的学习者相比于良好先前知识的学习者，在浏览超媒体系统中面临更大的困难[58-60]。由此，一些研究者认为超媒体仅仅适宜于那些更有能力的学生[61]。Gall 和 Hannafin[57] 提出，具有广泛先前知识的个体能更好地调动图式驱动的选择。类似地，Alexander 和 Jetton[62] 认为，学生对专业领域越熟悉，越有能力区分相关和不相关以及重要和不重要的信息。另一个可能的解释来自于结构整合模型[63]，即高水平先前知识的学习者可以从不太连贯的信息呈现方式中获益，而低水平知识的学习者需要连贯的呈现以建构文本的意义，因为他们没有能力自己填补文本结构和自身知识结构之间的鸿沟[64, 65]。自我调节方面，Azevedo 等（2005）在一系列的研究中论证了通过提供适应性支架以激活存在的自我调节技能有利于超媒体的学习效果。自我调节也包含动机过程。Lawless 和 Kulikowich[66, 67] 发现，缺乏动机的学习者在学习任务中的表现不良，且在后续测验中成绩也不好。在认知风格方面，带有复杂认识论信念的学生更愿意投入努力去比较不同信息资源的差异，反思信息的正确性，并且尽可能寻找更多的信息满足他们的学习目标[68,69]。Bendixen 和 Hartley[68] 也发现全知权威信念和固定能力信念和超媒体学习中较差的成绩相关。

除此之外，网络还被视为一种基于计算机和信息科学技术的研究工具。受信息科学在生物基因、天文学等领域成功应用的启发，Yarkoni（2012）结合心理学最新的一些研究成果，提出了"心理信息学"（psychoinformatics）的概念。他把利用计算机和信息科学技术工具来获取、管理和分析心理学数据的研究领域称为心理信息学。首先，网络重新定义了传统意义上基于现实物理空间的心理学实验室。研究者可以通过互联网以更经济、更快捷、更大规模地招募被试，并借助网络应用平台、编程等方式完成在线问卷调查或网络实验。互联网与手机应用的结合，也给心理学研究的实施提供了重要的技术支持。其次，计算机和信息科学技术的发展开启了大数据时代，而心理学的研究也可以充分利用大数据在数据搜集和管理方面的优势。大数据具有全样本而非随机样本的典型特征。虽然目前的一些研究中还未能完全实现全样本，但它们无论在数据量，还是抽样的科学性上相比传统研究都有重大的突破，而且大数据的全样本目标必将随着计算机技术的发展而越来越近。例如，Ginsberg 等（2008）发表在 *Nature* 的研究利用人们在 Google 的搜索数据成功开发了预测季节性流感传播的模型；Golder 和 Macy（2011）发表在 *Science* 的研究利用上百万条公开的 Twitter 数据分析了人们心情变化的昼夜和季节性规律；Bollen 等（2011）借助在线情绪量表来分析 Twitter 数据，发现平静类情绪对 2 ~ 6 天后的道琼斯工业平均指数有显著预测作用。国内也有类似研究，例如，国家重点基础研究发展规划"973"项目"混合网络下社会集群行为感知与规律研究"的南开大学项目组研究者，试图以新浪微博提供的数据构建中国文化环境的网络情绪指标，探索网络情绪与中国股票市场之间的关系，并得到了一些初步结果。最后，在数据分析方面，计算机和信息科学的技术和方法，如机器学习、社会网络分析，也逐渐被应用到心理学的研究中来。例如，Borsboom 等（2011）采用社会网络分析法，发现美国《精神疾病诊断与统计手册》中大多数心理障碍所列举的症状呈现出了"小世界"（small-world）的网络结构。

2. 文化对人的心理与行为的影响与塑造

（1）文化对创造力的影响

创造力是"一种产生具有新颖性（如独创性和新异性等）和适切性（有用的、适合特定需要的）的产品的能力"[70]。已有研究发现，个体创造力受到智力、知识、个性的影响[71]。但是，智力、知识、个性因素还不足以充分解释的创造力的发展与发挥。目前，越来越多的研究认为，创造力不仅是一种个体特征，不仅受到个体智力和动力系统的影响，而是一种复杂的文化现象，是一种"个体－社会－文化"的系统。个体的创造力的发展与表达，受到个体自身动力系统和知识技能等资源系统的影响，同时受到父母教养方式等家庭因素、学校教育理念等学校因素以及整个社会的政治经济文化等社会因素的影响。许多社会科学家认为创造活动起源于社会文化系统而非个体本身[72, 73]。中国人的创造力系统性地低于应有的水平，可以采用这种理论视角进行解释，尤其是中国的传统文化可能是中国人创造力系统性偏低的重要因素。

中国文化中的"杰出人才"与西方社会的"杰出人才"具有不完全相同的含义。或者说中国社会几千年来形成的对于"杰出人才"的评价标准与西方社会的评价标准并不相同。在中国，在"君君臣臣父父子子"的等级价值观和官本位的文化之下，读书就是为了做官，官越大就越杰出。而西方社会，特别是文艺复兴之后，逐渐走向自由、民主和开放，崇尚对自然规律的探索，逐渐建立了基于自然法则的相对客观的评价标准。在西方，自然科学家受到尊崇，而在中国，精巧的技艺则被贬斥为"奇技淫巧"。这种评价标准，影响着人才对于自己职业的选择和投入程度，影响着他们在自然科学、人文社会科学方面的创造性的发挥。通俗地说，在中国，最有能力和创造力的人才都去从政，同时从事科学研究的人又因为社会地位不高而导致创造动机受到打击，因此中国人的创造性的发挥出现系统性地低于其他国家和民族。近现代以来，中国社会制度和政治、经济、文化都发生了质的变化，但几千年来形成的对人才判断的价值取向却已根植于社会的意识形态中，现实中仍在不同程度上影响着社会对人才或杰出人才的评价。如果不改变官本位的制度和文化，如果不能改变自然科学、人文社会科学从业者在人们心中的地位，中国人创造性的发挥的系统性偏低的现象将难以改变。

根据 Arieti[74] 的归纳，适宜创造力的文化应具有这样一些特征：①文化或物质手段的便利；②对各种文化刺激的开放；③注重正在生成的而不是已经存在的；④无差别地让所有人使用文化手段；⑤允许接收不同的甚至对立的文化刺激；⑥对不同观点的容纳和兴趣；⑦注重重要人物的互相影响；⑧对鼓励或奖励的提倡。由此看来，我们需要对中国传统文化进行反思，在此基础上构建有利于中国人创造力发展和表达的家庭、学校和社会环境。

（2）文化对行为决策的影响

行为决策研究人们如何进行判断与选择。目前研究发现，行为决策在合作竞争、过分自信、风险寻求、风险沟通、欺骗—腐败等方面均存在跨文化差异。

在"合作竞争"的研究中，一般认为集体主义的亚洲人比个人主义的西方人更倾向于表现出合作行为。Chen 和 Li（2005）采用囚徒困境的研究范式却发现，这种合作行为是有限制条件的。在异国他乡，中国人与同胞合作较多，与非同胞合作较少；而澳大利亚人则平等地与同胞或非同胞进行合作。这种现象符合"文化的制度观点"的解释，即某些集体主义行为的产生不是因为成员们具有本质趋向，而是因为团体内部存在正式或非正式的相互监视和制裁的系统。一旦撤除这样的系统，人们的行为也就不再被他人的关注所限制，集体主义成员便变得更加自我中心。

针对"过分自信"的跨文化研究发现，相较于西方人，亚洲人具有更高水平的过分自信[2]。这或许可用"论点采纳模型"来解释，该模型认为被试在判断时提出论点的质量和数量会对概率判断产生影响[2]，并进而提出假设：中国"直接指导式"的教育模式与西方"建构式"的教育模式之间的差别导致了过分自信的跨文化差异[75]。李纾等人的研究结果不仅为论点会影响概率判断提供了汇聚性的证据[76, 77]，且通过文化匹配的样本为教育模式会影响过分自信提供了佐证（Li, Chen, Yu, 2006）。

在风险决策中，早有研究发现，集体主义文化成员比个人主义文化成员更追求风险[78]。为此，Weber 和 Hsee[78] 提出"软垫效应"（cushion effect）以解释集体主义成员的冒险倾向，即集体主义文化下的社会成员比个人主义文化下的成员具有更为广阔的社会关系网，在遇到困难时更可能得到其他成员（比如亲朋好友）的资助，而这些社会关系网就像摔跤时的"软垫"一样，使得集体主义文化下的社会成员知觉到的风险要比实际风险小得多，从而比个人主义文化下的成员表现得更为冒险。不过，李纾等人研究结果似乎不太支持这种解释：首先，人们在分别进行集体决策和个人决策时，其风险寻求行为并没有差异（Li et al., 2009）；其次，人们对"亲戚朋友中援手人数"的估计也不能预测人们的赌博参与行为[77]。集体主义文化成员比个人主义文化成员更追求风险的原因还需要进一步探索。

在风险沟通时，跨文化差异主要表现在语言方面。首先，译意相同的中文和英文会因为理解不同而产生决策判断上的文化差异。例如，当性骚扰受害者说"走开"或"go away"时，被试判断骚扰者应该走开的距离并不是相等的（Li & Lee-Wong, 2006）；又如，尽管英文"probable（0.74）"、"possible（0.38）"、"perhaps（0.39）"这三个词都可以翻译成汉语"可能（54.99%）"，但是其所代表的概率值却发生了明显改变。其次，李纾等人研究还发现，中西方对沟通方式的偏爱也存在差异。中国人比西方人存在更明显的"沟通模式偏爱悖论"，即传达信息时偏爱文字概率，接受信息时偏爱数字概率[79]；甚至于表现出"下情上达评价悖论"，即在传递概率信息时，认同数字概率"传声筒"而不认同文字概率"传声筒"，认同将数字概率转化成文字概率的管理者而不认同将文字概率转化成数字概率的管理者[80]。

针对"欺骗—腐败"决策问题的研究也表明存在着文化差异，似乎集体主义文化下更容易产生腐败行为。如，有研究发现当与外组成员相互作用时，集体主义文化的社会成员比个人主义文化的社会成员表现出更多的腐败行为。柏林透明指数也显示，较不腐败的国家多趋向是水平个人主义文化的国家，集体主义文化与腐败显著正相关。针对新加坡样本的分析则进一步表明，尽管新加坡是低腐败的集体主义国家，但在个人层次上，垂直集体主义变量还是可以解释腐败变量的变异[81]。

（3）文化对毕生发展与经济政治行为的影响

在人类发展历史长河中，文化的积累与传承对于心理的影响既在一定程度上显示了民族特异性，又更多地显示了共通之处。可以从文化对个体终身发展的规定、文化传播与相应的经济政治实践两个角度来探讨文化的影响。

在对个体终身发展的规定方面。中国文化传统一再涉及个体与群体心理的毕生发展现象。如孔子自述"吾十有五志于学，三十而立，四十而不惑，五十而知天命，六十而耳顺，七十而从心所欲，不逾矩"；并劝勉"君子有三戒：少年之时，血气未定，戒之在色；及其壮也，血气方刚，戒之在斗；及其老也，血气既衰，戒之在得"。这种毕生发展观经过历代知识分子的传承与发展，最终使得"内圣外王"成为两千年来士人所极力追求的个体心理健康与社会适应的最高发展目标。在西方现代心理学中，Cattell 提出液态与晶态智力不同变化趋势的毕生发展曲线，从而开创并引领百年认知心理的发展趋势研究；Jung 的分析心理学认为分析是个人转化与成长的动力学手段，成长是历经童年、青少年、中年、老年的毕生过程，老年仍可发展全部潜能，从而与 Freud 分道扬镳，建立了心理治疗师与求助者和谐、共同发展的关系[82, 83]；Erik Erikson 认为人生发展八阶段中各自的社会心理危机能否顺利解决，是影响个体心理发展与成熟的关键；Paul Baltes 则基于健康与文化的实证研究，确立了毕生发展心理学的概念、理论与应用价值[84]。

在西方文化全面引入的今天，中国固有文化传承与人在现实中的毕生发展冲突，已经受到西方价值理念的迅猛冲击。中国文化的核心价值观、中国的宗教信仰在宗教文化主导全球化格局的过程中，对个体和群体的心理有重要意义。中国文化不仅影响周边国家[85]，也是西方社会重点学习、吸收的对象，中国的儒家思想、道家思想在西方哲学家、心理学家等学者的著作中都有体现[86, 87]。中西方文化的交流、碰撞、融合和促进，对各自成员的人格、经济发展、社会变革和社会发展都有着重要的影响。五四文化运动以来，中国学者们寻求在文化改革的基础上改变中国国民性格中的缺点，进而促进中国的社会形态的变化和发展，其中重点借鉴的就是西方文化[88, 89]。在全球化浪潮中，人类心理在这种共性与变异中通过现代主流心理学与本土心理学的交汇与碰撞必将继续影响中国人的个体生活与信仰实践与群体的文化传承，进而深刻影响一代代中国人的心理健康发展。

（三）心理学的应用

心理学的理论与方法广泛应用于社会生活的各个领域，由此形成的应用心理学分支学科群，成为心理学学科体系的重要组成部分。以下着重介绍社会心理学的发展趋势、当前热点问题，以及这个领域的学者针对我国国情开展的系统研究及其取得的成果。

1. 欧美社会心理学研究的热点问题

通过梳理欧美社会心理学的历史和研究主题更替脉络，可以看出，从 20 世纪初期对家庭、犯罪、婚姻、道德等等一系列问题进行的系统研究，到 20 世纪 30 ~ 50 年代的态度和态度测量研究，再到 20 世纪 70 ~ 90 年代对社会认知、社会影响、群际关系等基本问题的关注，无一不是基于社会和生活问题，体现了心理学研究基础和应用并重的特征。例如，两次世界大战和纳粹大屠杀，引发了对种族主义、攻击、政治宣传及群体士气等问题的研究；二战后欧洲的社会群体间矛盾，促成了社会认同理论的提出与发展；美国民权运动，推动了刻板印象、偏见和歧视的研究；越南战争和伊拉克战争，激发服从与反服从、沉没成本和少数派影响的研究；亚洲经济的崛起和全球化进程，使跨文化心理学的研究凸显起来；"9.11"事件和恐怖主义的阴云，吸引了应对基本存在焦虑和恐惧管理理论的研究。

从这些例证可以看出，欧美社会心理学发展的根本特征在于，从重大社会现实问题中发现科学问题，在探讨和解决特定社会文化背景中的重大问题的过程中提出科学理论，通过研究成果去回应社会问题，进而形成具有普遍科学意义和全球视角的理论。这种与社会的持续"对话"，毫无疑问是其社会心理学一直保有旺盛生命力的重要源泉。

当前欧美社会心理学继续聚焦社会现象和社会问题，但更多的是学术上的探讨。从 2012—2013 年间的文献检索看，西方应用社会心理学研究主要集中在偏见 / 歧视 / 刻板印象、人际沟通 / 人际关系、社会比较 / 社会竞争、认同、社会判断、污名化和志愿服务 / 亲社会行为七大主题，具体研究内容如下。

（1）偏见 / 歧视 / 刻板印象

偏见和刻板印象是社会心理学经典的研究问题之一。当前该主题的研究主要涉及党派偏见、刻板印象的积极影响、性别歧视 / 刻板印象、种族偏见 / 刻板印象、对弱势人群的偏见、对同性恋的偏见以及年龄歧视等内容。

Munro 等人（2013）研究发现，与呈现第三方标识相比，当实验材料中出现本党派标识时，被试会对其中提到的政策和候选人给予更多积极的评价，更愿意支持候选人，情绪可能在其中起到中介作用。性别歧视在工作领域的表现尤为突出，如 Haynes 和 Lawrence（2013）发现，当混合性别团队没能成功完成男性性别类型任务时，如果得到的是团队表现的信息，人们倾向于责备女性。如果得到的是每个成员的表现信息，人们更多地选择男性作为责备对象。而 Hess[90] 在模拟工作面试中发现，在面试申请"男性（masculine）"工作的女性应聘者时，有经验的面试官会表现出更多消极的行为；而面试申请"女性（feminine）"工作的女性应聘者时，则会表现出更多积极行为。对于没有经验的面试官而言，在面试两类应聘者时，其表现不存在差异。但出乎意料的是，没有经验的面试官在申请者性别与工作特性之间出现不一致情况时，表现出更多积极和较少消极的行为。

种族偏见研究发现，个体对外群体的刻板印象主要体现在工作申请的批准、工作面试的评价以及对他人的魅力感知方面。同时，Guerra1 研究组与 Errafiy 研究组（2013）分别提出了降低群际偏见的方法：一方面，可以通过完全再分类和双重认同降低偏见；另一方面，增加个体对外群体变异性（不同的社会人口学特征、不同的人格特质和个人偏好）的感知，降低其对该群体成员的歧视和区别对待。Stone 和 Wright（2013）在对特殊人群的偏见研究中发现，与轮椅使用者相比，人们对面部损伤者的外显和内隐情感态度更为消极，同样的歧视也存在于竞聘工作岗位情境中。

此外，偏见研究还涵盖对同性恋的偏见和工作竞聘中的年龄歧视。Fritzsche 和 Marcus[91] 研究发现，与年长者相比，年轻的工作申请者受到了更高的工作适合性评价，且同一行业内的工作转换得到的工作适合性评价高于不同行业间的工作转换。在不同行业间转换工作的年长者得到工作适合性最低，即被雇佣的可能性最低。在没有任何过去工作经验信息呈现，且决策者具有高度年龄歧视时，这种效应更为明显。

（2）人际沟通 / 人际关系

人际沟通 / 人际关系是社会心理学中的人际互动主题。Gockela 和 Brauner[92] 研究发现，观点采择能够提高团队成员交互记忆（transactive memory）的精确性，提高人际沟通的有效性，从而促进团队的发展。此外，研究者还比较关注友谊及亲密关系，如大学室友关系、友谊对社交焦虑者自我表露的积极促进作用、第三方宽恕 / 不宽恕效应对亲密关系维持的启示、同伴性别对冲动性消费行为的影响以及非吸烟者对吸烟者的感知对二者亲密关系建立的影响。

（3）社会比较 / 社会竞争

为了保持或提升自尊，人们往往会选择背景不同的人作比较，以得出合乎己意而有偏差的结论。社会比较可以分为上行社会比较和下行社会比较，费斯廷格（Festinger，1954）指出，在上行社会比较中，跟那些更社会化的人比较；在向下的社会比较中做逆向比较。社会比较理论解释人们为什么要模仿传媒中的典范。社会比较可以为个体提高自信心，并且成为合理自我完善的基础。当前研究更多涉及局部社会比较与总体社会比较、上行社会比较与下行社会比较以及竞争情境中的抄袭行为。

研究结果表明，当同时提供局部和总体比较信息时，人们更多地使用局部社会比较信息。Yip 和 Kelly（2013）发现上行社会比较与下行社会比较会降低人们对比较对象的亲社会行为，对比较对象的共情中介了上述效应。也就是说，上行或下行社会比较使人们感受到对目标个体较低的共情，从而导致较低的帮助意愿。Levy 等人（2013）研究发现，下行社会比较存在自我提升效应，这种效应在女性中尤其显著。此外，在排他－选择情境（exclusive–choice situations）中，具有较高竞争性的被试会抄袭对手的选择，因为他们想要使对手感到沮丧和挫败。

（4）认同

Reysena 等人[93]研究发现，当有人刻意模仿个体的公众身份特征时，会激起个体的愤怒情绪和对峙倾向，尤其是当第三方将模仿的特征归属为模仿者时。当引导个体关注内在的身份特征，而不是外在的公众特征时，个体对模仿者的消极反应会有所下降。

Buhrmestera 等人[94]在群体认同的研究发现，群体身份融合（group–identity fusion）者与高度身份认同者（highly group identification）对所属群体行为结果的反应存在差异。前者会将群体的成功和失败都内化为个人的经历，后者则只将成功进行内化，而在失败时极力撇清自己。此外，研究者还关注民族优越感、社会地位以及社会认同威胁对人们形成社会认同及群体融合的影响。

除了个人认同和道德认同，Carter[95]还对道德认同进行了研究。结果发现，道德认同是人类普遍的加工过程，不会随性别、种族或宗教发生改变。不论个体属于哪个群体，其道德行为和情绪反应都是可预测的。

（5）社会判断

目前，社会判断研究主要涉及了谎言识别、对他人名誉的判断、对社会环境的判断以及德品质不变性信念与对刑事罪犯惩罚性的关系研究等。Bond Jr 等人（2013）研究发现，对诱因信息的判断有助于人们成功地识别谎言。Sanbonmatsua 等人（2013）则发现，对他人（尤其是公众人物）名誉知识的增长会降低人们对其名誉的评价，包括赞许性和可信度评价。

此外，Eibacha 等人（2013）研究发现，一般的个人变化如父母身份转变和老龄化可能增加个体对危险的敏感性，从而产生"外界危险在增加"的错觉。有关道德品质判断的研究发现，持有道德品质不变信念的人将犯罪行为归因为罪犯的内在特质，从而对其再犯的可能性持有较高的预期，因而导致较强的惩罚性。

（6）污名化

Bosa 等人[96]将污名化划分为四种类型：公众污名（public stigma）、自我污名（self-stigma）、联盟带来的污名（stigma by association）和结构性污名（structure stigma）。除了传统的污名化的对象外，还包括食物成瘾（food addict）和军队中的心理健康治疗。Shina 等人（2013）还研究了污名化对象的文化差异，结果发现，与个人定向文化相比，群体定向文化更有可能对非规范的群体进行污名化，包括不同族群的外群体（如移民或外籍工作人员）和具有性格污点的外群体（同性恋、酒鬼、瘾君子）。此外，该领域的研究还涉及污名经历的消极影响及污名化的影响因素。

（7）志愿服务／亲社会行为

亲社会行为是指一切有益于他人和社会的行为，如助人、分享、谦让、合作、自我牺牲等。志愿服务是一种典型的亲社会行为。目前该主题的研究主要涉及跨文化的志愿帮助行为、非正式的志愿服务以及志愿服务者的内在动机和自我效能研究。

总体而言，当前西方社会心理学延续了以往社会心理学的经典研究主题，偏重于小样本调查和实验室研究。以社会现象为基础，并逐渐转向社会发展变化过程中社会行为与社会联系的研究，重视社会心理学的理论建设。

2. 中国社会发展中的挑战与中国问题研究

当今的中国社会已经进入一个特殊的发展阶段，各种社会矛盾凸显化。这为我国心理学研究提供了广阔的舞台。如何针对聚集重大现实社会问题展开研究，提出干预和解决办法，进而促进社会的和谐与可持续发展，是我国心理学研究者责无旁贷的历史使命。

根据国际经验，基尼系数 0.4 是贫富分化程度的警戒线，达到警戒线时就是社会问题的频发期。而我国的基尼系数已经连续 10 年位于 0.4 以上，甚至逼近 0.5，社会问题频频爆发。另外，如果一国人均收入进入 1000 ~ 3000 美元，或者人均 GDP 进入 3000 ~ 8000 美元，那么该国就进入社会转型期，社会矛盾会加剧。《2005 年社会蓝皮书》指出，中国的发展在 2004 年已进入到人均 1000 ~ 3000 美元的转型时期。从人均收入 1000 ~ 3000 美元，各种矛盾都会凸显出来，拉美国家就是先例。GDP 人均 3000 ~ 8000 美元是社会发展的三八线。低于此线的国家采用准专制制度会有利于生产力快速发展（例如以前的新加坡），贸然民主，反生乱象（例如巴基斯坦）。一个国家人均 GDP 达到 3000 美元时，如果还不启动从准专制制度向民主制度的过渡进程，其人均 GDP 就会在 3000 ~ 8000 美元之间长期徘徊，无法前进。如果启动这一进程，就有可能鲤鱼跃龙门，进入发达国家俱乐部，成功的典型为韩国。到 2008 年，中国大陆人均 GDP 已近 3000 美元，2011 年中国人均 GDP 达 5432 美元。未来中国陷于"三八线"的可能性是最大的，我们不能盲目乐观。

目前，不管是从人均收入还是人均 GDP 来看，我国都已经进入了社会发展的特殊阶段。实际情况也正是这样，目前我国的社会矛盾层出不穷，各种社会问题频频爆发，社会改革已经到了一个关键阶段。这为我国心理学研究提供了广阔的舞台。如何面向世界科学前沿，在聚焦重大现实问题过程中提炼科学问题，充分发挥心理学为社会经济发展不可替代的作用，进而科学地应对国家战略需求，是中国社会心理学发展的机遇与挑战。

社会发展中产生的很多问题，归根结底都是人的问题。社会的快速变迁对人的心理适应提出了严峻考验，势必造成人心的迷茫与混乱，例如工作压力、社会孤独感、挫败感、价值缺失、道德下滑等，社会发展造成的"阵痛"，也是很多社会问题爆发的根源。要解决这些问题就必须要先了解社会变迁过程中的社会心态，弄清社会问题产生的来龙去脉以及心理在这些环节中的作用，继而为解决问题提供启发。心理学研究应服务于社会发展，理清心理因素在社会问题中的作用机制，为解决社会矛盾建言献策。

目前，针对社会问题我国心理学社会应用研究主要有两类：大样本的整体性调查研究和重点问题研究。

（1）整体性调查研究

整体性调查研究是以大样本为基础进行的追踪性研究，以社会学视角的社会心理研究取向。旨在调查社会民众整体的心理状态即社会心态以及变化趋势。社会心态是一段时间内弥散在整个社会或者社会群体/类别中的宏观社会心境状态，是整个社会的情绪基调、社会共识和社会价值观的总和。中国社会科学院 2011 年、2012 年发布的《中国社会心态蓝皮书》，是在全国范围的调查研究，构建了包含社会认知、社会情绪、社会价值观、社会行为倾向等四大门类的 31 个指标体系，如社会公正感、社会安全感、社会信任、社会幸福感、社会焦虑、公民观念等（王俊秀，2012）。

1）社会幸福感

关于社会幸福感，2012 年的调查发现大多数人的生活满意程度仅停留在一般水平，从高到低将其按等个数分为 4 个等级。其中，得分在 3.27 ~ 3.33 之间的省市自治区有 7 个，得分在 3.33 ~ 3.40 之间的省市自治区有 7 个，得分在 3.40 ~ 3.45 之间的有 7 个，其余 10 个省市自治区的生活满意度平均得分在 3.45 ~ 3.75 之间。对生活现状满意程度最高的是西藏自治区，得分为 3.75，其次山东省，得分为 3.59 分，第三是新疆维吾尔自治区，得分 3.55。随后是安徽省和重庆市，得分分别为 3.52 和 3.50。北京市和上海市位居第 17 和 18 名，得分只有 3.40 和 3.39。而广东省排名 28，得分为 3.29。在它之后只有广西壮族自治区、湖北省、黑龙江省三个地区，其得分分别为 3.28，3.28 和 3.27。

另外，据零点调查集团公布的数据，自 1997 年起我国城镇居民的幸福感水平先表现为下降趋势，然后变化平缓，之后又缓慢波动上升。而"世界价值观调查组织"的数据显示，我国居民的幸福感在世界处于中等偏上水平。2012 年的调查显示，居民对生活状况满意程度的回答中，"非常满意"的比例为 11.5%，"比较满意"的占 33.2%，两项相加为 44.7%，也即 44.7% 的被调查者对生活现状倾向于满意；选择"一般"的被调查者比例最高，为 42.4%；选择"不太满意"的占 9.1%，只有 3.2% 的人选择了"非常不满意"，另有 0.7% 的人认为"说不清楚"[97]。

2）社会信任感

2012 年《中国社会心态蓝皮书》公布的数据表明我国北京、上海等 8 个大中城市社会总体信任感的平均水平已经进入"不信任"的警戒线。对于人际信任，民众只对家庭成员和亲戚朋友有较高信任，对其他人群信任水平普遍偏低，对陌生人极度不信任；在制度信任方面，对于政府机构，人们对中央政府的信任最高，对地方政府信任较低，而对司法部分信任最低；对于商业机构，除银行外，人们对其他所有商业机构均不信任，其中对广告、房地产、食品行业信任程度最低。根据"世界价值观调查"的一组数据，中国民众对政府的总体信任在世界上处于前列，该组调查在取样方面或许存在一些问题，但毋庸置疑的是中国民众对政府的信任的确存在很大的可塑空间。

3）社会价值观

许燕等人（2012）针对大学生的社会价值观展开了为期 18 年的追踪研究。结果发现从 1984—2012 年，大学生的首要价值观类型从政治型逐渐转向实用型和社会型，而且信仰型所占的位置不断提升，政治型所占的位置不断下降并且已经沦为最后一名。这一结果表明了社会变迁浪潮中大学生的心路历程：对于政治意识形态的兴趣在不断下降，对社问题的关注不断提升，同时个人精神信仰的需求不断凸显。

（2）重点问题研究

重点问题研究主要关注社会重点或突出问题，以心理学视角的社会心理研究取向，旨在探明某个具体社会问题的产生、变化以及影响机制，更多是采用小样本的实验研究。

1）非常规突发事件下心理特征与规律

非常规突发事件对人们心理影响机制的研究是近5年来国家关注的重大研究课题。研究者从直接受灾者（victims）、潜在受灾者（potential victims）和旁观者（bystanders）探查了灾难下不同个体与群体心理变化特征与规律（许燕、曹红蓓等，2012）。

2）直接受灾者的研究

灾难对人的心理能量的启动与消耗具有影响作用，运用近红外光谱技术，测查脑部血流量来间接测量心理能量的变化，进而考察灾难对受灾个体产生的心理影响。实验结果获得了两点启示，灾难会损伤直接受灾者的非自动化认知加工能力，进而削弱其社会功能。作为干预因素——意义重构过程能够自上而下地将被解构的环境图式再次结构化、组织化和秩序化，以减少心理能量的损耗并使得其再生，从而促成主动有效的社会适应。

3）潜在受灾者的研究

根据中国民众围绕事态发展情况所感受到的新闻主题，将日本地震灾难发生直到基本平息分为6个阶段（见表2）。通过对日本爆发地震和海啸时期，中国民众的心理反应6个阶段考查发现，认知风险的最高点不是抢盐时期（第3阶段），而是在之后所发生的日本核辐射对中国出现影响的阶段（第4～6阶段）。研究还分析了抢盐行为的中国历史文化效应。

4）旁观者的研究

对于灾难旁观者的研究发现：不同国家对其他国家地震灾难的不同反应，韩国和中国民众比欧美国家具有更高比例的幸灾乐祸比例（许燕、曹红蓓，康萤仪等，2012）。中国民众与美国民众相比更不同情日本地震，且更多地把日本地震归因为报应；但中美民众对印度洋海啸的同情度无差异，社会表征以及归因对两国民众同情具有中介作用（康萤仪等，2012）。研究结果说明，灾难的外围旁观者会对受灾个体或群体产生"邪恶快感（幸灾乐祸）"，特别是在灾难具备"情境合理性"的情况下；对外群体的幸灾乐祸会引发"防御性助人"，表现出"基于利己动机的利他行为"；幸灾乐祸水平随着自身风险认知的提高而降低。

研究的社会实践启示：需密切关注由外群体灾难演化而来的非常规突发事件；在群体事件应对中，通过启动"群氓"的自身风险认知来阻断围观带来的愉悦感，从而瓦解"乌合之众"。

（3）网络情境下的心理与行为特征

1）基于微博平台的行为规律

CNNIC（中国互联网络信息中心）的报告显示，截至2011年年底，中国的网民规模达到5.13亿人，其中微博用户达到2.5亿人，占网民总人数的比例达48.7%。DCCI（中国互联网数据中心）的最新调查显示，截至2012年中国微博用户总量约为3.27亿。由此可以看出，中国微博市场用户规模已基本稳定和成熟。陈浩等人[53]研究发现，仅从阅读材料内容来看，与阅读文本内容相比，阅读微博并不能显著改变个体的某种社会认知或行为倾向。评论、转发微博可启动女性更强的安全型冒险行为倾向，并且这种效果并不受情绪、自尊、自我效能感、自我控制感等可能的中介变量影响。

此外，乐国安等人（2013）采用2011年7月至2011年12月的网络情绪样本区间，在以单个词构建简单的情绪指标的基础上，将情绪进行基本情绪分类，然后检验它们与上证指数之间的关系。结果显示，快乐情绪与上证指数的负相关最高，达到 –0.54。

2）网络集群行为

网络作为普及率飞速增长的新媒体，反映了民众社会心态，也伴随着社会风险。探讨网络集群行为发生、发展、激化和平息的过程与规律，有助于促进社会的稳定与和谐发展。王芳和王萍萍（2010）发现，中国式网络集群行为的诱发事件性质是：事件主体行为违背了人们对当事人角色的期待，而同时又符合个体对其所在群体的刻板印象。邱林、林娴和赵志裕（2012）发现，中国的网络集群行为可划分为社会运动（网上论坛以及请愿和投票）和类暴力运动（人肉搜索、爆吧和网络攻击）两大类。其中，人肉搜索是一种中国特有的网络集群行为形式。过往参与史、对社会问题的关注、个人责任感是社会运动参与可能性的最大正向预测因子；去个体化、孤独感和同伴影响是类暴力运动参与可能性的最大正向预测因子。

（4）腐败与反腐败

腐败与反腐败是一个全球性问题，也是我国转型期所面临的诸多社会和政治问题中一个十分突出的问题。基于中国社会文化背景研究腐败的社会心理机制，有助于建立和完善反腐败的长效应对策略。腐败是困扰中国社会的一大难题，根据透明国际组织2012年公布的数据，中国的腐败知觉指数在176个国家和地区中排名第80，属于腐败比较严重的国家。中国心理学界以往对腐败的研究很少，不过目前已经有研究者开始关注这一问题。

寇彧、蒋奖、王芳等人[98]研究了民众对腐败的态度，结果发现虽然总体上民众对腐败比较厌恶，但也有一些人对腐败者表示出比较复杂的情感，如同情、羡慕和嫉妒；对于高权力者的腐败容忍度通常明显高于低权力者，如果腐败主体涉及家人时结果则反转。腐败者不同行为记录对民众腐败容忍度也有影响（蒋奖，2011），腐败者以前的行为记录影响民众的腐败容忍度，如果腐败者以往具有良好的政绩、表现得较为亲密、关心下属等正面行为，民众对其容忍度更高；但是如果之前一直非常廉价，民众却不能接纳其腐败，这似乎和中国人的"清官"情节有关，大家都希望有一种绝对廉洁的官员，不容有半点沙子。康莹仪等（2013）从文化心理学的角度比较了中国人和美国人对行贿的知觉、判断。研究发现，中国被试对个体行贿更为容忍，而美国被试则更不容忍；中国被试认为个体行贿会引发更小的成本与收益，由外部原因造成，对行为进行更少的不正直推断，而美国被试表现相反的模式。许燕等（2013）通过心理绑架的过程模型的建立探讨了"清官如何变为贪官"的问题，结果发现：中国的人情关系网络是诱导官员腐败的重要因素，其过程就好比一种"心理绑架"。一些别有所求的人以"交朋友"的名义逐步接近官员，并不断无偿地向官员输送资源，以此使官员放松警惕。一旦关系牢靠后则转而向官员索取好处，等到官员发现自己已经触犯法律底线时，又以软性胁迫的方式将其一步步拉向腐败的深渊。研究者用实验研究检验了其中一些假设，结果发现，人们更容易接纳熟人提供的"非法"资源，而且总体上人们对非金钱资源（如信息、服务、礼物）的接受程度比金钱高。比起显性贿赂，"心理绑架"的模式更能降低人们在腐败实验中感知到的腐败风险，从而增加腐败行为频率。

（5）户籍制度改革与对农民工歧视

在中国社会转型期，促进不同群体之间的社会平等与心理融合，是建设和谐社会的重要任务。邝磊和刘力（2012）通过问卷调查、启动实验和招聘情境实验等一系列研究，发现对现行户籍制度的公正性进行辩护，是歧视农民工的根源；废除现行户籍制度，可以降低对农民工歧视。这一研究使系统公正理论关注点从社会控制转向了社会变迁；同时，也为目前迫切需要解决的户籍制度改革提供了心理学实证支持与建议。

综上所述，鉴于心理学所具有的重要科学价值及其对推动社会可持续发展的重要贡献，国内外同行需协作开展基于中国社会发展进程中重大社会现实问题的心理学研究，从而真正发挥心理学的理论创新和服务社会的双重功能。

（四）心理学研究方法的进展

心理学的发展史几乎就是一部心理学方法的发展史，心理学的每次重大变革都离不开心理学研究方法的重大突破。自 20 世纪 90 年代以来，心理学研究方法发展最显著的特点是与认知神经科学的发展息息相关的。认知神经科学的研究旨在阐明认知活动的脑机制，即人类大脑如何调用其各层次上的组件，包括分子、细胞、脑组织区和全脑去实现各种认知活动。在方法学上，认知神经科学包括两类互补的研究途径：用电生理方法研究感觉信息如何在清醒动物大脑中表征，用无创性成像方法研究正常人的感觉及高级心理过程。脑成像技术的发展，使科学家实现了观察人脑认知活动的梦想。认知神经科学综合多种研究技术，如脑功能成像技术、神经心理学、计算机模拟、认知分子生物学、行为遗传学和分子遗传学等方法和技术，在短短的 20 年里取得了令人瞩目的进展。在这段期间，统计技术也经历了快速发展的时期。统计方法是心理学研究极为重要的方法学基础，也是使心理学由对现象的简单描述或思辨升华为真正科学研究的重要依靠。它们共同对传统心理学的理论建构和各内容领域的研究产生了巨大影响，其方法学思想和技术渗透到心理学的各个研究领域。

1. 理论和技术推动下的认知神经科学方法学

心智、认知、智力已经成为多学科科学家关心的概念，寻找心理学现象的物质基础是多学科共同努力的目标。认知神经科学的高度跨学科性以及与高新技术发展的密切相关，促进了科学家对科学问题的思考、对因果关系研究的探索以及将实验设计与多技术途径的结合。

（1）模块化思想与脑功能定位研究

传统心理学长期以来聚焦于研究人类行为的心理活动基础及其社会领域的应用，认知心理学家从信息加工角度，通过巧妙的实验设计，利用反应时技术探讨知觉、记忆、语言等加工进程，建立了许多著名的认知模型，模型描述了信息加工的流程和框架，揭示了许多心理过程的基本特性，但难以展示认知模型框图中的心理过程的神经基础。神经生理学家和解剖学家一直按机能定位的指导思想试图寻找各种认知功能的特异脑中枢。采用双分离方法学原则发现了人脑功能模块性或多重功能系统。认知神经心理学家尝试通过探讨脑损伤病人特异性受损和保留的认知环节，以模块化理论为指导，建立脑损伤部位与受损行为的因果关系，进一步推论人类正常的认知结构和功能。心理学提供的理论模型，可以说明脑缺陷对认知行为损伤的影响，但研究发现脑损伤区域和认知障碍模式的对应远远比人们认识到的要复杂。

随着现代技术手段的进步，探索人类行为和心理活动的生物学基础成为现代心理学的主流，其中，脑功能成像技术极大地促进了神经科学与现代心理学的融合发展，神经影像学为回答认知的脑基础问题提供了重要途径。20世纪的90年代初，高时空分辨率无损脑成像技术，尤其是功能磁共振成像（fMRI）的出现以及随后的快速发展，使得"解读心脑关联机制"成为研究的热点[99]。在揭示认知活动的脑基础的研究中，心理学提供的理论模型和实验设计起着至关重要的作用。脑功能成像研究最常用的范式是任务激活区检测（T-fMRI）。基于认知功能模块化和大脑功能定位的思想，研究者通过设计各种特定认知或情感任务及基线条件，使得科学家可以观察活体人脑的哪些部位对于外界的认知刺激会做出反应，并由此发现了大量与特定认知功能相对应的脑区。目前，研究者已经在与注意、知觉、记忆、语言等认知功能相关联脑区的认识上获得了巨大的进步，极大地丰富了对认知模型框图中的脑基础的认识。近年来研究者开始从神经网络的角度重新思考大脑的认知神经机制，越来越重视脑区之间的功能和有效联结机制、刺激和任务对脑区动态激活的调节、认知脑区与其他脑区的分工协作机制。

（2）静息态脑功能与人脑连接组

静息（闭眼、清醒、无特定认知任务）状态下测量的人脑基础代谢达到人体总能耗的1/5，凸显出静息态脑功能研究的重要性。自1995年出现以来，静息态功能磁共振技术已经成为研究人脑功能的强有力的实验工具，尤其是在神经与精神疾病相关脑功能异常的探讨方面。2005年，著名脑网络专家Olaf Sporns革命性地提出基于复杂网络和图论研究大脑的系统神经科学框架 – 人脑连接组（connectome）[100]，并于2008年第一次绘制出大脑高精度纤维连接图谱，革新了人们对于大脑结构连接图谱的认识。随后，脑连接组学被神经科学领域广泛地接受并迅速地应用于研究各种神经科学问题，人类大脑的"小世界、层级和模块化组织等高度优化特点"在不同时空尺度上被揭示。2009年，全世界35个实验室的近50位科学家免费的共享近1500人的静息态脑功能数据，建立了"千人功能连接组计划（1000 Functional Connectomes Project：FCP）"，并且首次提出"功能连接组"概念和基于大数据的发现神经科学框架，展示了其年龄和性别的脑功能关联[101]。受其促进，美国国家卫生局于当年斥资 4000 万美元推出"人类连接组计划（Human Connectome Project：HCP）"，致力于建立人类丰富的个体行为与大脑连接组的关联，并探寻其基因层面的联系。经过近 5 年的快速发展，脑连接组学在计算方法学、行为与心理关联和临床基础研究各方面取得了显著成绩[102]。基于海量影像数据的发现神经科学将会成为革新当前神经科学研究的至关重要的驱动力，以此为基础的人脑功能连接组学将成为以心脑关联研究为核心的发现心理学的主要方法学框架，极大地促进心理学领域革命性的重新审视传统意义上的行为学研究框架。

意识到人脑功能连接组学的重要性，国际上各个发达国家与地区都已经迅速地跟进了相应的政府计划。其中最具挑战的是欧洲的 CONN 计划，致力于彻底解决人脑计算的物理与生物学模型，因此理解心脑关联的机制只是其副产品之一。最具吸引力的当属美国政府投巨资（30 亿美元）的长时（10 年）"人类脑活动图谱计划或基于创新神经技术的脑研究计划（BRAIN）"，其目标之一是记录全脑神经元的功能活动，进一步研究其与各种心理行为的关联，达到最终理解人脑正常功能以及异常的机制。在国内，科技部目前已经资助两个"973"项目，旨在探索精神分裂症（人脑网络组计划）和老年痴呆症的脑连接组异常；国家自然科学基金也特别设置了关于脑连接组情感环路的重大研究计划；中国科学院于 2012 年推出了聚焦细胞与分子等微观尺度上脑连接组属性的 B 类先导专项。这些计划在某种程度上代表了国内学术界对于人脑研究的思考。

中国是较早开展人脑连接组学计算方法学研究的国家之一，中国科学院自动化研究所模式识别国家重点实验室蒋田仔研究员课题组、杭州师范大学认知与脑疾病研究中心臧玉峰教授课题组、北京师范大学脑与认知科学研究院朱朝喆、贺永和姚力组成的课题组群和中国科学院心理研究所左西年研究员领衔的人脑功能连接组与发展实验室等开展了一系列在国际上具备影响的方法学研究。杭州师范大学认知与脑疾病研究中心臧玉峰教授是国际 FCP 核心组委之一，通过共享大量神经影像数据，开发人脑连接组计算软件 REST[103]、BrainNet Viewer[104]、CCS[105] 等，在此领域获得了很高国际声誉。在这一新的研究领域，我国学者已经发表了高水平的成果。王亮等发现两侧半球海马间的功能连接能够预测个体的情景记忆能力，但双侧运动皮层的功能连接则不能预测[106]。毕彦超课题组发现大脑左侧颞中回的静息态脑功能活动强度可以预测个体语义处理效能[107]对汶川地震幸存者的脑功能变化的研究发现，在重大创伤经历后的很短时间内，脑功能就会发生显著改变，而且与那些创伤后应激障碍的人有很多相似的地方[108]。

（3）基于个体差异法的认知神经科学研究

认知心理学对人类信息加工过程进行精细的实验研究，概括出许多心理过程的基本特性，提供了理解心理过程个体差异的科学基础。脑成像数据可以提供大量与行为并存的相应脑功能参数，如脑细胞或不同脑区神经信息处理和能量代谢水平的差异、同一心理过程脑激活区大小、多少和激活水平的差异等，进一步为人脑认知功能的个体差异研究奠定了方法基础。在对一个群体的研究中，测量值包含两个变量，即平均值与标准差。前者描述的是群体在该测量中的整体属性，而后者描述的是组成该群体的个体相对于整体属性的偏离。在经典的实验心理学、认知心理学、认知神经科学研究中，研究者通常采用的是基于平均值的统计，即同一群体在两个实验条件下或两个群体在同一实验条件下，平均值之间是否存在显著的差异，并由此来推断人的认知过程及神经基础。而个体之间的差异，则通常被认为是由测量误差所导致；于是研究者通过严格控制被试来源、提高被试同质性等手段来降低个体间的差异。这背后的逻辑是基于这样一种的假设，即所有人都是相同的。

1）个体差异法在认知神经科学中的兴起

虽然个体差异法在人格和智力的研究中一直是最主要的方法，但是在相当长的时间里，该方法并未在认知神经科学中得到足够的重视。一种可能的原因是：基本认知过程中的个体差异在日常生活中并不明显，导致研究者直觉地认为认知过程的神经基础在个体间不具有明显的差异。另一种可能原因是，脑认知成像技术花费较高，导致研究者只能对少数几人或十几人的神经活动进行记录；由于样本代表性以及统计检验效力的限制，因此无法对小样本进行个体差异分析。

近年来，随着证据的不断积累，研究者逐渐意识到个体差异在认知过程及神经基础中广泛存在[109]。例如，Ebbinghaus 错觉、Ponzo 错觉这类基本的视错觉存在极大的个体差异，而且大脑初级视觉皮层（V1）的面积能够有效地预测错觉的大小[110]。其次，随着磁共振脑成像设备的广泛使用和相关实验费用的下降，不少研究组已有条件对上百人甚至上千人开展脑认知成像（如 Human Connectome Project），使得对认知过程的神经基础的个体差异分析成为可能。最后，不同研究组之间开始共享脑认知成像数据（如 ADHD-200 Consortium），建构了一些大规模的数据库，促进了研究者对这类大数据（big data）进行个体差异的分析。

2）基于个体差异法的三种主要研究方法

最直接方法是基于正常人，分析两个行为学指标之间或者行为与神经学指标之间的相关（方法一：correlation approach）。例如，一项研究发现，枕叶面孔区（occipital face area，OFA）和梭状回面孔区（fusiform face area）之间功能连接强度能够预测正常成人的面孔识别能力（即行为与神经学指标之间的相关分析），但与一般物体识别能力无关[111]。该结果表明，对面孔的识别依赖于它们之间自发神经活动的同步性。这类分析的优势是思路简单、直接，因此是基于个体差异的认知神经科学研究的最主要方法。但是，由于一些变量间关联的效应量（effect size）不高，为了增加统计检验效力，往往需要较大的样本量，从而耗费较多的研究资源。

为了弥补相关分析的不足，研究者采取了基于正常人的极端值分析（方法二：rxtreme value approach）。首先，研究者采取单一测量获取被试的认知能力，并采取一定的标准（例如，平均数上下各一个标准差）将被试分为高分组与低分组；然后，研究者再对挑选出来的这两组被试进行更全面的、系统的多指标测查和比较。因为直接对比了在整个群体分布中的极端被试，所以效应量比基于全体被试的相关分析更大[114]。因此，在被试量相等时，极端值分析比相关分析具有更高的统计检验效力；此外，由于只需要对分布在两端的被试进行系统测查，因此在有明确假设的前提下，极端值分析更加节约研究资源。例如，一项研究首先测量了大量被试的数学成绩，选出成绩极差与极好的被试各 13 名；之后，研究者对这 26 名被试在完成数量估计任务时进行 fMRI 扫描，从而检验数学成绩影响数量估计任务的神经基础。但是，因为极端值分析人为地将被试划分为高、低分组，所以两组被试差异的效应量并不能精确反映变量之间关联的真实效应量大小；而真实的效应量只能通过基于全部被试的相关分析来估计。

最后，还可以对比特殊群体（认知障碍患者或者认知能力超长者）与正常人的差异（方法三：case-control approach），从而揭示出特殊群体所特有的认知与神经特性，并进一步地促进对相关认知过程和神经基础的理解。例如，一项研究表明面孔识别方面存在严重障碍的个体，即发展性面孔失认症者（developmental prosopagnosia，DP）在大脑静息状态下的脑神经活动存在异常——其 OFA 与 FFA 之间的功能连接显著弱于正常人。该研究一方面说明 OFA 与 FFA 之间的信息传导异常可能是 DP 的主要病因，也暗示了这一通路在面孔加工中的关键作用。相比前面两种分析思路，特殊群体/正常人的对比分析往往具有更大的效应量，而且本身就是揭示认知障碍机制（或专家效应）的核心研究方法，具有实用价值。但该方法也存在一些挑战：首先对认知障碍难以界定，而且认知障碍者行为表型的异质性较高，因此这些挑战都有待于同类研究不断地去积累、完善。

3）个体差异法在认知神经科学中的方法学地位

首先，个体差异法在认知神经科学中具有不可替代的作用，因为它能够动态地考察基因和环境对人的认知能力及神经基础的调控，了解认知障碍与认知能力超常者的原因，并由此建立认知结构的神经模型。

其次，通过个体差异法探索"脑－行为"关联在认知神经科学中具有特殊的意义。脑－行为相关分析虽然不能揭示因果关系，但由于其所揭示的神经学变量能够直接预测行为表现，不仅能够阐明行为的神经基础，而且还能将该神经学变量作为神经学标记，作为诸如临床诊断等的指标。因此，脑－行为相关在认知神经科学中的价值，要高于行为－行为相关在传统行为研究中的价值。

最后，基于个体差异法所发现的变量之间的关联，为下一步的因果机制探索提供了重要的先期理论指引，降低了科学探索的盲目性。例如，在发现相关之后，可以采取纵向追踪研究、认知训练以及神经调控（如经颅磁刺激和光遗传学技术）等方法进一步揭示相关背后的因果机制。

总之，研究者已经逐渐深刻地认识到，任何个体都有自己独特的遗传特质，都有自己独特的成长环境，因此个体差异反映的不仅仅是测量误差，还体现了遗传和环境对认知能力的调控，所以个体差异应该成为研究人的认知能力及神经基础的核心考察变量。

2. 心理测量学测量理论的新进展

（1）新一代测量理论的兴起

自从世界上第一个心理测验量表诞生以来，心理测量学已经走过了 100 年左右的历史，Mislevy（1993）将迄今为止的心理测量理论发展过程划分为两个阶段：标准测验理论阶段和新一代测验理论阶段。在标准测验理论阶段，测量学家提出了经典测验理论、概化理论和项目反应理论。这些理论的共同特点是对人的潜在特质进行整体的定量描述，并且在一个单维的、线性的、连续的度量系统上标定被试的位置。但是，这种宏观上的描述无法揭示被试的认知成分和认知特点。随着心理学的发展，人们将蓬勃兴起的认知心理学与测量理论相结合，从而进入了新一代测验理论阶段。认知诊断模型是新一代测验理论的核心，它包括了规则空间模型、融合模型、DINA 模型、NIDA 模型等几十种模型，这些模型的基本思想是根据被试对各认知属性的掌握程度对其进行归类。

近年来，各类心理测验都得到了蓬勃发展，包括智力测验、人格测验、教育测验（入学考试、水平测验）、职业资格考试、职业指导测验、临床心理测验等都在很多领域得到了广泛。各种理论都得到了深入的研究，包括对于经典测验理论、概化理论、项目反应理论和认知诊断理论等。

但有对于测量的本质的探讨还显得不够，标准测验理论的本质是进行间接测量，而间接测量就是软测量。目前已经有许多智能计算的方法（如 BP 神经网络、遗传算法、粒子群、蚁群算法等）都是可以运用于软测量的。但传统的心理测量学中只是运用了统计学的方法，今后可以充分运用这些智能计算的方法，将心理测量学第一个阶段的理论推向软测量的时期。新一代测量理论的本质上是进行模式识别（分类），智能计算中已经有许多较为成熟的模式识别方法（如概率神经网络、SOM 网络、支持向量机等），都可以运用到认知诊断中，从而把心理测量学第二阶段的理论推向软识别（软分类）时期。

（2）心理软计算及其发展前景

我们把心理软测量和软识别统称为心理软计算，它是智能计算和心理测量学相结合的产物。智能计算是借助于自然界（生物界）规律的启迪，根据其原理，模仿设计的求解问题算法，也称为软计算，它包括人工神经网络、遗传算法、模糊逻辑、粗糙集、蚁群算法、粒子群、基因表达式编程等。

软计算有以下的特征：①对于问题不必写出明确的数学表达式；②无需求得非常精确的解；③该家族中的不同成员能履行不同种类的任务，例如，模糊逻辑可以处理不精确的问题，神经网络可用于非线性系统的建模，遗传算法很适合进行搜索和优化；④该家族中的不同成员可以相互组合，取长补短。测量学家正在尝试将各种软计算的方法运用于心理测量的各个方面，逐步形成富有特色的心理软计算。

心理软计算是运用软计算中的各种方法解决心理测量学中的问题，目前主要包括心理软测量和心理软识别。心理软测量包括数学建模和参数反演和组卷两个方面。在"数学建模"方面，人们可以采用神经网络、基因表达式编程等方法进行数学建模，神经网络建立的是隐性模型，基因表达式编程建立的是显性模型。人们运用神经网络可以建立预测变量和效标变量关系的模型，运用基因表达式编程建立了因变量和多个自变量之间关系的非线性模型。

在参数反演和组卷方面，在标准测验理论中，人们通常是采用统计方法对被试的潜在特质进行参数估计（参数反演），取得了一定的成果，但并没有解决所有的问题。根据心理软测量的思想，人们可以主动地从间接测量的本质特质出发，采用遗传算法、蚁群算法、粒子群等优化算法，进行参数反演，例如有研究者采用遗传算法对和神经网络项目反应模型中的被试能力和项目参数进行估计[112]，有研究者将改进的遗传算法运用于组卷和编制平行测验，还有研究者将遗传算法运用到计算机化在线测验中，都取得了较好的效果。

在新一代测量理论中，人们通常采用统计方法对被试进行认知诊断，心理软识别则是对统计诊断方法进行了扩展，它包括了特征提取和智能化识别。在特征提取方面，软计算中已经提出了基于遗传算法、基于核函数、基于粗糙集等多种特征选择和提取方法，这些对于确定被试的认知属性是非常有用的。在智能化识别方面，神经网络、支持向量机、遗传算法、模糊集方法、贝叶斯网络都在开始发挥作用。Finkelman 将遗传算法运用于认知诊断测验的编制，也有研究者运用遗传算法对学生的学习风格进行识别[113]。喻晓锋等研究者运用贝叶斯网络来确定认知诊断中的属性层次结构[114]，刘湘川等学者将不同模式的贝叶斯网运用于计算机化的认知诊断测验比较中，取得了较好的成果。

在未来的研究中，心理软计算可以解决以下的问题：①学习和建模——根据实证研究的数据建立模型；②搜索和优化——对模型中的参数进行最优估计；③推理和判断——从研究结果中获取知识，运用粗糙集可以获得产生式规则，运用神经网络可以获得内隐知识。

3. 心理统计学的新进展

在 20 世纪初，现在看来非常简单的统计分析方法（如，相关系数），已是当时最前沿的方法。在中国，辛治华在 1965 年分析《心理学报》1959—1965 年的文章，它们所用的统计方法（如，百分数、平均数），也只不过是现在的初高中数学内容。20 世纪 70 年代以来，随着一系列多元统计方法和计算机软件的迅速发展，社会科学研究领域探寻多个自变量与多个因变量之间的关联关系或因果关系的方法与技术有了突破性进展。各种现在常用统计方法，依出现在文献的次序大致为：回归、相关、卡方分析、方差分析、t- 检验、协方差分析、因子分析、聚类分析及非参数分析[115]。近年来使用方差 / 协方差分析、相关分析和 t- 检验的使用率渐减，但回归及因子分析的使用则增多。非参数方法在 20 世纪 60 年代达至顶峰后随后下降，但近年则略呈上升的态势。因子分析（近年已包含结构方程分析在内的验证因子分析）在研究院多独立成科。近年来，统计方法的应用呈现出不断整合的趋势，使用回归方程去替代 t- 检验及方差 / 协方差的人愈多，也解释了为什么回归方程的使用者上升。

介绍三种新近发展的心理统计方法，以展示新方法对理论及研究方法的影响。

（1）结构方程模型的发展和应用

这是新一代统计分析方法突出的特点。结构方程模型自 20 世纪 90 年代以来，成为多元统计最重要的工具[116]。结构方程模型提供了非常灵活的框架来处理潜变量和观测变量，将心理学中的潜在构念、变量间的复杂关系整合起来。它所以垄断成为主流，是因为它包含其他常用技巧：多元回归、路径分析、广义线性模型、主成分分析、探索因子分析（验证因子分析）、多元方差分析、方差分析、判别分析、被试内（重复测量）分析、典型相关（canonical）分析、项目反应分析、时序分析等。另外，虽然研究者经常遇到缺失数据，随着极大似然估计方法和贝叶斯估计方法的发展，我们可以在结构方程模型的框架下，提出了一些基于模型的缺失数据的新处理方法。最后，除了能处理连续正态分布的数据外，也发展出能处理其他类型数据，如类别（categorical）型数据的数学模型和软件包。结构方程模型拓展了心理学研究的思路，使研究者有可能提出和检验更丰富的假说，使多变量、交互作用、多指标、潜变量的探索成为可能，其研究扩展到发展心理学、行为遗传学、教育、公众健康等领域。发展、教育、管理、经济、医药、社会领域研究中，取样常常包含嵌套结构，传统分析方法简单忽略数据的层次结构导致估计误差，多层分析技术解决了困扰社会科学多半个世纪的生态谬误问题，大大减少由于取样的嵌套结构引起的统计误差。

（2）多层回归模式及增长（growth）模型

很多新的统计方法都是针对存在已久的理论问题。例如，在工业心理学中，我们希望了解雇员与雇主的关系时，数据是聚类（cluster）形式，传统计算相关、回归等方法由于违背了独立性的假设，均不适宜。同理，在研究学习心理时，一般来说，学生的社经地位与成绩有正相关，但班中各同学社经地位的均值，却往往与学生成绩成负相关，这些处于不同水平数据的复杂关系，在 20 世纪 80 年代以前难以妥善解决，多层回归模式及相应的计算机软件出现后[117]，这些问题都能一一解决。此外，在做文献综述时，我们常借助元分析，因为每个研究可能提供数个互有关联的功效量（effect size），近年更正确地用多层数据分析和结构方程模型，进行元分析。上述多层回归模型可转化成增长（growth）模型，用以分析追踪研究的变量（如，儿童的成长发展特点，青少年某些特质的发展变化）。在探讨因果关系的追踪研究中，采用多层回归模型框架下的增长模型后，我们可以对每个儿童不同时段、不同时间间隔的观察进行分析，可同时考虑个体发展的起始点（intercept）、发展速度（slope），甚至加速度，探讨因变量的变化轨迹，并寻找潜在的亚类型。新的统计方时法改变了传统研究设计的限制。

（3）反应时（reaction time）分析

在很多心理研究中，我们量度参与者（如老人痴呆症患者）在不同实验情境下的反应时。传统上我们计算参与者多次重复测试，或在不同类型测试中的反应时均值（或标准偏差），以此去找出病患者，或计算实验情境的主效应。近年心理统计研究者发觉，病患者反应时分布中尾部的形态（用 tau 值量度）及多次重复测试的个人内在变异度（intraindividual variability）比均值（或标准偏差）更敏感及准确地反映参与者的认知功能。新理论假设令统计学者设计新的统计方法，由此所得的研究结果不单验证新理论，也协助研究者探索新的研究领域。

二、国内外研究比较

（一）比较

上文围绕"心理行为的生物学基础和社会文化环境"这个重大问题对近年来所取得的进展和成果进行进行了展示。在"对比"和"展望"部分，将对我国学者的研究成果放在国际科学前沿和发展趋势的大背景下加以审视，提出中国心理学未来发展的方向，以及政策建议。特别要回答如下问题：面向世界科学前沿，面向国家战略需要，中国心理学有望在哪些领域取得重大科学进展和重要实际贡献？如何有效组织国内心理学的力量实现这些重要突破？如何使科学界、公众和政府都能认识到心理学在科学系统中的重要地位和可能对社会经济发展作出无可替代贡献？如何赢得心理学发展的良好社会文化和政策环境？

1. 心理行为的神经生物学基础

人的生理系统是人类自然进化的积淀与总和，是心理行为的生物学基础。意识是如何产生的，心理与神经系统在结构和功能上的关系是什么，遗传和环境如何塑造和决定了人的心理行为，这些问题一直是心理学探索的主要科学问题。纵观科学心理学历史，可以看出，对于这些问题的探讨，始终是在心理学理论和方法的指导下，运用生命科学所能提供的所有理论、方法和技术而展开，跟随生命科学前沿，不断开拓新方向。在心理学体系内部，与这些问题相关的分支学科有生理心理学、认知神经科学和行为遗传学等。

揭示心理行为的神经生物学基础，不仅是科学心理学的核心问题，也是当代世界科学的前沿和可能孕育重大突破的领域之一。近20年来，国际上提出了一系列大科学计划，投入大量的财力物力，组织不同领域的科学家，共同攻克这一重大科学问题。其中主要有：脑的十年（The Decade of Mind，1990—2000）；人类基因组计划（Human Genome Project，1993—2003）；行为的十年（The Decade of Behavior，2000—2010）；人脑活动图谱（Human Brain Activity Mapping，2013—2022）。奥巴马政府推出的"人脑活动图谱"计划，将投入30亿美元。该计划的目标：推进对人类大脑近千亿神经细胞的理解，加深对感知、行为以及意识的研究，找到神经性疾病的新疗法，为人工智能的发展铺平道路。

我国在这个领域也做了一些重要部署，建立脑与认知国家重点实验室，设立相关的"973"项目、自然科学基金重大项目等。中国学者在某些领域的研究已经达到或者接近国际水平，如感知觉、社会文化认知神经科学和脑功能连接组等。

2. 心理行为与社会文化环境的相互作用

西方社会阶层的心理学研究主要采取社会认知视角，认为客观物质资源和主观感知的社会地位差异导致了高低不同社会阶层的存在，处于同一社会阶层的人们由于共享的经历，形成了相对稳定的认知倾向，进而影响其感知自我、他人和社会的方式。国内学者在社会阶层的测量、主观社会阶层的控制感与归因倾向等方面进行了研究。国内研究起步晚一些，但是这个领域已经得到了中国研究者的重视，研究正逐步展开。

当今在全球迅速发展和普及的互联网革命，深刻地影响了人的心理与行为。网络的出现打破了传统人际交往的时间和空间限制，大大提升了人际交往的广度和频率。它不仅为人际交往提供了便捷的媒介，还为人们获取信息、学习知识提供了高效而丰富的平台，从而影响了人的社会化进程和学习、工作方式。因此，研究网络对心理行为的影响已经成为一个重要的心理学领域。国外的研究已经取得了不少可喜的成果。例如，研究者利用Google 搜索数据预测季节性流感、美国大选结果，利用 Twitter 情绪数据预测美国道琼斯工业平均指数，等等。但在国内，把网络大数据和信息科学技术应用于心理学研究还刚刚起步，但是越来越多的研究机构和研究者开始涉足这一领域。

在网络成为人们学习的环境、渠道和手段的背景之下，网络学习成为教育心理学新兴的研究主题之一。由于欧美网络技术的使用更早、普及程度更高，网络学习在欧美国家也就得到了更深入的研究。国外网络学习研究的重点是网络学习偏好、网络学习的认知过程、网络学习的情绪与动机特点、影响网络学习的学生个体因素与任务因素等方面。国内网络学习方面的研究正在兴起之中，结合中国教育实际，研究网络学习过程中的认知、情绪、动机规律以及相关的教育对策，已经成为国内教育心理学研究的新问题。

在西方，创造力的概念、测量以及影响因素等都得到了广泛而充分的研究。研究者认为家庭教养方式、学校教育是影响创造力培养的重要因素，企业或组织的管理等是创造力发挥的重要因素，文化也是影响创造力的培养和发挥的深层次因素。国内研究者施建农等人对于天才儿童以及创造力进行了充分的研究，得出了一些中国文化条件下创造力发展的研究结果。

文化对决策的影响，李纾等人在合作与竞争、过分自信、风险寻求行为、风险沟通、中西方沟通方式的偏爱、欺骗—腐败决策问题等方面的文化差异做了深入的研究，发现了一些很有意义的中西文化条件下的决策差异。

在毕生发展方面，西方心理学对身、心、灵三个层面的关注比较平衡，心理学家冯特、詹姆斯、弗洛伊德、荣格、马斯洛等都有专著讨论。而中国心理学界重视了西方心理学对科学性的强调，忽视了对"灵"的层面的关注，因为关注"灵魂"的问题必然更多地借助于哲学和宗教。中国心理学应该看到西方心理学背后的文化内涵，在借鉴西方科学哲学、西方相关理论与方法的基础上，结合中国传统文化，构建中国人自己的心理科学与心理学实践。如临床心理服务，如果未能鉴别西方心理治疗理论与实践的文化背景，一味地模仿，难免隔靴搔痒，治疗效果一定会大打折扣。

3. 研究方法

近年来，国内建立了一批大型心理学研究平台，配备了磁共振成像、脑电、近红外、眼动等高端心理学实验设备。这些研究平台为我国心理学开展高水平的研究工作、吸引优秀国内外人才、组建有特色的研究队伍、建立跨学科合作、开展团队攻关提供了重要基础。然而，与美国、澳大利亚等发达国家相比，我国的研究设备总体水平还相对落后，需要得到国家进一步的重视和支持。我国的心理学研究队伍总体上偏小，在各个研究领域分支上的研究者相对较少，难以形成系统性、持续性、深入性的研究，缺乏一些重要的基础性工作，使我国心理学难以出一些大型原创性成果。例如，追踪研究是社会学、心理学、教育学、经济学等领域普遍采用的方法，可以研究个体的发展趋势及个体间发展趋势的差异，其最重要的优势之一是能够推论变量之间的因果关系。一些使用追踪研究获得的重要成果是其他方法不可替代的。例如，芬兰研究者[118]在一项长达十余年的追踪研究中揭示了芬兰语阅读障碍风险儿童的遗传、早期脑电和行为预测指标，为在全社会开展早期干预，降低阅读障碍风险有重要的社会价值。美国国家心理健康研究所（NIMH）Giedd[119]的一项15年的脑发育纵向研究揭示了儿童青少年期额叶、顶叶、颞叶的灰质发展曲线，揭示了额叶发展趋势对个体计划、决策、元认知等复杂认知过程的影响，及经验在皮层变化中的重要作用。与许多发达国家相比，我国的基础性研究工作、长期追踪研究还相对较少，今后需要得到国家更多的重视和增加支持力度。

在一些新兴发展的研究领域，我国心理学家还需要实行更大范围的跨学科合作，例如，认知分子生物学、认知神经生物学、行为遗传学、分子遗传学、基因与脑成像结合等被认为是今后10年重要的研究发展方向，心理学与生物学、神经科学、医学、计算机科学等不同学科的研究者建立的广泛跨学科合作将为中国心理学基础和应用研究对国际的贡献起重要作用。另外，我国是一个人口大国，在病理心理学研究对象及脑功能障碍患者的多样性和资源广泛性方面有巨大的优势，更多关注和支持心理障碍和脑损伤的病因和发病机制方面的研究将对中国心理学做出国际领先成果和提高人民生活质量有重要价值。面对目前国际人脑功能连接组学研究的迅速发展及面临的问题与挑战，我国科学家可以在多方面有所贡献：①建立基于大样本多中心数据绘制连接组图谱；②建立连接组学计算方法学标准；③超越目前的单变量、线性逻辑框架，开发基于多模态神经影像和心理行为数据的关联和整合理论；④推行多中心合作和数据积累与共享文化，在此基础上打造高效的心脑关联计算平台；⑤倡导多学科交叉科学文化与实践；⑥聚焦语言、社会文化等具备中国特色的科学问题。

目前，学习前沿的统计方法的重要性已经被广泛认识，各高校、研究所设置了更加丰富的研究方法和统计课程，大量的方法学、统计教科书的出版，中国心理学会、香港中文大学等单位及国际专家进行的方法学和统计培训，为青年教师、研究生队伍提供了更加专业化的研究训练和对心理学科学性质的深化认识。学习前沿的统计方法仍然主要依靠上课、自修以及跟随导师边做边学、师徒制形式进行。在培训研究生方面，中国与西方国家面对相同困难，虽然统计方法愈趋复杂，但一般心理学课程设计，能给予统计方法的课时仍然不变，用于学习统计的时间甚为有限。心理学相对传统物理、化学等学科，在中国是年轻学科，加上熟悉新近复杂统计法的教授，在中外也不算太多。中国地广人多，我们应该集合国内不同大学的相关学者，编制更多实际例子的教材。近年越来越普遍的网上学习平台，提供一个很好的契机。但国内有系统的前沿心理学网上课程不多，我们仍需一些大学、专业学会或政府教育部门的协调、资助及推动才能制作而成。近十多年来，复杂统计使得估计变量间关系更为准确，也改变了一些传统心理研究的方法。

（二）展望

1. 心理行为及其生物学机制的新突破

随着对心理行为和其生物学机制之间交互作用的认识不断提高（李量，2012），以下几个方面的研究将会在不远的将来取得新的突破。

1）探索大脑意识的"起搏"机制将在植物人的唤醒研究和动物感觉运动门控及其调节机制的研究中都取得进展。尽管用电刺激来"起搏"大脑的方法有远大的发展空间，但目前的水平还处于很初级的阶段：第一，刺激的范式还相当简单。即往往仅用一个电极来刺激一个脑区（如中央丘脑），而刺激效果在不同的患者间有很大的差别。中枢觉醒系统是一个多脑区的系统：如含有包括前额叶和顶叶在内的联合皮层系统、包括巨细胞网状核在内的上行网状激活系统、包括中央丘脑在内的间脑系统、包括杏仁核在内的情绪唤醒系统、包括基底核和前脑脚桥被盖核在内的乙酰胆碱能系统、包括中缝核在内的 5 羟色胺系统、包括蓝斑核在内的去甲肾上腺素系统、包括后下丘脑在内的组胺系统以及包括腹侧被盖区在内的多巴胺系统等。因此，根据患者的具体病况而采用多脑区的联合性电刺激是今后的发展方向。第二，对植物人残余认知能力的研究还很薄弱。有研究报告，声音可在植物人的听皮层产生听觉诱发电位（Tzovara et al., *Brain* 136（2013）：81–89）以及局部血流量的变化（*Neuropsychological Rehabilitation* 15（2005）：283–289；*Clinical Neurology and Neurosurgery* 99（1997）：213–216）；用功能磁共振脑成像（fMRI）的方法也发现由熟悉嗓音呼喊患者自己名字可强化患者听皮层的代谢活动（*Neurology* 68（2007）：895–899）。尽管这些结果表明植物人仍然保留着一定的中枢加工潜能，但对其残余意识状态的研究还很不系统和深入，因而还无法指导电刺激唤醒方案的设计和实施。第三，如何用更客观的行为指标（而不是外显性的主观报告）来反映主观意识的存在和程度，至今仍然是未解的难题。因此，需要建立新的能反映觉醒和注意状态以及认知加工的综合性行为模型。第四，相关的动物模型工作还很缺乏。相应的动物模型对深入研究觉醒过程和认知过程之间交互作用的神经机制至关重要，并对探索唤醒植物人的新方法有指导意义。这也将是今后的一个研究重点。

2）有关知觉神经机制的"捆绑问题"目前还是一个未解的难题。其中一个重要研究策略是开展跨感觉道的"捆绑"。例如，面孔加工和嗓音加工之间整合过程中的"捆绑"。另外，对"捆绑"过程的最大挑战还是去掩蔽的实现问题。标签系统概念的提出和验证将是一个重要的研究课题。

3）门控过程在脑科学中占据了核心地位，它涉及了意识的进化、信息编码的实现以及与遗传过程之间的交互作用。特别是一些重大精神疾病的根源出自门控过程的缺失，因此门控过程的基本机制问题很值得重视。

4）情绪及其习得性调节一直是一个重要的研究课题。今后的一个研究主题是探索这种基本的适应环境的主观体验如何引发的人类高端的心理过程（如与文化、宗教、艺术以及政治等方面相关的心理过程）以及与人格之间的关系。

5）人和计算机之间直接的语言交流标志着新一轮的工业革命。但人脑对复杂场景的适应能力为计算机（人工智能系统）所不具备。因此，人脑仿生学的出现不但是仿生学的一个重要的新发展，也会带动有关语言神经机制研究的发展。

6）如何综合多基因的效应来对脑与心理行为发展的遗传性进行解释？如何解释脑发育状态本身与心理行为的关系因特定基因型不同而存在人群以及环境的差异？这些都是今后要回答的重要问题。

2. 心理行为与社会文化的相互作用

社会阶层最初只是一个社会学的概念，主要是从社会结构和社会稳定的角度进行研究。在社会学中，普遍认为"中产阶层"是社会的稳定器，"橄榄型"是有利于稳定的社会形态。近年来，社会心理学开始从心理学而非社会学的角度来对社会阶层进行研究，探讨不同社会阶层成员的心理行为特点，以更深刻地揭示与社会阶层相关的个体与群体心理规律。目前社会阶层的社会心理学研究主要是对不同阶层的心理特点进行比较，得出高低阶层间个体在认知、情绪、行为以及性格特点上的差异。这种研究主要是个体的、静态的，对不同阶层的个体进行横断研究。可以预见的是，未来研究会主要从群体、动态的角度对阶层进行研究，从群体的角度来研究与社会阶层有关的认知、情绪和行为，从社会流动的角度来研究影响个体和群体社会流动的个体内部因素与社会文化因素，研究社会流动过程中个体与群体的认知、情绪与行为，从而更好地从群体和阶层流动的角度理解社会变迁过程中各种阶层的个体行为与群体行为。

网络作为一种特殊的微观社会环境，在一定程度上反映了宏观社会环境。例如，就网络交往中的网络信任问题而言，它一方面能反映网络用户者自身的信任水平，同时也在一定程度上体现了宏观社会环境下的信任状况。当前中国正处于转型期的大环境下，人际信任、制度信任等方面普遍存在着危机，如何及时了解当前的信任状况，如何解决所面临的信任危机等问题都显得尤为重要。同时，网络为我们大规模测量信任水平提供了有别于传统大规模问卷调查的一种技术手段，结合心理信息学的技术在研究样本、研究成本等方面都具有明显优势。充分发挥信息科学技术在心理学研究中的优势，可以有效解决很多难以采用传统问卷调查法、实验法进行研究的难题。此外，心理信息学的研究也有利于把心理学研究成果更好地应用于社会服务（例如，预测流感），更好地体现心理学服务社会的宗旨。但心理信息学研究的顺利开展，需要心理学和信息科学领域研究者的密切配合以及相关资源的全力支持。因此，建议国家多提供一些跨学科领域合作的研究项目，支持和鼓励开展跨学科领域合作的课题；而研究者自身则能主动地学习、了解相关领域知识，真正积极主动地去应对跨学科合作的挑战。

目前的网络交往研究主要集中于网络环境下个体心理、社会适应的影响机制问题，关于网络交往对群体心理和行为（如群体性事件）的影响并未受到足够的重视。建议未来研究多从群体心理和行为的视角来研究网络交往问题，这对于及时发现和解决社会问题，从而促进社会的和谐发展具有重要的意义。

国内外网络学习的研究主要集中于网络学习与真实情境下相比较所具有的规律和特点，这种规律和特点涉及认知、情绪与动机过程，属于基础研究。但是网络学习作为一种新的学习方式，需要更多的应用研究，如网络教学方法的研究。从这个角度来看，无论是基础研究还是应用研究，都已经落后于网络学习的现实，网络学习的研究迫在眉睫。同时，网络学习作为一种复杂的现象，传统的研究方法不能完全胜任，尤其是实验室研究可能缺乏外部效度，需要在综合利用现有研究方法的同时探索新的研究方法。

心理学中对创造力的研究，已经有了丰硕的成果。可以预见心理学将会在以下几个方面开展深入的研究：①创造力的界定与测量；②创造力培养中的文化因素；③创造力在特定领域和组织中的发挥。同时，研究中国文化环境下创造力的培养与发挥，探讨相关教育行为与组织管理行为中的文化背景因素，提出相关建议，借此提高中国人的创造力，促进相关组织与活动中创造力的发挥，将是中国心理学者的研究重点。

文化对行为决策存在着广泛而深远的影响。但结合现有研究，可以看到：首先，行为决策的跨文化差异研究起步较晚，其经典研究一般集中在20世纪90年代。尽管近些年研究者多用"文化"来解释跨文化差异，但越来越多的研究倾向于将文化作为一个初级解释，在其基础上建立更具解释力的理论。所以，行为决策的跨文化研究的目标也应定位于挖掘其跨文化差异的深层次原因，对产生文化差异背后的认知机制进行探讨（如思维方式等）。其次，目前研究中文化对行为决策的影响多集中在跨文化的比较上，还鲜有对某一地域的追踪研究。由于现今社会媒体、通讯以及交通等方面的便捷，必然导致社会文化变迁加速，因此对某一地域人群的行为决策的纵向追踪来研究文化变迁对行为决策的影响将是文化与决策领域的一个重要研究方向。最后，对某些存在跨文化差异的判断的功能是否存在文化差异进行进一步分析。在跨文化研究中，有可能存在尽管某些指标的测量上存在文化差异，但其功能可能在各个文化中没有差别的情况，所以，如能对行为决策中的某些指标（如过分自信）的功能是否存在跨文化差异进行进一步分析，将能够更为透彻地对文化差异的形成进行深层次的分析。

当前从文化比较的角度来看待心理学研究、积极构建本土心理学已经成为各国心理学发展的趋势。应该看到，传统文化在中华民族中延续了两千年甚至更长，已经深深烙印在每一个中国人的言谈举止之中。因此研究中国人的个体与群体心理不能脱离中国文化的实际。可以预期，在汲取全球科学哲学、人性哲学以及具体的理论与研究方法的基础上探讨中国人的个体心理、群体心理，将是中国心理科学研究与相关实践的发展趋势。

3. 引入政治心理学，解读与探查社会现实问题

中国目前正处于社会转型阶段，不同社会阶层的利益相互碰撞，社会矛盾潜滋暗长，中国社会已经表现出非稳状态，廉价革命是否会爆发？社会突发事件是否会直接冲击到国

家政权？在这一特殊的时代背景下，一切社会问题都打上了深刻的政治烙印，一切社会问题的产生都与政治议题紧密相连，一切社会问题的解决都关系到社会安定。因而，引入政治心理学来解读与探查当今中国的社会现实问题已成为必然。

政治心理学是政治学与心理学的交叉学科，初步形成于19世纪末，并在20世纪70年代走向成熟。它以传统政治学问题为研究焦点，以政治学和心理学基本理论为指引，同时采用心理学中实验和定量的研究方法。从产生之初就受到西方社会的关注，并在20世纪掀起了三次研究热潮。从研究内容来看，可以把政治心理学划分为三大领域：个体政治心理学、群体政治心理学、社会政治心理学。个体政治心理学既包括领袖人格、政治信念、政治态度、媒体影响等传统领域，也包括政治信息加工、情绪对政治行为的影响等新兴议题；群体政治心理学一方面关注一般性的群体影响、群体政治决策、群体政治运动，另一方面关注种族和民族问题，如种族中心主义、国家主义、种族歧视、种族冲突、政治文化的民族性等；社会政治心理学以特定政治事件为研究对象，探索其背后的心理机制，例如，种族屠杀、战争、恐怖主义、核威慑、国际冲突、国家合作、冷战等。从理论取向来看，政治心理学采用的一般理论包括：人格理论、动机理论、社会学习理论、社会认知理论和群际关系理论。但是，目前进化心理学理论和决策理论已成为政治心理学新的理论取向。进化心理学为研究合作、竞争、冲突、权力等级等政治议题提供了新的视角，决策理论则致力于调和理性与非理性因素在政治决策中的影响力。

目前，政治心理学的前沿问题主要包括国际政治、意识形态与系统合理化、情绪对政治行为的影响等。全球化导致世界各国之间的联系更加紧密，促使国与国之间的合作不断增加。但同时，由于历史因素和利益冲突，国家之间的摩擦也在增多，随时都可能出现暴力对抗，恐怖主义正是这种环境下的产物。当前政治心理学研究发现，国家之间彼此持有的刻板印象是影响国际关系的最重要因素，它影响一国对他国行为的政治归因，影响一国的危险感知，进而导致合作或冲突。当前我国同样也面临这样的国际关系问题，近期的钓鱼岛问题、南海领土争端，将中国与日本、菲律宾、越南、朝鲜、韩国等国的关系推向了低谷。这种对抗不仅仅存在于官方，同样存在于民间，甚至民间的反应更强烈。与此同时，中国大陆与台湾省的关系也在发生着微妙的变化，中华民族的凝聚力骤然提升。康萤仪等人（2012）研究了中国民众对"3.11"日本地震的态度，结果发现比起美国人，中国人对日本地震的同情心更低，更倾向把地震归结为报应，其中对中日民族仇恨的社会表征是影响中国人是否同情日本的关键因素。所有这些国际关系问题都亟待科学研究的关注。用政治心理学视角审视我国面临的国际关系问题，将会为中国的外交政策提供新思路，也能增进中国民众对自身政治行为的理解，这对于妥善处理长期存在的中日问题、中美问题、两岸关系问题等极有裨益。

意识形态与系统合理化的研究主要关注在特定社会中存在的意识形态类型，意识形态之间如何相互影响，意识形态如何影响人们对社会公正的感知，如何影响政权的合法性。目前，虽然我国主流宣传的是社会主义意识形态，但在实际生活中社会主义意识形态的影响力却逐渐式微。与此同时，大量西方的意识形态也在逐渐影响中国民众，民众感知到的社会公正急剧下降。在社会转型的浪潮中，这些多元意识形态的冲击一方面拉大了中国民众价值观念的差异，使得需求更加多元化；另一方面也使中国社会面临着价值观混乱的危机。研究当前中国社会实际存在的意识形态类型，将有助于了解整体的国民心态，预测可能产生的政治问题，为推进社会改革建言献策。

情绪是目前政治心理学领域研究的另一个热点。一类研究关注特定的情绪类型，例如愤怒、仇恨、狂热对政治信息加工的影响；另一类研究关注群体情绪的产生机制，以及群体情绪对群体政治行动的影响。遭受不公正待遇或者群体身份受损时，人们最容易产生愤怒和仇恨，这也是促发政治行动最关键的情绪。如果愤怒和仇恨的情绪在群体中蔓延，形成一种群体情绪，就极容易导致群体事件爆发。随着我国贫富差距加大，社会不公正现象频频曝光，社会不满情绪酝酿已久，都成为影响社会稳定的隐患。因而，未来心理学研究需要把握社会情绪的动态，探查社会情绪的产生、传染机制，以及社会情绪对社会群体性行为或事件的影响，建立社会情绪的预警体系。

目前我国政治心理学的研究才刚刚起步。对于未来的发展，首先要建立政治心理学的研究团队，广泛开展相关研究。然后是推进政治心理研究问题的中国化，以及理论的本土化。这项工作任重而道远，但是对国计民生的益处也是不可估量的。

（三）建议

建议国家尽快启动"人的心理行为特征"重大基础研究计划，从生物学基础和社会文化环境层面全方位揭示中国人的心理行为特征的形成和发展机制。着重研究创造力、情绪智力、人格特征、合作行为等心理行为特征，从基因、分子、脑层面揭示其生物学基础，从社会变迁、文化特点、网络环境等方面揭示环境与心理行为的交互作用。通过开展上述基础研究，形成对中国人心理行为特征的形成和发展规律的深刻科学认识，揭示人类心智本质、提高国民心理素质、促进社会和谐发展。

面向国家重大战略需求和国际科学发展前沿，编制《中国心理学学科发展二十年纲要》，指导中国心理学研究和教学机构的学科发展，推动心理学在国际学科领域发挥重要影响，服务国家人才战略的实施。

全面建设心理学专题数据库，重点支持纵向数据追踪，积累心理学基本科学数据、资料和信息并进行整合，形成系统、完善的心理学研究和中国人心理与行为特征的基础数据库，支撑学科发展、服务国家重大决策需求。

针对经济社会发展迫切需求，发布心理学专题蓝皮书，呈现心理学对不同研究人群或不同现实问题的基础数据、现状分析和规律解析，向国家、地方政府提出具体、可操作的建议和方案。

以制订标准、编写指南、系统培训等方式，规范心理学研究和社会应用的从业人员资质及工作行为，全面提升心理学工作者的能力和水平。

以心理学科普丛书、资深专家讲座、媒体专刊或专栏等方式，特别是充分利用网络平台开展心理学知识传播，提高公众对心理学科学知识的认知，充分发挥心理学在社会生活中的缓冲尖锐矛盾、提升积极情绪等作用。

参 考 文 献

［1］ Pfaff D.W., Martin E.M., Faber D. Origins of arousal：roles for medullary reticular neurons［J］. Trends in Neurosciences, 2012, 35：468–476.

［2］ Yates J. F., Lee J. W., Shinotsuka, H. Cross–national variation in probability judgment［J］. Paper presented at the Annual Meeting of the Psychonomic Society, St. Louis.

［3］ Kimpo R.R, Theunissen F.E., DoupeA.J. Propagation of correlated activity through multiple stages of a neural circuit ［J］. Journal of Neuroscience, 2003, 23：5750–5761.

［4］ Huang Y., Li J.–Y., Zou X.–F., et al. Perceptual fusion tendency of speech sounds［J］. Journal of Cognitive Neuroscience, 2011, 23, 1003–1014.

［5］ Du Y., Kong L.–Z., Wang Q., et al. Auditory frequency–following response：a neurophysiological measure for studying the "cocktail–party problem"［J］. Neuroscience and Biobehavioral Reviews, 2011, 35：2046–2057.

［6］ Li L., Du Y., Li N.–X., et al. Top–down modulation of prepulse inhibition the startle reflex in humans and rats［J］. Neuroscience and Biobehavioral Reviews, 2009, 33：1157–1167.

［7］ Casagrande V.A., Sary G., Royal D., et al. On the impact of attention and motor planning on the lateral geniculate nucleus［J］. Progress in Brain Research, 2005, 149：11–29.

［8］ van Schouwenburg, M.R., den Ouden, H. E. M., et al. The human basal ganglia modulate frontal–posterior connectivity during attention shifting［J］. Journal of Neuroscience, 2010, 30：9910–9918.

［9］ Soto D., Hodsoll J., Rotshtein P., et al. Automatic guidance of attention from working memory［J］. Trends in Cognitive Sciences, 2008, 12：342–348.

［10］ Schroeder B.W., Shinnick–Gallagher P. Fear learning induces persistent facilitation of amygdala synaptic transmission［J］. European Journal of Neuroscience, 2005, 22：1775–1783.

［11］ Phelps E.A., LeDoux J.E.. Contributions of the amygdala to emotion processing：From animal models to human behavior［J］. Neuron, 2005, 48：175–187.

［12］ Duvarci S., Nader K., LeDoux J. E.. De novo mRNA synthesis is required for both consolidation and reconsolidation of fear memories in the amygdala［J］. Learning & Memory, 2008, 15：747–755.

［13］ Maren S. Seeking a spotless mind：extinction, deconsolidation, and erasure of fear memory［J］. Neuron, 2011, 70：830–845.

［14］ Bordi, F, et al. Single–unit activity in the lateral nucleus of the amygdala and overlying areas of the striatum in freely behaving rats：rates, discharge patterns, and responses to acoustic stimuli［J］. Behavioral Neuroscience, 1993, 107：757–769.

［15］ Hernandez, A.I, et al. Protein kinase M zeta synthesis from a brain mRNA encoding an independent protein kinase C zeta catalytic domain. Implications for the molecular mechanism of memory［J］. Journal of biological chemistry, 2003, 278：40305–40316.

［16］ Sacco, T., Sacchetti, B. Role of secondary sensory cortices in emotional memory storage and retrieval in rats［J］. Science, 2010, 329：649–656.

［17］ Kwon, J.T. et al. Brain region–specific activity patterns after recent or remote memory retrieval of auditory conditioned fear［J］. Learning & Memory, 2012, 19, 487–494.

［18］ Puckett, A.C., et al. Plasticity in the rat posterior auditory field following nucleus basalis stimulation［J］. Journal of Neurophysiology, 2007, 98：253–265.

［19］ Weinberger, N.M., Bakin, J.S. Learning induced physiological memory in adult primary auditory cortex: Receptive field plasticity, model, and mechanisms ［J］. Audiology and Neuro-Otology, 1998, 3: 145-167.

［20］ Bordi, F., Ledoux, J.E.Response properties of single units in areas of rat auditory thalamus that project to the amygdala: Acoustic discharge patterns and frequency receptive-fields ［J］. Experimental Brain Research, 1994, 98: 261-274.

［21］ Brown, S, et al. Naturalizing aesthetics: Brain areas for aesthetic appraisal across sensory modalities ［J］. Neuroimage, 2011, 58: 250-258.

［22］ Stout, D., Chaminade, T. Stone tools, language and the brain in human evolution ［J］. Philosophical Transactions of the Royal Society B: Biological Sciences, 2012, 367: 75-87.

［23］ Liberman A.M., Mattingly I.G. The motor theory of speech perception revised ［J］. Cognition, 1985, 21: 1-36.

［24］ Scott S. K., McGettigan C., Eisner F. A little more conversation, a little less action-candidate roles for the motor cortex in speech perception ［J］. Nature Reviews Neuroscience, 2009, 10: 295-302.

［25］ Mitchell, R.L.C., Ross, E.D. Attitudinal prosody: What we know and directions for future study ［J］. Neuroscience and Biobehavioral Reviews, 2013, 37: 471-479.

［26］ 董奇. 发展认知神经科学：理解和促进人类心理发展的新兴学科 ［J］. 中国科学院院刊, 2011, 26: 630-639.

［27］ Allen, H.L. et al. Hundreds of variants clustered in genomic loci and biological pathways affect human height ［J］. Nature, 2010, 467: 832-838.

［28］ Chen, C., et al. Sex modulates the associations between the COMT gene and personality traits. Neuropsychopharmacology, 2011, 36, 1593-1598.

［29］ Razafsha M., et al. An updated overview of animal models in neuropsychiatry ［J］. Neuroscience, 2013, 240, 204-218.

［30］ Domhoff G. W. Who rules America？ Power and politics in the year 2000: Mayfield Publishing Company Mountain View, CA.

［31］ Barnouw D. Weimar Intellectuals and the threat of Modernity: Indiana University Press.

［32］ Cross S. E., H. R. Markus. The cultural constitution of personality. In L. Pervin & O. John（Eds.）, Handbook of personality: Theory and research（pp. 378-396）［M］. New York: Guilford.

［33］ Kraus M. W., Stephens, N. M. A road map for an emerging psychology of social class ［J］. Social and Personality Psychology Compass, 2013, 6（9）, 642-656.

［34］ JohnsonW., Krueger R. F. Genetic effects on physical health: lower at higher income levels ［J］. Behavior Genetics, 2005, 35（5）, 579-590.

［35］ Lachman M. E., Weaver S. L. The sense of control as a moderator of social class differences in health and well-being ［J］. Journal of Personality and Social Psychology, 1998, 74（3）, 763-773.

［36］ Snibbe A. C., Markus H. R. You can't always get what you want: educational attainment, agency, and choice ［J］. Journal of Personality and Social Psychology, 2005, 88（4）, 703-720.

［37］ Tucker-Drob E. M., Rhemtulla M., Harden K. P., et al. Emergence of a gene × socioeconomic status interaction on infant mental ability between 10 months and 2 years ［J］. psychological science, 2011, 22（1）, 125-133.

［38］ Côté S., Gyurak A., Levenson R. W. The Ability To Regulate Emotion Is Associated With Greater Weil-Being, Income, and Socioeconomic Status ［J］. Emotion, 2010, 10（6）, 923-962.

［39］ Johnson S. E., Richeson J. A., Finkel E. J. Middle class and marginal？ Socioeconomic status, stigma, and self-regulation at an elite university ［J］. Journal of Personality and Social Psychology, 2011, 100（5）, 838-852.

［40］ Kraus M. W., Keltner, D. Signs of socioeconomic status A thin-slicing approach ［J］. Psychological Science, 2009, 20（1）, 99-106.

［41］ Gallo L. C., Bogart L. M., Vranceanu A.-M., et al. Socioeconomic status, resources, psychological experiences, and emotional responses: a test of the reserve capacity model ［J］. Journal of Personality and Social Psychology, 2005, 88（2）, 386-399.

［42］ Kraus M. W., Horberg E., Goetz J. L., et al. Social class rank, threat vigilance, and hostile reactivity ［J］. Personality and Social Psychology Bulletin, 2011, 37（10）, 1376-1388.

［43］ Amato P. R., Previti D. People's reasons for divorcing gender, social class, the life course, and adjustment ［J］.

Journal of Family Issues, 2003, 24（5）, 602–626.

［44］ Kraus M. W., Piff P. K., Keltner, D. Social class, sense of control, and social explanation ［J］. Journal of Personality and Social Psychology, 2009, 97（6）, 992–1004.

［45］ Piff P. K., Kraus M. W., Côté S., et al. Having less, giving more: The influence of social class on prosocial behavior［J］.Journal of Personality and Social Psychology, 2010, 99（5）: 771–784.

［46］ Piff P. K., Stancato D. M., Côté S., et al. Higher social class predicts increased unethical behavior ［J］. Proceedings of the National Academy of Sciences, 2012, 109（11）: 4086–4091.

［47］ Stellar J. E., Manzo V. M., Kraus M. W., et al. Class and compassion: Socioeconomic factors predict responses to suffering ［J］. Emotionm, 2012, 12（3）: 449–459.

［48］ Mahalingam, R. Essentialism, culture, and power: Representations of social class ［J］. Journal of Social Issues, 2003, 59（4）: 733–749.

［49］ Mahalingam R. Essentialism, power, and the representation of social categories: A folk sociology perspective ［J］. Human Development, 2007, 50（6）: 300–319.

［50］ Beauvois J., Dubois, N. The norm of internality in the explanation of psychological events ［J］. European Journal of Social Psychology, 1988, 18（4）: 299–316.

［51］ Grossmann I., Varnum M. E. Social class, culture, and cognition ［J］. Social Psychological and Personality Science, 2011, 2（1）: 81–89.

［52］ 陈秋珠. 病理性互联网使用的认知–行为模式述评［J］. 心理科学, 2006, 29（1）, 137–139.

［53］ 陈浩, 赖凯声, 趁彦彦, 等. 微博改变女性?——安全型冒险倾向的启动实验. 第十五届全国心理学学术会议论文摘要集.

［54］ Whitty M T, Carr A N. Cyberspace romance: The psychology of online relationships. Basingstoke: Palgrave Macmillan.

［55］ Suler J.The online disinhibition effect ［J］. CyberPsychology and Behavior, 2004, 7: 321–326.

［56］ Dillon A., Morris M. G. User Acceptance of Information Technology: Theories and Models ［J］. Annual Review of Information Science and Technology（ARIST）, 1996, 31: 3–32.

［57］ Gall J. E., Hannafin M. J. A framework for the study of hypertext［J］. Instructional Science, 1994, 22（3）: 207–232.

［58］ McDonald S., Stevenson R. J. Effects of text structure and prior knowledge of the learner on navigation in hypertext ［J］. Human Factors: The Journal of the Human Factors and Ergonomics Society, 1998, 40（1）: 18–27.

［59］ Petricoin III E. F., Ardekani A. M., Hitt B. A., et al. Use of proteomic patterns in serum to identify ovarian cancer［J］. The lancet, 2002, 359（9306）: 572–577.

［60］ Warneke B., Last M., Liebowitz B., et al. Smart dust: Communicating with a cubic–millimeter computer ［J］. Computer, 2001, 34（1）: 44–51.

［61］ Mayer R. E., Clark R. The promise of educational psychology（vol II）: Teaching for meaningful learning ［J］. Performance Improvement, 2003, 42（4）: 41–43.

［62］ Alexander P. A., Jetton T. L. Learning from traditional and alternative texts: New conceptualizations for the information age ［M］// Handbook of discourse processes. NJ: Erlbaum, 2003.

［63］ Kintsch, W. Comprehension: A paradigm for cognition: Cambridge University Press, 1998.

［64］ McNamara D. S., Kintsch W. Learning from texts: Effects of prior knowledge and text coherence ［J］. Discourse processes, 1996, 22（3）: 247–288.

［65］ Pazzani M., Brunk C., Silverstein G.（1991）. A knowledge–intensive approach to learning relational concepts ［D］// Paper presented at the Proceedings of the Eighth International Workshop on Machine Learning.

［66］ Lawless K. A., Kulikowich J. M. Understanding hypertext navigation through cluster analysis ［J］. Journal of educational computing research, 1996, 14（4）: 385–399.

［67］ Lawless K. A., Kulikowich J. M. Domain knowledge, interest, and hypertext navigation: A study of individual differences ［J］. Journal of Educational Multimedia and Hypermedia, 1998, 7: 51–70.

［68］ Bendixen L. D., Hartley K. Successful learning with hypermedia: The role of epistemological beliefs and metacognitive awareness［J］. Journal of Educational Computing Research, 2003, 28（1）: 15–30.

［69］ Jacobson M. J., Spiro R. J. Hypertext learning environments, cognitive flexibility, and the transfer of complex knowledge: An empirical investigation［J］. Journal of Educational Computing Research, 1995, 12（4）: 301–333.

［70］ Sternberg, R. J. Culture and intelligence［J］. American Psychologist, 2004, 59（5）: 325–338.

［71］ Cox, C. M. The early mental traits of three hundred geniuses（Vol. 2）: Stanford University Press, 1926.

［72］ Brannigan A. The social basis of scientific discoveries. CUP Archive, 1981.

［73］ Lamb D., Easton S. M. Multiple Discovery: The pattern of scientific progress: Avebury Aldershot, UK, 1984.

［74］ Arieti, S. Creativity: The magic synthesis: Basic Books New York, 1976.

［75］ Yates J. F., Lee J. W., Shinotsuka H., et al. Cross–cultural variations in probability judgment accuracy: Beyond general knowledge overconfidence?［J］. Organizational Behavior and Human Decision Processes, 1998, 74, 89–117.

［76］ Li S., Bi Y–L, Rao L.–L. Every Science/Nature Potter Praises His Own Pot—Can We Believe What He Says Based on His Mother Tongue［J］. Journal of Cross–Cultural Psychology, 2011, 42（1）: 125–130.

［77］ Li S., Y. Bi, et al. Asian Risk Seeking and Overconfidence1［J］. Journal of Applied Social Psychology, 2009, 39（11）: 2706–2736.

［78］ Weber E. U., Hsee C. Cross–cultural differences in risk perception, but cross–cultural similarities in attitudes towards perceived risk［J］. Management Science, 1998, 44（9）: 1205–1217.

［79］ Xu J–H, X.–B. Ye, et al. Communication mode preference paradox among native Chinese speakers［J］. The Journal of social psychology, 2009, 149（1）: 125–130.

［80］ 李纾, 许洁虹, 叶先宝. 中文表达者的"沟通模式偏爱悖论"与"下情上达评价悖论"［J］. 管理评论, 2011, 23（9）: 102–108.

［81］ Li S., H. C. Triandis, et al. Cultural orientation and corruption［J］. Ethics & Behavior, 2006, 16（3）: 199–215.

［82］ 杨韶刚. 儒家伦理的基德和荣格的道德观［J］. 心理学探新, 2007, 27（4）: 3–7.

［83］ 尹莉（译）. Anthony Storr（著）. 弗洛伊德与精神分析［M］. 北京: 外语教学与研究出版社, 2008.

［84］ 韩布新, 朱莉琪. 人类心理毕生发展理论［J］. 中国科学院院刊（增刊）, 2012, 78–87.

［85］ 朴文一, 金龟春. 中国古代文化对朝鲜和日本的影响［M］. 哈尔滨: 黑龙江朝鲜民族出版社, 1999.

［86］ 郭永玉. 静修与心理健康［J］. 南京师大学报（社会科学版）, 2002, 5: 75–81.

［87］ 何群群, 丁道群. 马斯洛人本主义心理学与中国道家思想［J］. 心理学探新, 2007, 27（1）: 8–11.

［88］ 庞朴. 文化结构与近代中国［J］. 中国社会科学, 1986, 5, 81.

［89］ 穆允军. 传统文化的重估与文化主体的确立［J］. 滨州学院学报, 32012, 28（2）: 9–12.

［90］ Hess K. P. Investigation of nonverbal discrimination against women in simulated initial job interviews［J］. Journal of Applied Social Psychology, 2013, 43（3）, 544–555. doi: 10.1111/j.1559–1816.2013.01034.x.

［91］ Fritzsche B., Marcus J. The senior discount: biases against older career changers［J］. Journal of Applied Social Psychology, 2013, 43（2）, 350–362. doi: 10.1111/j.1559–1816.2012.01004.x.

［92］ Gockela C., Brauner E. The benefits of stepping into others' shoes: Perspective taking strengthens transactive memory ［J］. Basic and Applied Social Psychology, 2013, 35（2）, 222–230. doi: 10.1080/01973533.2013.764303.

［93］ Reysena S., Landaub M. J., Branscombe N. R. Copycatting as a threat to public identity［J］. Basic and Applied Social Psychology, 2012, 34（2）, 226–235. doi: 10.1080/01973533.2012.674418.

［94］ Buhrmestera M. D., Gómezb A., Brooksa J., et al. My group's fate is my fate: Identity–fused americans and spaniards link personal life quality to outcome of 2008 elections［J］. Basic and Applied Social Psychology, 2012, 34（6）: 527–533. doi: 10.1080/01973533.2012.732825.

［95］ Carter, M.J. The Moral Identity and Group Affiliation. Current research in social psychology, 2013, 6, 1–13. Retrieved from http: //www.uiowa.edu/ ~ grpproc/crisp/crisp.html.

［96］ Bosa A. E. R., Pryorb J. B., Reederb G. D., et al. Stigma: Advances in Theory and Research［J］. Basic and Applied Social Psychology, 2013, 35（1）: 1–9.

［97］ 王俊秀，杨宜音．社会蓝皮书·2011年中国社会心态研究报告［M］．北京：社会科学文献出版社，2012.

［98］ 寇彧，王芳，蒋奖，等．民众对腐败的认知—权利与归因的效应．2011年社会心理学学术前沿论坛．北京，北京师范大学，2011.

［99］ Ogawa S，Lee TM，Kay AR，et al. Brain magnetic resonance imaging with contrast dependent on blood oxygenation ［J］．Proc Natl Acad Sci USA，1990，87：9868–9872.

［100］ Sporns O，Tononi G，Kotter R. The human connectome：A structural description of the human brain ［J］．PLoS Comput Biol，2005，1：e42.

［101］ Biswal BB，Mennes M，Zuo XN，et al. Toward discovery science of human brain function ［J］．Proc Natl Acad Sci USA，2010，107：4734–4739.

［102］ 左西年，张喆，贺永，等．人脑功能连接组：方法学、发展轨线和行为关联［J］．科学通报，2012；57（35）：3399–3413.

［103］ Song XW，Dong ZY，Yan CG，et al. REST：A toolkit for resting–state functional magnetic resonance imaging data processing ［J］．PLoS One，2011，6（9）：e25031.

［104］ BrainNet Viewer：http：//www.nitrc.org/projects/bnv.

［105］ Connectome Computation System（CCS）：http：//lfcd.psych.ac.cn/ccs.html.

［106］ Wang L，Negreira A，LaViolette P，et al. Intrinsic interhemispheric hippocampal functional connectivity predicts individual differences in memory performance ability ［J］．Hippocampus，2010，20：345–351.

［107］ Wei T，Liang X，He Y，et al. Predicting conceptual processing capacity from spontaneous neuronal activity of the left middle temporal gyrus ［J］．J Neurosci，2012，32：481–489.

［108］ Lui S，Huang X，Chen L，et al. High–field MRI reveals an acute impact on brain function in survivors of the magnitude 8.0 earthquake in China ［J］．Proc Natl Acad Sci USA，2009，106：15412–15417.

［109］ Kanai R，Rees，G. The structural basis of inter–individual differences in human behaviour and cognition ［J］．Nature reviews. Neuroscience，2011，12（4），231–42.

［110］ Schwarzkopf，D. S.，Song，C.，Rees，G. The surface area of human V1 predicts the subjective experience of object size ［J］．Nature neuroscience，2011，14（1），28–30.

［111］ Zhu Q.，Zhang J.，Luo Y. L. L.，et al. J. Resting–state neural activity across face–selective cortical regions is behaviorally relevant ［J］．The Journal of neuroscience，2011，31（28），10323–10330.

［112］ 王华，陈景，马翠琴，等．基于GA-BP算法的IRT模型参数估计方法研究［J］．华北电力大学学报，2012，5：109–112.

［113］ Finkelman M. Automated test assembly for cognitive diagnosis models using a genetic algorithm ［J］．Journal of Educational Measurement，2009，46（3），273–292.

［114］ 喻晓锋，丁树良，秦春影，等．贝叶斯网在认知诊断属性层级结构确定中的应用［J］．心理学报，2011，3：338–349.

［115］ Skidmore T. S.，Thompson B. Statistical techniques usedin published articles：A historical review of reviews ［J］．Educational and Psychological Measurement，2010，70（5），777–795.

［116］ Hau，K. T.，Wen，Z. L.，Cheng，Z. J. 结构方程模型及其应用（*Structural equation model and its applications*）［M］．Beijing：Educational Science Publishing，2004.

［117］ Muthén，L. K.，Muthén，B. O. Mplus user's guide（6th ed.）［M］．Los Angeles，CA：Muthén & Muthén，2010.

［118］ Lyytinen H，Erskine J，Tolvanen A，et al. Trajectories of reading development：A follow–up from birth to school age of children with and without risk for dyslexia ［J］．Merrill–Palmer Quarterly，2006，52，514–546.

［119］ Giedd J N，Blumenthal J，Jeffries N O，et al. Brain development during childhood and adolescence：A longitudinal MRI study ［J］．Nature Neuroscience，1999，2：861–863.

撰稿人：李 量　郭永玉　许 燕　舒 华　刘华山　施建农　李 纾　韩布新

乐国安　刘 力　克燕南　高红梅　左西年　刘 嘉　余嘉元　侯杰泰

专题报告

感知觉研究进展

一、感知觉研究的发展现状

感觉是个体对外界感官信息的接收、转导与传递。知觉是大脑对传入的感觉信息的组织、辨识和解释。感知觉为认知过程提供信息输入，是诸如记忆、决策等高级认知过程的基础，包括视觉、听觉、嗅觉、味觉、触觉等感觉通道。视觉与听觉是人类在通常情况下获得感觉信息最主要与最有效的两个渠道。视觉神经科学的研究主要集中在视皮层功能的精确分区定位、视觉通路中的神经元感受野的反应特性、视皮层神经环路和神经网络，以及各级视皮层之间的相互作用。尤其需要指出的是脑成像技术近年来的飞速发展使我们对高级视皮层的功能分布和组织结构定位有了较为全面的认识，并使我们能够在此基础上对物体表征机制和大脑可塑性等方面进行进一步的探索。研究视觉信号是如何在高等哺乳动物的视觉系统中进行加工和处理的，不仅能够帮助人类理解并努力攻克眼科疾病，并且也能够帮助我们认识大脑进而揭开大脑奥秘。听觉神经科学不仅要致力于揭示大脑对基本声音信号的诸如音频、音强、音质、时程、空间位置等特征的神经表达及工作机制，还要研究大脑对诸如言语等复杂通讯声音信号的神经加工及认知机理。近年来，随着脑功能成像等实验手段的引进和行为学、神经电生理实验技术的更新，干扰环境下的语音识别问题在基础研究和实践应用方面都取得了显著的进展。研究成果正逐步应用到医疗、神经仿生、国防等多个领域和人们的日常生活中。本文将介绍近年来在视听觉和其他感知通道研究领域中应用诸如心理物理学方法、电生理、脑成像方法和计算模型所开展的重要工作和成果。

（一）视觉研究

探索视觉系统如何加工和处理视觉信号，揭示视知觉的中枢神经机制是当代认知神经科学中最前沿的基础学科之一，也是认识大脑进而揭开大脑奥秘的最重要的窗口。结合心理物理学、单细胞记录、多电极多细胞同时记录、脑电、脑功能成像等多种技术，来探索视知觉的神经通路机制是当前视觉研究的主流。下文从初级视觉、中级视觉、高级视觉、视皮层可塑性、注意 5 大方面分述视知觉研究学科研究在国内的新进展。

1. 初级视觉

（1）大脑皮层外的初级视觉加工

皮层外的视觉神经机制的研究主要集中在视网膜和外侧膝状体的功能上。国内研究者发现视网膜的感光细胞和神经节细胞已经具备一定的方向[2]和颜色[3]选择特异性，并受到高级神经活动的反馈和激素的调节，从而优化视觉通路传导和加工[1]。视觉信号经过神经节细胞传导后到达外侧膝状体，姚海珊等发现外膝体的感受野能够去除自然图像中的冗余信息，并通过其时空频率调谐特征使得神经元更好地分辨不同的自然图像[4]。

（2）大脑皮层上的初级视觉加工

在传统的视觉信息加工理论中，早期视皮层的功能被认为是加工基本的局部信息，比如大小、边缘、亮度等，其神经活动反映的是视觉刺激的物理属性。然而，同样的局部信息放置于不同的情境或者背景中，视觉系统对它的知觉效果会截然不同，研究者对初级视皮层神经元的特性和它受高级皮层的反馈机制进行了深入研究。李朝义等研究了 V1 的非传统感受野反应特性[5]，发现它们在传递图形的区域亮度和亮度梯度信息中起决定性作用[6]，并提出更优化的轮廓检测模型[7]。方方等[8]发现人类 V1 可以在视觉信息加工的非常早期阶段生成视觉显著图，用以引导空间选择性注意的分布。姚海珊等[9]发现 V1 对于有纹理刺激的缩放方向的敏感性可产生深度上的运动知觉。方方等[10]发现颜色和运动错误捆绑发生在 V2 区。王伟等[11]揭示了腹侧视觉系统可以通过感受野线性时空整合感知物体运动。李武等[12]发现自上而下的信号能够调节 V1 侧抑制环路。寿天德等[13]首次为猫的杏仁核对 V1 的调控作用提供了解剖学方面的证据，还发现猫的高级视皮层能够调节 V1 的神经元感受野的基本特性[14]。这些研究展示了初级视皮层在加工视觉刺激物理属性之外，也受到自上而下的调控作用。

2. 中级视觉

视觉研究的核心问题是视觉系统如何利用双眼接收到的二维信息构建立体的三维世界，并识别出其中的物体。物体识别的关键在于把物体从背景中分割出来，方方等[15]揭示了人类 V2 可以对边缘所有权进行编码。王伟等[16]揭示猴的 V4 在错觉轮廓方位的不变性知觉中起到重要作用。

中级视觉的另一个研究兴趣集中在知觉组织，一般认为知觉组织增强视觉加工各个阶段的神经活动。方方等[17]发现当高级形状加工区知觉到视觉形状时，向负责简单视觉特征加工的低级视皮层发送抑制性预测性反馈，降低低级视皮层的神经活动，实现多脑区间的高效编码。

3. 高级视觉

随着功能性磁共振技术的应用，研究者发现了多个专门物体表征区（如面孔表征区、身体表征区、空间结构表征区），并对物体表征的分布性、动态性和可塑性进行了探索。

方方等[18]发现被遮挡的面孔识别包含了两个协同的过程：对低级视觉区域的早期抑制和对高级视觉区域的晚期强化。方方等[19]系统考察了不同角度差的适应面孔对面孔知觉和辨别能力的影响。和面孔朝向具有适应性一样，眼睛注视朝向也具有适应性[20]，并且与面孔朝向间存在交互作用[21]。蒋毅等[22]发现梭状回（FFA）和颞上沟（STS）在功能上的分离以及STS和杏仁核对面部表情敏感性的相关性，揭示了大脑在无意识下自动提取面部表情的时间进程。生物运动也是一种很特殊的提供社会信息额生物信号，蒋毅等[23]发现生物运动线索可以引起反射性的注意转向，并且这种效应可以扩展到其他生物体的运动上。他们还发现生物信号可以在观察者无意识的情况下自动延长感知持续的时间[24]。

4. 视觉可塑性

神经可塑性是指由经验引起的神经元功能属性和神经环路的改变，包括发育和成熟过程中的可塑性以及损伤修复过程中的可塑性等。通过改变神经元属性以及神经环路连结，人类得以更好地适应外界环境。学习和可塑性研究可分为突触可塑性介导的视觉功能和神经环路的可塑性、知觉学习诱发的可塑性、病人的跨通道感知及文字加工可塑性四个方面。

（1）突触可塑性介导的视觉功能和神经环路的可塑性

蒲慕明研究团队在视觉系统神经可塑性方面，发表了一系列有关膜生物物理、突触生理、发育神经生物学以及认知神经科学方面的重要工作[25-27]，杜久林等[28]发现视网膜突触功能在发育时期具有长时程增强的能力。对大鼠的时序记忆研究发现，特定的线索能够触发初级视皮层上的神经元群对最近经历的时间序列的回忆[25]。蒲慕明等[29, 30]在麻醉猫和大鼠以及清醒大鼠的V1分别发现了基于时序信息的提示性回忆现象，被认为是知觉学习的细胞生理基础。此外，蒲慕明等[31]在清醒猴的V1发现了早期视觉环路的短时程可塑性。姚海姗等[32]发现观看自然场景的电影片段可增强初级视皮层的反应强度。

（2）知觉学习诱发的视觉系统神经环路结构和功能的可塑性

知觉学习指我们对知觉特征和客体的分辨和识别能力会通过训练得到提高。对知觉学习的研究不仅有助于了解人类知觉过程和皮层可塑性，而且对促进人类感知康复有着重大意义。周逸峰研究团队通过使用人眼自适应矫正仪，让高空间频率精细刺激在视网膜上清晰成像，然后进行知觉学习训练，让被试获得"超视力"[33]。

对于知觉学习的发生的脑区位置和具体机制，目前还存在许多争议。周逸峰等[34]揭示了知觉学习可以引起猫V1神经元特异性改变。莫雷等[35]发现相比于非羽毛球运动员，羽毛球运动员的早期ERP成分C1反应强度有显著提高，暗示着长期的训练可导致早期视皮层的变化。鲍敏等发现知觉学习增强了视皮层的早期信号[36]。黄昌兵等[37]为知觉学习的"权重调节"理论提供了进一步证据。李武等[38]发现知觉学习不仅改变基于视网膜位置的编码机制，而且改变基于非网膜位置的信息加工。余聪等[39, 40]应用新范式消除了传统知觉学习中存在的学习特异性，认为知觉学习可能发生在感觉皮层之外的高级皮层。方方等[41-46]应用多种手段对知觉学习的神经机制做了全方位探讨，发现朝向、面孔和运动学习效果的特异性和时程上的持续性，反映出初级视皮层以及视皮层腹、背侧通路高级区域的可塑性。

（3）病人的跨通道感知可塑性

视觉或听觉障碍患者往往在其他感觉通道发生功能上的代偿，行为代偿的机制主要源于大脑皮层的跨通道重组。方方等[47]发现弱视病人早期视皮层映射结构发生重组，初级视皮层被重新利用于触觉信息（盲文）加工。黄昌兵等考察了屈光参差性弱视患者的知觉学习机制[48]。蒋田仔等[49]探究了盲人的脑网络的功能连接，发现视皮层与其他感觉运动区和多通道感觉区的功能连接强度与盲文经验程度呈正相关[50]。

（4）文字加工可塑性

文字识别训练造成地高级视皮层可塑性是一个新的研究热点。刘嘉等[51]发现图形－语义关联学习特异性地导致视觉词形加工区对图形的激活水平增强，而图形辨别学习特异性地导致负责形状加工的外侧枕叶区激活水平增强。进一步的多维模式分析显示短期的图形－语义关联学习能够导致视觉词形加工区内与母语相似的激活模式[52]。

5. 注意

注意指心理资源被选择性地分配给某些认知加工过程，从而易化这些认知过程。国内注意研究主要集中在注意的认知过程、神经机制、注意对其他知觉任务的影响及注意缺陷障碍等病人研究4个方面。

（1）注意的认知过程

魏萍等研究了视觉搜索任务中刺激与分心物一致性之间的交互作用[53]，并从知觉负载理论的角度研究了大脑半球内与半球间的注意选择过程[54]。陈骐等[55]揭示了注意系统对新颖的有生命事物的选择。傅小兰等[56]发现基于客体而非基于空间的注意影响空间Stroop效应。蒋毅等[57]揭示了生物运动线索对注意定向的影响。周晓林等[58]揭示了外源性和内源性线索提示对注意瞬脱的不同影响。陈骐和周晓林等[59]研究了视觉注意中空间、客体和吸引三种效应之间的关系。莫雷等[60]对研究注意的多个实验范式进行了对比。

（2）注意的神经机制

近年来，注意的研究热点从认知过程转向其神经机制。研究手段从心理物理和脑事件相关电位（ERP）转向功能性磁共振成像（fMRI），脑功能连接分析逐步增多，有效联结是近期研究的热点。方方等[61]利用高分辨率的 fMRI 发现拥挤构形改变注意的空间分布，还证明了人类 V1 可以在视觉信息加工的非常早期阶段生成视觉显著图[8]，从而引导空间选择性注意的分布，这一发现挑战了显著图由额－顶叶产生这一传统主流观点。周晓林等[62]揭示了自上而下的注意在注意瞬脱中的作用。陈骐等[63]对注意的透镜模型进行了研究。傅世敏和罗跃嘉等[64]研究发现知觉负载对自下而上注意的干扰作用发生在非常早期阶段。蒋毅等[65]揭示拥挤构形改变空间注意依赖于皮层激活位置而非物理空间位置。陈霖等[66]发现客体拓扑结构改变损害客体注意追踪的连续性。傅世敏等[67]揭示 C1 和 P1 成分在注意功能中存在分离。刘勋等[5]揭示了额－顶叶网络在注意控制中的有效连接。陈骐和周晓林等[55, 57]揭示了额 – 顶区不同注意网络在空间注意中的功能。罗跃嘉等[68]揭示了内部注意对情绪效价和唤醒存在分离的调节机制。陈骐等[69]揭示了空间范围和空间参考系在额 – 枕联合区的交互作用。方方等[70]发现不可见客体同样产生基于客体注意。陈骐等[69]揭示了人类对三维空间注意重新定向的神经机制。

（3）注意对其他知觉任务的影响

方方等[71, 15, 17-18]发现注意能够调节大小错觉、边缘所有权和遮挡加工过程中客体在视皮层的表征。岳珍珠[72]等还发现空间注意会影响触觉和视觉加工。

（4）特殊群体研究

在探究注意的一般规律的同时，国内研究者还考察了多动症儿童[73]、经历地震的受灾人员[74]以及高焦虑特质个体[75]在注意方面的缺陷和选择性注意偏差。

（二）听觉研究

听觉功能是人类言语感知、言语沟通和人类社会化关系赖以形成和发展的重要基础。听觉知觉是听感觉器官对客体个别属性的感知和深层加工，受到听觉系统解剖结构和高级认知活动的共同控制和调节。声波的物理声学参数与人类的听觉知觉之间的关系构成了心理声学研究的课题。近年心理声学在基础研究和应用研究方面都取得了较瞩目的进展。

1. 听觉认知的基本过程

（1）声音信号的基本神经表达机制

听觉神经元放电率的改变和听觉神经元的锁相反应是听觉系统的两种基本的神经表达形式。当声音频率高于 5kHz 时，听觉神经元的放电是随机的。当声音频率更低时，神经元只在声音信号周期的特定相位发放。这一听觉神经元的反应特征被称为听觉锁相反应。当同时记录一群听觉神经元的锁相反应时，可以在人类的头皮或者动物的听觉脑干神经核团记录到一种持续性的、对周期性声波中的中低频成分的同步反应，称为频率追随反应[76]。

人类言语包含大量的低频的周期性信息（<5kHz，例如，共振峰、音高等）。这些周期性信息与言语可懂度密切相关。这些周期性信息在中枢神经系统中被逐级编码和表征，从而最终实现言语知觉[77]。在人类头皮记录的频率追随反应发现，皮层下的听觉结构能够在时间和频谱上精确地表征言语刺激的声学特征。对一个大鼠在尾部疼痛时产生的叫声（类言语刺激）诱发的下丘的频率追随反应，对于基频 2.1kHz，以及第 2、第 3 个谐波都有很好的表征[78-81]。因此，频率追随反应作为一种研究人类言语信号神经表达的有力工具成为新的听觉系统基本神经表达的研究热点[76]。

（2）言语的听觉认知

声学层面的语音信号存在很大的变异性，语音的声学现象和听觉感知之间没有一一对应的关系。言语的听觉认知具有范畴知觉的特点，等量的微小声学差异发生在范畴之间则易于被识别，发生在范畴之内则不易被识别，这体现了言语听觉对于语音声学变异性的应对方式。正弦波言语识别、语音复原等现象则表明言语的听觉认知是自下而上加工和自上而下加工共同作用的结果。

近年来，声调语言（如汉语普通话）中的语义声调加工机制吸引了众多研究者的注意。中国科学技术大学陈林教授等人在脑电研究中，声调偏差引发的失匹配负波在右侧半球更强，而辅音偏差引发的失匹配负波在左侧半球更强，这种分离体现了早期听觉加工基础上两侧半球在声学加工和语义加工之间的分工[82, 83]。

北京师范大学舒华教授的研究组运用 fMRI 技术开展了汉语言语节奏和语调加工的机理研究[84]。结果表明，在使用排除了高级语义信息的言语节奏和声调刺激和排除了主动加工的条件下，大脑右侧颞上回是加工节奏和声调的共同区域，声调加工特殊的区域主要在右侧颞上回前部。通过对成人学习训练辨别包含节奏的、节奏和语调的人工合成句子，以及包含音位和词汇语义的句子的研究的脑成像结果发现，成年人利用词汇语义进行语言辨别的自动化程度要远远高于利用节奏、语调、音位等低级信息；被试利用低级信息辨别语言时激活的脑区随语言物理特征的增加而增多，而当可以利用词汇语义进行语言辨别时，对低级特征加工脑区的依赖会相应减少[85]。

舒华教授课题组还针对汉语普通话声调的范畴知觉及其神经机制开展了系列研究。脑电研究的结果发现：范畴内和范畴间的声调偏差均引起右侧半球更强的失匹配负波，这体现了右侧半球的声学加工作用；同时，与范畴内声调偏差相比，范畴间声调偏差在左侧半球引起的失匹配负波更强，这体现了语义声调长时音位痕迹的影响，并说明声调知觉中的声学加工和语音加工在前注意阶段是并行的[86]。在注意阶段，范畴内声调偏差引起的 N2b 和 P3b 成分没有半球差异，而范畴间声调偏差引起的 N2b 和 P3b 成分在左侧半球更强，这体现了对于声调信息有意识的晚期语音加工[87]。磁共振脑成像研究表明，与范畴内声调变异相比，范畴间的声调变异引起左侧颞中回中部更强的激活，反映了对于声调的抽象语音表征；同时初级听皮层的活动有所减弱，反映了声调知觉中高层语音表征对低层声学加工自上而下的调节作用[88]。与同龄对照相比，阅读障碍儿童的声调知觉范畴化程度更低、错误率更高；相应地，范畴间声调偏差和范畴内声调偏差引起的失匹配负波在左半球的差异仅能在对照组观察到。这表明阅读障碍会引起一般性的范畴知觉损伤，这种损伤在非字母语言中泛化到了超音段水平[84]。此外，针对德语、汉语普通话和粤语的跨语言研究表明声调的范畴知觉受到语言经验的影响，对应于音高变化的语言学范畴只在使用声调语言的被试中体现，并且范畴边界会被不同的声调类型进一步形塑[79]。

舒华教授课题组对句子理解加工中语义与韵律脑区激活的关系也进行了研究。研究中操纵听觉语句的音高模式（正常声调、拉平调）和语义丰富程度（正常句子、词列句）两个因素，通过行为和脑成像方法探讨汉语语句理解时韵律信息和语义信息之间的关系[90]。行为结果表明，正常句子与拉平调句子在理解和听写上没有差异。脑成像结果进一步表明，两种句子类似激活了脑岛、颞叶后部和前部，但与正常句子相比，拉平调句子在颞平面有更高的激活，表明对拉平调句子，词汇语义仍可以通达，颞平面的激活可能与词汇声调语音表征的自动恢复、补偿有关。由于母语者可以自动化地利用神经或认知资源恢复句子中失真的音调模式，口语音高模式的细节可能对汉语母语者句子理解中词汇语义加工不是必不可少的。

在超音段水平，言语的韵律信息能够消除语义和句法中的歧义，或传达说话人的情绪。中国科学院心理所的杨玉芳教授及合作者以事件相关电位为手段对含有语义、句法、情感信息的韵律加工时间特性进行了研究，发现能够提示语义信息的韵律突出和能够提示句法信息的韵律边界在关键词呈现后 270 ～ 510 毫秒内产生交互作用，体现了语义和句法韵律信息的快速整合[91]；在情感韵律信息的加工中，随着情感强度由中性向正性连续变化，颞区 P200 的潜伏期和幅度逐渐下降，额区 P300 的潜伏期和幅度则呈现范畴性的改变，表明对言语情感韵律的低层声学加工可能是连续性的，而高层认知加工则呈现范畴知觉的特点。另一方面，声调语言中的属于韵律信息的语调知觉和声调知觉都依赖于对基频变化的感知，两者可能存在冲突。已有基于粤语的研究报告了语调和声调知觉的相互影响[92]。

最后，北京大学吴玺宏教授研究组的一项工作为言语的听知觉组织原则提供了线索。对于混有干扰的语音，通过理想二值算法去除干扰声强于语音的时频成分，可以显著提高语音的识别率。以此为基础，在算法处理过的语音上叠加一个弱的宽带噪声，还能进一步提高语音的识别率。这可能是由于叠加的噪声增强了语音流的知觉连续性，促进了语音知觉客体的形成。这项研究对于听觉增强设备的设计具有指导意义[93]。

（3）"鸡尾酒会"环境下的言语感知

鸡尾酒会中，往往同时存在着许多不同的声源：多个人同时说话的声音以及这些声音经墙壁和室内的物体反射所产生的反射声等。在这种声学环境下，听者却能够在相当的程度上听懂所注意的目标语句。一系列研究结果证实，对目标言语的主观空间位置、内容的先验知识或具有目标言语信息、但是先于目标句子播放的唇读线索[94]都可以帮助听者把选择性注意集中到目标语句上进而减少信息掩蔽，提高对目标信号的识别；且对汉语目标言语嗓音的熟悉也能显著地减少对目标语句的信息掩蔽，而不能显著地影响能量掩蔽[95-98]。

听觉流的形成可能主要依赖于来自同一声源的各种特征的神经反应在时间上一致性上的编码，选择性注意可以增强对特征的神经表达或调节神经元之间的时间一致性，进而影响听觉流的形成[96]。

李量教授所领导的北京大学"985"生理心理学实验室近年来提出原始听觉记忆[99, 100]的概念解释这种对声波精细结构信息的中枢保持并对其加以研究。其研究表明，不同于传统意义上的保存时间可达几百毫秒甚至几秒钟的"暂短听觉储存"，原始听觉记忆在听知觉过程较早期阶段，信息容量极大、抗干扰性强，能够对广谱高斯白噪声的随机性精细结构进行暂存，但其最长保持时间很短，一般在 20 ～ 30ms 以内，并且受声音频率的影响（对低频信号保持的时间要长于对高频信号保持的时间）。原始听觉记忆在听力正常的年轻被试之间有惊人的个体差异，可以从几毫秒到二十几毫秒，但与听力水平无关[99-101]。

（4）学习、记忆、情绪和干扰环境下的语音加工

学习、记忆和情绪等高级认知过程会调节干扰环境下的语音加工。

对于干扰环境下语音加工的研究也集中在动物方面。北京大学心理系李量教授的课题组对听觉的前脉冲抑制（PPI）的研究发现，学习、记忆和情绪等高级认知过程会调节动物在干扰环境下的语音加工[93]。PPI受到注意、情绪等高级认知活动的调节，涉及包括杏仁核、初级听皮层、后顶叶等在内的多个脑区[76, 81, 93, 94]。近期的研究还发现，主观上感觉前脉冲刺激和背景噪声来自空间上的不同方向，引起的PPI会显著高于主观上前脉冲刺激和背景噪声重合的条件，这是主观空间分离进一步引起的PPI增加[95]。神经药物学的研究发现，学习、记忆、情绪等对于PPI的影响涉及的脑区主要包括杏仁核（主要和情绪调节有关）、后顶叶（主要和空间调节有关）和初级听皮层（主要和听觉加工有关）[106]。一个中性声音信号经过恐惧条件化而成为一个威胁性的信号时，动物对于该信号的FFR能选择性地增强，说明该信号能争夺被试更多的注意资源并强化对该信号的知觉加工，而这个强化过程与杏仁核有密切的关系[76]。

2. 听觉认知的应用

（1）听觉老龄化

北京大学李量教授研究团队首次发现老年人的原始听觉记忆有所下降，即目标语句的直达波和反射波之间的知觉整合能力要显著低于年轻人[100, 107]。这表明了老年人对声音信号的精细声学结构加工的能力（特别是时间精确性）的下降。这种能力下降，一方面使得老年人在噪音启动方面的受益完全消失，另一方面，在有混响的条件下，言语的直达声和反射声之间的主观融合效果（知觉整合效果）也降低。对这一观点，国外研究也从另一角度进行了证实，Rossi-Katz和Arehart[109]的工作指出在嘈杂环境中，老年人听觉困难的产生不仅仅是由于外周听觉系统加工能力下降，而是底层加工过程和高层加工过程相互作用的结果。国内的工作[107]还发现，老龄化不仅从底层影响听觉，也从线索的利用、语音流的追随、内容的记忆等复杂认知过程的衰退影响听觉的加工。

（2）人工耳蜗

20世纪80年代初至今，人工耳蜗设备除了由单电极刺激到多电极刺激的重大改进外，在信号处理方面的进展也大大改善了人工耳蜗植入者的听感知效果与稳定性。尽管当前最先进的人工耳蜗在安静条件下可以有很好的表现，但当处于有干扰声的环境中，其性能便会下降[109]。对于解决噪声问题的探索也越来越受到医学界的关注，双侧人工耳蜗植入与保留残余听力的人工耳蜗手术植入对人工耳蜗植入者的抗噪声能力以及声源定位与佩戴舒适度方面有积极的作用[110]。从事听力学康复方面的专家指出，一些补充性的、有针对性的训练能够改善人工耳蜗使用者在噪声环境下的声音识别能力[111]。

（3）语音、音乐加工与言语障碍

一些认知过程的缺陷，如言语障碍、注意涣散、工作记忆受损很可能是精神分裂症谱系的一个核心素质特征，在疾病发生的早期或前期就已经出现，并可以用临床心理测查的方法检验出来[112]。这些认知损害可以表现在精神分裂症患者某些"门控"机制的障碍，如前脉冲抑制（pre-pulse inhibition，PPI）缺失、门控活动中的脑电异常（如N1，P300，

P50 和 MMN）以及视觉和听觉掩蔽过程异常等[113-115]。国内李量教授的研究团队首次发现首发和慢性精神分裂症患者在掩蔽环境下对目标言语的识别是存在异常的，其中慢性患者的受损重于首发患者，两组患者对信息掩蔽比言语掩蔽更加易感，提示信息掩蔽异常有可能是精神分裂症的一个素质特征[114]。

北京师范大学南云教授课题组综合运用脑电与功能磁共振成像的技术探索听觉加工中音乐与语言音高加工的神经机制。研究发现，音乐与语言的音高加工在脑中存在共享的神经网络，主要位于左侧的 Broca 区[115]，脑电表现为位于前部额区的一个晚期正成分[116]。该课题组还发现汉语母语的先天失乐症个体不但有音乐音高加工的障碍，而且部分失乐症个体还同时合并有语言声调加工的障碍[117]，这一结果进一步证实了音乐与语言的音高加工在脑中存在共享的神经网络。南云教授课题组近期的工作将从发展的角度继续深入探讨音乐与语言音高加工的神经机制问题，具体了解汉语母语儿童群体中音乐能力与音乐经验对于相应语言能力与基本认知加工过程的影响。

（4）国防和社会安保

虚拟听觉方法可以用于虚拟航空、航天、潜艇等特殊环境的训练。Doeer 等人设计了一个用于民航飞机飞行员训练的虚拟听觉重放系统。这种虚拟听觉环境也可以用于战场模拟和各种军事训练[119]。虚拟听觉方法用于语言通信的另一个重要目的是提高语言的可懂度。但目前绝大部分的语言通信采用的是单通路的信号传输系统，不能实现目标语言声源与其他声源的空间上的分离，因而语言可懂度很差。在航空通信中，虽然视觉对信息的识别能力和对目标的定位准确性高于听觉，但当目标的位置超出视觉的范围或同时有多个视觉目标是视觉接近"过载"的情况下，听觉信息就变得尤为重要。声频导向系统将全球定位系统和虚拟听觉技术结合，在头戴耳机重放中产生和目标方向一致的声音，主要用途是民用或军用救援搜索等[120]。

（5）神经仿生学工程

听觉神经仿生学主要包括声纳系统和近年来兴起的语音识别技术。根据加拿大 Kongsberg Mesotech 公司发布的新型迷你声呐头，我们预期未来的声呐技术会更加轻小型化、更高的图像分辨率以及采用线性调频脉冲技术。

神经网络计算机的声音辨别能力十分重要，语音识别技术作为 2000—2010 年间信息技术领域十大重要的科技发展技术之一。其中，大多采用基于反向传播算法（back propagation algorithm，BP 算法）的多层感知网络的人工神经网络在语音研究识别中兴起。语音识别的一个很重要的一个方面仍是去掩蔽，在这点上近年来值得瞩目的是理想二值掩模算法的引入和应用[83，122]。

（三）其他感知觉通道研究

除视觉、听觉之外，其他感知通道如触觉、嗅觉、味觉等均能帮助人类习得和辨认物体，国内许多机构如华东师范大学认知神经科学研究所、中科院心理所、北京大学心理学系、西南大学心理学院在这些感知觉通道的性质以及跨通道信息整合领域取得一系列研究成果。

触觉是由接触、滑动、压觉等机械刺激引发的知觉的总称。王立平等[119,123]通过训练猴学习各种触觉相关的工作记忆任务，并进行电生理活动记录，发现前额叶和顶叶辅助运动区在触觉工作记忆和触觉决策中的作用。该团队还研究了视觉－触觉多模式信息整合的神经机制[124]。魏坤林等[125]研究了中枢神经系统如何基于相关的感觉信息，对本体觉进行整合加工从而发出恰当的运动信号。痛觉是有机体受到伤害性刺激所产生的感觉，它包括与对伤害性刺激的强度、位置、时程和质量进行识别和检测的痛感觉成分，以及与对其产生注意、记忆和忍耐的痛反应成分。痛觉的高级神经机制涉及大脑皮层在痛觉信息的处理、整合与感知过程中的作用。董晓蔚等[118]在痛觉中枢神经系统药物的研究及开发方面，发现安定药能有效逆转大鼠神经性疼痛。包燕、周斌等[59]还考察了一种较高级认知层面的知觉——时间知觉的属性，他们发现意识对时间知觉起到调控作用。

感觉通道之间既存在竞争作用，也存在协同作用。陈骐和周晓林发现视觉和听觉的优势分别体现在跨通道整合的不同阶段，视觉在前反应阶段占优势，而听觉在反应阶段占优势[126]。李红等研究了语义范畴信息的视听觉整合的神经机制[127]。张庆林等[128]对视觉和味觉跨通道交互影响诱发的脑电信号进行了考察。杜久等[129]揭示了下丘脑多巴胺能神经元介导视觉输入对听觉－运动神经通路的功能调节。郭爱克研究组发现果蝇在视觉和嗅觉不同模态间具有学习与记忆的协同双赢和相互传递的功能[130]。周雯等[131]发现鼻两侧对视觉加工表现出不同的调制效应，从而证明了在大脑加工的初级阶段就已经发生了视觉和嗅觉的跨通道整合。周雯等[132]还发现嗅觉在一定条件下可以反过来影响视觉。

二、国内外研究进展比较

当前国外的视听觉研究体现了多种研究手段相结合，实验、理论和算法相结合等特色，不断地借鉴神经科学的最新技术，新的思想观点层出不穷。例如，研究手段方面，Tsao等[133]首次结合功能性磁共振和单细胞记录两种手段研究面孔在猴子高级视皮层的表征，该研究创新性地利用磁共振首先定位了多个面孔特异区，然后针对性地记录这些区域内的单细胞活动，这些实验揭示了面孔特异性表征以及内在神经环路的诸多功能。理论算法方面，计算理论和模型构建与实验研究已经达到了水乳交融的程度，主要表现在复杂的心理物理实验手段被应用到视听觉的研究中，比如图像分类（image classification）、逆相关（reverse correlation）和感知网络的人工神经网络等。其次，物体和语音识别的计算模型，如MAX模型、理想观察者模型，已经得到来自心理物理学、电生理和功能性磁共振的大量实验支持，为今后的实验指明了方向。

近年来，国内的视听觉研究蓬勃发展，在心理物理学、认知神经科学、动物听觉行为模型、神经电生理等方面展开了系统化的工作。中科院上海生科院神经科学研究所、北京大学、北京师范大学、中科院心理研究所、中国科学技术大学、华中师范大学神经生物学实验室等科研院所和高校在都作出了一系列具有国际影响的工作。我国的视觉研究在神经可塑性、高、中、低级视觉和注意等认知研究多方面取得了国际领先成果，而听觉研究也在人类听者抵抗信息掩蔽的心理机制和神经机制、听觉老年化、耳鸣等领域位居世界前列。如在鸡尾酒会效应等问题的研究上，北京大学李量教授与合作者从 2001 年以来所发表的 SCI 文章已被他人累计引用 184 次，起到广泛的影响作用。

国内还新建立了一系列平台机构，为视听等感知觉研究提供了完备支持。2011 年 4月，清华大学 – 北京大学生命科学联合中心正式成立，标志着两校在生命科学领域的合作更加密切。北京大学脑成像中心于 2013 年建成，GE750 3T 磁共振成像系统以及配套的 fMRI–EEG 同步纪录系统、TMS 经颅磁刺激等一系列仪器设备均可应用于视听觉研究。国内还新成立了北京大学、北京师范大学、清华大学麦戈文研究中心、杭州师范大学脑疾病与认知研究中心。在平台搭建和人才引进的同时，视觉科学的多学科多层次交叉研究也逐渐步入正轨，2008 年，国家自然科学基金委启动了重大研究计划"视听觉信息的认知计算"。

国内感知觉科学研究相较于国外有一个优势在于灵长类研究平台。猫和灵长类的猕猴是感知觉研究的重要动物模型。由于动物保护组织过分的激进行为，处于领先地位的西方国家进行灵长类动物实验阻力很大，使视觉科学的发展受到极大影响。与此同时，中国灵长类动物研究中心快速发展，为感知觉研究提供了坚实的基础和广阔的前景。

国内感知觉研究虽取得了一系列成果，但人力资源缺乏以及所投入的财力不足仍然严重地制约着感知觉基础研究领域的发展。例如，听觉学科在应用基础研究方面（人工耳蜗、耳聋分子机理、复聪途径等）与国际水平差距还很大。至今，人工耳蜗和助听器仍在很大程度上依赖进口。鉴于目前国内听觉研究的数量相对较少，在某些领域（如计算模型、电生理与脑成像技术的结合等方面）缺乏相应的科研队伍和科研基础，尚跟不上国际先进水平。

三、国内发展趋势与对策

结合国内外最新研究成果，我国在未来 5 ～ 10 年对视觉和听觉领域的研究发展布局、相应的优先领域以及与其他学科交叉的重点方向如下。

（一）视觉科学

1）视知觉神经通路的反馈机制。目前的实验证据揭示视觉信息的加工和处理是通过平行的上行投射，逐级地在不同的视功能区域内完成的；然而，这一过程是如何完成的至今尚不完全清楚。尤其是上级高级功能皮层的大量下行反馈和皮层间的神经连结是如何参与视觉信息的分离和整合将是 21 世纪视觉科学家最重要的课题之一。

2）视觉神经环路依赖于视觉经验的可塑性。神经系统的可塑性，即结构和功能在受到环境和刺激影响后能发生变化，是学习记忆或适应能力的物质基础，对其机制的阐释不仅有助于了解视觉系统功能，在临床康复方面也有重要意义。

3）视觉注意的神经机制。包括注意和意识之间的关系、视觉注意的皮下脑机制和前额叶在视觉注意中的作用。

4）高级认知功能相关的视觉信息加工和神经环路机制。

5）纹外区视觉通路的信息加工机制。

6）视觉与其他感知觉的跨通道研究。

7）视皮层神经环路和网络的研究。解析视觉神经环路和网络的形成与功能调控机理，不仅是了解正常视觉神经系统功能的核心研究内容，也是了解其异常和神经系统疾病的基础，具有重大的理论意义。

（二）听觉科学

听觉研究的发展布局，可分两大块：一是听觉认知的基础研究；二是听觉认知的应用基础研究。

1. 听觉认知的基础研究

1）以"鸡尾酒会"问题为龙头课题，全面带动听觉认知的基础研究。其中包括人类听者抵抗信息掩蔽的心理机制和神经机制；在研究种属特有叫声（species-specific call or song）信息编码、解码与整合，模式识别及声音定位的机制的同时，建立研究这个重大问题的动物行为模型和神经电生理模型。

2）在研究听觉的基础问题的同时，将研究扩展到发声机制，并联合研究发声与听觉两个系统的协同发育和进化。

3）加大言语声信息的编码和抽提的神经机理研究的力度。

4）将听觉的基础研究与视觉、学习、记忆、思维、情感、动机的基础研究相结合，将研究扩展到更高层次的知、情、意的互动。

2. 听觉感知的应用基础研究

1）加大研制听觉假体（人工耳蜗及听觉脑芯片）的投入力度，强化对探索假体植入后的听觉感知特征资助的力度。

2）积极开展耳鸣的动物行为模型和生理模型的工作，以及开发针对耳鸣的特效药物。

3）采用音乐及言语声训练，开发儿童智力，研究听觉感知的可塑性的分子生物学机制。

4）深入开展听觉老年化的研究。针对听觉外周老年化和听觉中枢老年化的不同特点，积极研制针对个体特殊需求的助听器。

5）根据国防的需要，在为特殊兵种培养听觉研究的人才的同时，开展与军方的对口合作。

6）注重建筑声学的研究，为公共场所的报警系统和通讯系统质量提升提供指导性服务。

参 考 文 献

［1］ Ping Y，Huang H，Zhang XJ，et al. Melatonin potentiates rod signals to ON type bipolar cells in fish retina［J］.The Journal of physiology，2008，586：2683-2694.

［2］ Chen M，Weng S，Deng Q，et al. Physiological properties of direction-selective ganglion cells in early postnatal and adult mouse retina ［J］. The Journal of Physiology，2009，587：819-828.

［3］ Zaidi Q，Ennis R，Cao D，Lee B. Neural locus of color afterimages ［J］.Current biology：CB. 2012，22：220.

［4］ Tan Z，Yao H. The spatiotemporal frequency tuning of LGN receptive field facilitates neural discrimination of natural stimuli ［J］. The Journal of Neuroscience，2009，29：11409-11416.

［5］ Song X-M，Wang Y，Zhu Z，et al. Morphological bases of suppressive and facilitative spatial summation in the striate cortex of the cat ［J］. PLoS ONE，2010，5：e15025.

［6］ Chen K，Song X-M，Li C-Y. Contrast-Dependent Variations in the Excitatory Classical Receptive Field and Suppressive Nonclassical Receptive Field of Cat Primary Visual Cortex ［J］. Cereb Cortex，2013，23：283-292.

［7］ Zeng C，Li Y，Li C. Center-surround interaction with adaptive inhibition：A computational model for contour detection ［J］. Neuroimage，2011，55：49-66.

［8］ Zhang X，Zhaoping L，Zhou T，et al. Neural activities in V1 create a bottom-up saliency map ［J］. Neuron，2012，73：183.

［9］ Wang C，Yao H. Sensitivity of V1 neurons to direction of spectral motion ［J］.Cereb Cortex，2011，21：964-973.

［10］ Zhang X，Fang F. Misbinding of color and motion in human V2 ［J］. J Vision，2012，12：68.

［11］ An X，Gong H，Qian L，et al. Distinct Functional Organizations for Processing Different Motion Signals in V1，V2，and V4 of Macaque ［J］. J Neurosci，2012，32：13363-13379.

［12］ Ramalingam N，McManus JNJ，Li W，et al . Top-down modulation of lateral interactions in visual cortex［J］.The Journal of neuroscience：the official journal of the Society for Neuroscience，2013，33：1773-1789.

［13］ Chen Y，Zhu B，Shou T. Anatomical evidence for the projections from the basal nucleus of the amygdala to the primary visual cortex in the cat ［J］. Neuroscience letters，2009，453：126-130.

［14］ Tong L，Zhu B，Li Z，et al. Feedback from area 21a influences orientation but not direction maps in the primary visual cortex of the cat ［J］. Neuroscience letters，2011，504：141-145.

［15］ Fang F，Boyaci H，Kersten D. Border ownership selectivity in human early visual cortex and its modulation by attention ［J］. The Journal of Neuroscience，2009，29：460-465.

［16］ Pan Y，Chen M，Yin J，et al. Equivalent Representation of Real and Illusory Contours in Macaque V4［J］.The Journal of Neuroscience，2012，32：6760-6770.

［17］ He D，Kersten D，Fang F. Opposite modulation of high-and low-level visual aftereffects by perceptual grouping ［J］. Curr Biol，2012.

［18］ Chen J，Zhou T，Yang H，et al. Cortical dynamics underlying face completion in human visual system ［J］.The Journal of Neuroscience，2010，30：16692-16698.

［19］ Chen J，Yang H，Wang A，et al. Perceptual consequences of face viewpoint adaptation：Face viewpoint aftereffect, changes of differential sensitivity to face view, and their relationship [J]. J Vision, 2010, 10.

[20] Jenkins R, Beaver JD, Calder AJ. I thought you were looking at me direction-specific aftereffects in gaze perception [J]. Psychol Sci, 2006, 17: 506-513.

[21] Bi T, Su J, Chen J, et al. The role of gaze direction in face viewpoint aftereffect [J]. Vision research, 2009, 49: 2322-2327.

[22] Jiang Y, Shannon RW, Vizueta N, et al. Dynamics of processing invisible faces in the brain: Automatic neural encoding of facial expression information [J]. Neuroimage, 2009, 44: 1171-1177.

[23] Wang L, Zhang K, He S, et al. Searching for life motion signals visual search asymmetry in local but not global biological-motion processing [J]. Psychol Sci, 2010, 21: 1083-1089.

[24] Wang L, Jiang Y. Life motion signals lengthen perceived temporal duration [J]. J Vision, 2011, 11: 1220.

[25] Xu S, Jiang W, Poo M-m, et al. Activity recall in a visual cortical ensemble [J]. Nature Neuroscience, 2012, 15: 449-455.

[26] Han F, Caporale N, Dan Y. Reverberation of recent visual experience in spontaneous cortical waves [J]. Neuron, 2008, 60: 321-327.

[27] Xu C, Zhao M-x, Poo M-m, et al. GABAB receptor activation mediates frequency-dependent plasticity of developing GABAergic synapses [J]. Nature Neuroscience, 2008, 11: 1410-1418.

[28] Wei H-p, Yao Y-y, Zhang R-w, et al. Activity-induced long-term potentiation of excitatory synapses in developing zebrafish retina in vivo [J]. Neuron, 2012, 75: 479-489.

[29] Bao M, Yang L, Rios C, et al. Perceptual learning increases the strength of the earliest signals in visual cortex [J]. The Journal of Neuroscience, 2010, 30: 15080-15084.

[30] Han F, Caporale N, Dan Y. Article Reverberation of Recent Visual Experience in Spontaneous Cortical Waves [J], Neuron, 2008, 60: 321-327.

[31] Xu S, Jiang W, Poo M-m, et al. Activity recall in a visual cortical ensemble [J]. Nature Neuroscience, 2012: 1-9.

[32] Zhang Q-f, Wen Y, Zhang D, et al. Priming with real motion biases visual cortical response to bistable apparent motion [J]. Proceedings of the National Academy of Sciences, 2012, 109: 20691-20696.

[33] Zhu Y, Yao H. Modification of Visual Cortical Receptive Field Induced by Natural Stimuli [J]. Cereb Cortex, 2012.

[34] Zhou J, Zhang Y, Dai Y, et al. The eye limits the brain's learning potential [J]. Scientific reports, 2012, 2.

[35] Hua T, Bao P, Huang C-B, et al. Perceptual learning improves contrast sensitivity of V1 neurons in cats [J]. Curr Biol., 2010, 20: 887-894.

[36] Jin H, Xu G, Zhang JX, et al. Athletic training in badminton players modulates the early C1 component of visual evoked potentials: A preliminary investigation [J]. International Journal of Psychophysiology, 2010, 78: 308-314.

[37] Huang CB, Lu ZL, Dosher BA. Co-learning analysis of two perceptual learning tasks with identical input stimuli supports the reweighting hypothesis [J]. Vision Res, 2012, 61: 25-32.

[38] Zhang E, Li W. Perceptual learning beyond retinotopic reference frame [J]. Proc Natl Acad Sci USA, 2010, 107: 15969-15974.

[39] Xiao L-Q, Zhang J-Y, Wang R, et al. Complete transfer of perceptual learning across retinal locations enabled by double training [J]. Curr Biol, 2008, 18: 1922-1926.

[40] Zhang JY, Zhang GL, Xiao LQ, et al. Rule-based learning explains visual perceptual learning and its specificity and transfer [J]. J Neurosci, 2010, 30: 12323-12328.

[41] Bi T, Chen N, Weng Q, et al. Learning to discriminate face views [J]. J Neurophysiol, 2010, 104: 3305-3311.

[42] Chen N, Fang F. Tilt aftereffect from orientation discrimination learning [J]. Experimental brain research Experimentelle Hirnforschung Experimentation cerebrale, 2011, 215: 227-234.

[43] Su J, Tan Q, Fang F. Neural correlates of face gender discrimination learning [J]. Experimental Brain Research, 2013: 1-10.

[44] Su J, Chen C, He D, et al. Effects of face view discrimination learning on N170 latency and amplitude [J]. Vision Research, 2012, 61: 125-131.

［45］ Chen N，Bi T，Liu Z，et al. Neural mechanisms of motion perceptual learning［J］. J Vision，2012，12：1126.

［46］ Chen N，Shao H，Weng X，et al. Motion perceptual learning in noise improves neural sensitivity in human MT+ and IPS［J］. J Vision，2013，13：908.

［47］ Cheung S-H，Fang F，He S，et al. Retinotopically specific reorganization of visual cortex for tactile pattern recognition［J］. Current Biology，2009，19：596-601.

［48］ Huang CB，Lu ZL，Zhou Y. Mechanisms underlying perceptual learning of contrast detection in adults with anisometropic amblyopia［J］. J Vis. 2009，9：241-214.

［49］ Liu Y，Yu C，Liang M，et al. Whole brain functional connectivity in the early blind［J］. Brain，2007，130：2085-96.

［50］ Jiang J，Zhu W，Shi F，et al. Thick visual cortex in the early blind［J］. J Neurosci，2009，29：2205-2211.

［51］ Song Y，Hu S，Li X，et al. The role of top-down task context in learning to perceive objects［J］. J Neurosci，2010，30：9869-9876.

［52］ Song Y，Bu Y，Hu S，et al. Short-term language experience shapes the plasticity of the visual word form area［J］. Brain Res，2010，1316：83.

［53］ Wei P，Müller HJ，Pollmann S，et al. Neural basis of interaction between target presence and display homogeneity in visual search：An fMRI study［J］. Neuroimage，2009，45：993-1001.

［54］ Wei P，Kang G，Zhou X. Attentional selection within and across hemispheres：implications for the perceptual load theory［J］. Exp Brain Res，2013，225：37-45.

［55］ Chen Q，Fuentes LJ，Zhou X. Biasing the organism for novelty：A pervasive property of the attention system［J］. Human brain mapping，2010，31：1146-1156.

［56］ Luo C，Lupiáñez J，Funes MJ，et al. Modulation of spatial Stroop by object-based attention but not by space-based attention［J］. The Quarterly Journal of Experimental Psychology，2010，63：516-530.

［57］ Shi J，Weng X，He S，et al. Biological motion cues trigger reflexive attentional orienting［J］. Cognition，2010，117：348-354.

［58］ Zhang D，Shao L，Zhou X，et al. Differential effects of exogenous and endogenous cueing in multi-stream RSVP：implications for theories of attentional blink［J］. Exp Brain Res，2010，205：415-422.

［59］ Kliegl R，Wei P，Dambacher M，et al. Experimental effects and individual differences in linear mixed models：estimating the relationship between spatial，object，and attraction effects in visual attention［J］. Frontiers in Psychology，2010，1.

［60］ Huang L，Mo L，Li Y. Measuring the interrelations among multiple paradigms of visual attention：An individual differences approach［J］. J Exp Psychol Hum Percept Perform，2012，38（2）：414-428.

［61］ Fang F，He S. Crowding alters the spatial distribution of attention modulation in human primary visual cortex［J］. J Vision，2008，8.

［62］ Zhang D，Shao L，Nieuwenstein M，et al. Top-down control is not lost in the attentional blink：evidence from intact endogenous cuing［J］. Experimental Brain Research，2008，185：287-295.

［63］ Chen Q，Marshall JC，Weidner R，et al. Zooming in and zooming out of the attentional focus：An fMRI study［J］. Cereb Cortex，2009，19：805-819.

［64］ Fu S，Huang Y，Luo Y，et al. Perceptual load interacts with involuntary attention at early processing stages：event-related potential studies［J］. Neuroimage，2009，48：191.

［65］ Liu T，Jiang Y，Sun X，et al. Reduction of the crowding effect in spatially adjacent but cortically remote visual stimuli［J］. Curr Biol，2009，19：127-132.

［66］ Zhou K，Luo H，Zhou T，et al. Topological change disturbs object continuity in attentive tracking［J］. Proceedings of the National Academy of Sciences，2010，107：21920-21924.

［67］ Fu S，Fedota JR，Greenwood PM，et al. Dissociation of visual C1 and P1 components as a function of attentional load：An event-related potential study［J］. Biological psychology，2010，85：171-178.

［68］ Ni J，Jiang H，Jin Y，et al. Dissociable modulation of overt visual attention in valence and arousal revealed by topology of scan path ［J］. PLoS ONE, 2011, 6: e18262.

［69］ Chen Q, Weidner R, Weiss PH, et al. Neural Interaction between Spatial Domain and Spatial Reference Frame in Parietal-Occipital Junction ［J］. Journal of Cognitive Neuroscience, 2012, 24: 2223-2236.

［70］ Zhang X, Fang F. Object-based attention guided by an invisible object ［J］. i-Perception, 2011, 2: 319.

［71］ Fang F, Boyaci H, Kersten D, et al. Attention-dependent representation of a size illusion in human V1 ［J］. Curr Biol, 2008, 18: 1707-1712.

［72］ Yue Z, Bischof G-N, Zhou X, et al. Spatial attention affects the processing of tactile and visual stimuli presented at the tip of a tool: an event-related potential study ［J］. Exp Brain Res, 2009, 193: 119-128.

［73］ Cao Q, Zang Y, Zhu C, et al. Alerting deficits in children with attention deficit/hyperactivity disorder: event-related fMRI evidence ［J］. Brain Res, 2008, 1219: 159-168.

［74］ Qiu J, Li H, Zhang Q, et al. Electrophysiological evidence of personal experiences in the great Sichuan earthquake impacting on selective attention ［J］. Science in China Series C: Life Sciences, 2009, 52: 683-690.

［75］ Tan J, Ma Z, Gao X, et al. Gender difference of unconscious attentional bias in high trait anxiety individuals ［J］. PLoS ONE, 2011, 6: e20305.

［76］ Du Y, Kong LZ, Wang Q, et al. Auditory frequency-following response: A neurophysiological measure for studying the "cocktail-party problem" ［J］. Neuroscience & Biobehavioral Reviews, 2011, 35（10）: 2046-2057.

［77］ Hickok G, Poeppel D. The cortical organization of speech processing ［J］. Nature Reviews Neuroscience, 2007, 8（5）: 393-402.

［78］ Akhoun I, Gallégo S, Moulin A, et al. The temporal relationship between speech auditory brainstem responses and the acoustic pattern of the phoneme/ba/in normal-hearing adults ［J］. Clinical Neurophysiology, 2008, 119（4）: 922-933.

［79］ Krishnan A, Gandour JT. The role of the auditory brainstem in processing linguistically-relevant pitch patterns ［J］. Brain and language, 2009, 110（3）: 135-148.

［80］ Du Y, Ma TF, Wang Q, et al. Two crossed axonal projections contribute to binaural unmasking of frequency - following responses in rat inferior colliculus ［J］. European Journal of Neuroscience, 2009, 30（9）: 1779-1789.

［81］ Luo H, Ni J, Li Z, et al. Opposite patterns of hemisphere dominance for early auditory processing of lexical tones and consonants ［J］. Proceedings of the National Academy of Sciences, 2006, 103（51）: 19558-19563.

［82］ Wang X, Gu F, Chen L. Hemispheric specialization in auditory processing of Chinese lexical tones: a study using whole-head recordings of EEG ［J］. The Journal of the Acoustical Society of America, 2012, 131（4）: 3387-3387.

［83］ Zhang Y, Zhang L, Shu H, et al. Universality of categorical perception deficit in developmental dyslexia: an investigation of Mandarin Chinese tones ［J］. Journal of Child Psychology and Psychiatry, 2012, 53（8）: 874882.

［84］ Zhao J, Shu H, Zhang L, et al. Cortical competition during language discrimination ［J］. Neuroimage, 2008, 43（3）: 624-633.

［85］ Xi J, Zhang L, Shu H, et al. Categorical perception of lexical tones in Chinese revealed by mismatch negativity ［J］. Neuroscience, 2010, 170（1）: 223-231.

［86］ Zhang L, Xi J, Wu H, et al. Electrophysiological evidence of categorical perception of Chinese lexical tones in attentive condition ［J］. Neuroreport, 2012, 23（1）: 35-39.

［87］ Zhang L, Xi J, Xu G, et al. Cortical dynamics of acoustic and phonological processing in speech perception ［J］. PLoS one, 2011, 6（6）: e20963.

［88］ Peng G, Zheng H, Gong T, et al. The influence of language experience on categorical perception of pitch contours ［J］. Journal of Phonetics, 2010, 38（4）: 616-624.

［89］ Xu G, Zhang L, Shu H, et al. Access to lexical meaning in pitch-flattened Chinese sentences: An fMRI study ［J］. Neuropsychologia, 2013, 51（3）: 550-556.

［90］ Li X, Chen Y, Yang Y. Immediate integration of different types of prosodic information during on-line spoken language comprehension: AnERPstudy ［J］. Brain Research, 2011, 1386: 139-152.

［91］ Ma JK, Ciocca V, Whitehill TL. Effect of intonation on Cantonese lexical tones ［J］. The Journal of the Acoustical

Society of America, 2006, 120（6）: 3978–3987.

［92］ Cao S, Li L, Wu XH. Improvement of intelligibility of ideal binary-masked noisy speech by adding background noise ［J］. The Journal of the Acoustical Society of America, 2011, 129（4）: 2227–2236.

［93］ Wu C, Cao S, Wu XH, et al. Temporally pre-presented lipreading cues release speech from informational masking ［J］. The Journal of the Acoustical Society of America, 2013, 133（4）: EL281–EL285.

［94］ Huang Y, Li J, Zou X, et al. Perceptual fusion tendency of speech sounds ［J］. Journal of Cognitive Neuroscience, 2011, 23（4）: 1003–1014.

［95］ Huang Y, Xu L, Wu XH, et al. The effect of voice cuing on releasing speech from informational masking disappears in older adults ［J］. Ear and hearing, 2010, 31（4）: 579–583.

［96］ Wu M, Li H, Gao Y, et al. Adding irrelevant information to the content prime reduces the prime-induced unmasking effect on speech recognition ［J］. Hearing Research, 2012, 283（1）: 136–143.

［97］ Shamma SA, Elhilali M, Micheyl C. Temporal coherence and attention in auditory scene analysis ［J］. Trends in neurosciences, 2011, 34（3）: 114–123.

［98］ Huang Y, Huang Q, Chen X, et al. Transient auditory storage of acoustic details is associated with release of speech from informational masking in reverberant conditions ［J］. Journal of Experimental Psychology: Human Perception and Performance, 2009, 35（5）: 1618–1628.

［99］ Huang Y, Wu XH, Li L. Detection of the break in interaural correlation is affected by interaural delay, aging, and center frequency ［J］. The Journal of the Acoustical Society of America, 2009, 126（1）: 300–309.

［100］ Li L, Huang J, Wu X, et al. The effects of aging and interaural delay on the detection of a break in the interaural correlation between two sounds ［J］. Ear and hearing, 2009, 30（2）: 273–286.

［101］ 江爱世, 陈煦海, 杨玉芳. 言语情绪韵律加工的时间进程 ［J］. 心理科学进展, 2009, 17（6）: 1109–1115.

［102］ Du Y, Wu XH, Li L. Emotional learning enhances stimulus-specific top-down modulation of sensorimotor gating in socially reared rats but not isolation-reared rats ［J］. Behavioural brain research, 2010, 206（2）: 192–201.

［103］ Du Y, Wu XH, Li L. Differentially organized top-down modulation of prepulse inhibition of startle ［J］. The Journal of Neuroscience, 2011, 31（38）: 13644–13653.

［104］ Du Y, Wang Q, Zhang Y, et al. Perceived target-masker separation unmasks responses of lateral amygdala to the emotionally conditioned target sounds in awake rats ［J］. Neuroscience, 2012, 225（6）: 249–257.

［105］ Li N, Ping J, Wu R, et al. Auditory fear conditioning modulates prepulse inhibition in socially reared rats and isolation-reared rats ［J］. Behavioral Neuroscience, 2008, 122（1）: 107.

［106］ Wu M, Li H, Hong Z, et al. Effects of aging on the ability to benefit from prior knowledge of message content in masked speech recognition ［J］. Speech Communication, 2012, 54（4）: 529–542.

［107］ Rossi-Katz J, Arehart KH. Message and talker identification in older adults: effects of task, distinctiveness of the talkers' voices, and meaningfulness of the competing message ［J］. Journal of Speech, Language and Hearing Research, 2009, 52（2）: 435.

［108］ Won JH, Schimmel SM, Drennan WR, et al. Improving performance in noise for hearing aids and cochlear implants using coherent modulation filtering ［J］. Hearing Research, 2008, 239（1）: 1–11.

［109］ Barbara M, Mancini P, Mattioni A, et al. Residual hearing after cochlear implantation ［J］. Updates in Cochlear Implantation, 2000, 57: 385–388.

［110］ Fu Q, Galvin Iii JJ. Maximizing cochlear implant patients'performance with advanced speech training procedures ［J］. Hearing Research. 2008, 242（1）: 198–208.

［111］ Barnett JH, Robbins TW, Leeson VC, et al. Assessing cognitive function in clinical trials of schizophrenia ［J］. Neuroscience & Biobehavioral Reviews, 2010, 34（8）: 1161–1177.

［112］ Ross LA, Saint-Amour D, Leavitt VM., et al. Impaired multisensory processing in schizophrenia: deficits in the visual enhancement of speech comprehension under noisy environmental conditions ［J］. Schizophrenia research, 2007, 97（1）: 173–183.

［113］ Allen AJ, Griss ME, Folley BS, et al. Endophenotypes in schizophrenia: a selective review［J］. Schizophrenia Research, 2009, 109（1）: 24-37.

［114］ Wu C, Cao S, Zhou F, et al. Masking of speech in people with first-episode schizophrenia and people with chronic schizophrenia［J］. Schizophrenia Research, 2012, 134（1）: 33-41.

［115］ Nan Y, and Friederici AD.（2013）Differential roles of right temporal cortex and Broca's area in pitch processing: Evidence from music and Mandarin［J］. Human Brain Mapping, 2012, 34（9）: 2045-2054.

［116］ Nan Y, Friederici AD, Shu H, et al. Dissociable pitch processing mechanisms in lexical and melodic contexts revealed by ERPs［J］. Brain Research, 2009, 1263: 104-113.

［117］ Nan Y, Sun YN, Peretz I. Congenital amusia in speakers of a tone language: Association with lexical tone agnosia ［J］. Brain, 2010, 133（9）: 2635-2642.

［118］ Doerr K., Rademacher H., Huesgen S, et al. Evaluation of a low-cost 3D sound system for immersive virtual reality training systems［J］. Visualization and Computer Graphics, IEEE Transactions on, 2007, 13（2）: 204-212.

［119］ 谢菠荪. 头相关传输函数与虚拟听觉重放［J］. 中国科学: G 辑., 2009, 9: 1268-1285.

［120］ Wang D, Kjems U, Pedersen MS, et al. Speech intelligibility in background noise with ideal binary time-frequency masking［J］. The Journal of the Acoustical Society of America, 2009, 125: 2336-2347.

［121］ Dong X-W, Jia Y, Lu SX, et al. The antipsychotic drug, fluphenazine, effectively reverses mechanical allodynia in rat models of neuropathic pain［J］. Psychopharmacology, 2008, 195: 559-568.

［122］ Wang L, Li X, Hsiao SS, et al. Behavioral choice-related neuronal activity in monkey primary somatosensory cortex in a haptic delay task［J］. Journal of Cognitive Neuroscience, 2012, 24: 1634-1644.

［123］ Wang L, Li X, Hsiao SS, et al. Persistent neuronal firing in primary somatosensory cortex in the absence of working memory of trial-specific features of the sample stimuli in a haptic working memory task［J］.Journal of Cognitive Neuroscience, 2012, 24: 664-676.

［124］ Ohara S, Wang L, Ku Y, et al. Neural activities of tactile cross-modal working memory in humans: an event-related potential study［J］. Neuroscience, 2008, 152: 692-702.

［125］ Yan X, Wang Q, Lu Z, et al. Generalization of unconstrained reaching with hand-weight changes［J］. Journal of neurophysiology, 2013, 109: 137-146.

［126］ Chen Q, Zhou XL. Vision Dominates at the Preresponse Level and Audition Dominates at the Response Level in Cross-modal Interaction: Behavioral and Neural Evidence.［J］J Neurosci, 2013, 33: 7109-7121.

［127］ Hu Z, Zhang R, Zhang Q, et al. Neural correlates of audiovisual integration of semantic category information［J］. Brain and language, 2012, 121: 70-75.

［128］ Xiao X, Dupuis-Roy N, Luo JL, et al. The event-related potential elicited by taste-visual cross-modal interference［J］. Neuroscience, 2011, 199: 187-192.

［129］ Mu Y, Li XQ, Zhang B, et al. Visual Input Modulates Audiomotor Function via Hypothalamic Dopaminergic Neurons through a Cooperative Mechanism［J］. Neuron, 2012, 75: 688-699.

［130］ Zhang X, Ren Q, Guo A. Parallel pathways for cross-modal memory retrieval in Drosophila［J］. J Neurosci, 2013, 33: 8784-8793.

［131］ Zhou W, Zhang X, Chen J, et al. Nostril-specific olfactory modulation of visual perception in binocular rivalry［J］. J Neurosci, 2012, 32: 17225-17229.

［132］ Zhou W, Jiang Y, He S, et al. Olfaction modulates visual perception in binocular rivalry［J］.Curr Biol, 2010, 20: 1356-1358.

［133］ Moeller S, Freiwald WA, Tsao DY. Patches with links: a unified system for processing faces in the macaque temporal lobe［J］. Science, 2008, 320: 1355-1359.

撰稿人: 方　方　李　量　孙　洋

学习认知神经科学研究进展

一、引言

学习是人类智慧的本质，也是生存发展的重要基础。理解学习行为的认知神经机制不仅是生命科学领域最富挑战的重大科学问题之一，也是学科交叉的前沿领域。人类对学习的研究从一开始就体现了多学科的特点。在心理行为层面，1885 年 Ebbinghaus 首先开展了学习的科学实验，揭示学习和遗忘一些根本规律。在神经层面，19 世纪 90 年代，Ramon Cajal 提出脑结构的改变可能是学习的神经基础。在接下来的 100 多年里，研究者不仅对人类丰富学习类型的特征及心理行为机制有了深入认识，还从基因、分子蛋白、突触神经元和脑区系统水平揭示了学习的神经生化基础。随着多学科融合的不断推进，新的学习科学不仅涉及教育学、心理学、计算机科学、认知科学，还包括神经生物学、分子生物学、基因学、影像学等学科，在认知神经科学领域占据着重要的地位。

新的学习科学极大地推进了对脑与学习关系以及脑的可塑性的理解，对最终达到理解脑、保护脑、开发脑有着重要意义。在我国开展学习认知神经科学研究具有特殊的重要地位。一方面，社会经济和科学快速发展，对学习提出了更高的要求。为使我国实现从人口大国向人力资源强国加速迈进，实现全民学习的愿景，学习认知神经科学研究刻不容缓。其次，我国人口基数大，各种学习困难人群数量巨大，运用学习认知神经科学的研究成果为临床诊断、治疗和干预提供科学基础，对提高人口素质和提升生活质量至关重要。

二、国内外学习认知神经科学的发展现状

21 世纪以来，欧、美、日等发达国家纷纷加强脑与学习科学的发展。2002 年，国际学习科学协会（ISLS）创办，使得学习科学这一学术共同体日趋成熟。2003 年，日本启动"脑科学与教育"项目，将脑科学研究作为国家教育发展的一项战略任务，强调把脑科学

与教育紧密结合，进行面向教育理论和实际的应用研究。2004年，美国国家科学基金会资助美国顶级大学建立6个学习科学中心。*Nature* 杂志以《小小脑的大计划》为题，报道了这一重大事件，指出基于脑科学的教育将完全改变人类几千年的教育手段与思路。2006年，英国科技部启动了"提升国民心智的前瞻性研究"计划，其科技部长在 *Nature* 撰文指出"实现经济和社会繁荣必须懂得如何开发国民的认知能力"。日本从2008年开始实施了重点推进脑科学的5年计划，促进对各种认知功能和学习的理解，防治认知老化。2013年，欧盟和美国又各自推出了更为宏大的人脑研究计划，脑与学习的研究在国际上受到了前所未有的重视。

在我国，脑与学习科学的研究也得到国家和社会的广泛关注。2006年，《国家中长期科学和技术发展规划纲要（2006—2020年）》中明确地把"把脑发育、可塑性与人类智力的关系，以及学习记忆和思维等脑高级认知功能的过程及其神经基础"等列为重点支持方向。在此激励下，在中国科学院原有的神经科学研究所、生物物理研究所和昆明动物研究所的基础上，一批高层次，以人脑学习为主要研究对象的多学科交叉科研机构和学会组织纷纷成立，如东南大学学习科学中心、华东师范大学教育神经科学研究中心、北京师范大学认知神经科学与学习国家重点实验室，以及中国教育学会脑科学与教育分会等。同时，一批国家重大科研项目也对学习认知神经科学进行布局和重点支持，包括科技部重大专项"中国儿童青少年心理发育特征调查"，973项目"学习行为发生、发展及异常的认知神经机制研究"，自然科学基金重大研究计划"情感与记忆的神经环路基础"，创新团队项目"学习的认知神经机制研究"以及重点项目"熟能生巧：记忆练习效应的神经机制及应用"等。

为对我国学习认知神经科学发展现状有一个深入了解，我们首先对本领域自2007年至今发表在中、英文杂志的原创性实验研究，第一单位或者通讯单位为国内的论文进行了粗略统计（图1A）。可以看到，从文章数量上看，我国总体的论文数量不多，5年的发展相对比较平稳。从质量上看，这几年在国际高水平刊物，如 *Science*，*Nature*，*Neuron*，*PNAS* 等发表文章的数量有稳步提高的趋势（图1B）。从研究内容上，以人类被试揭示学习的复杂行为规律和脑区水平的神经机制的文章，和以动物被试揭示学习的生化和神经元机制的文章在总体数量比较接近，但动物研究发表在国际刊物的比例更高。

下面，我们将对其中的主要研究进行具体介绍。为了方便组织，我们把这些研究大致分成4个领域：①人脑一般学习的认知神经机制，主要是揭示人脑学习的普遍心理行为规律以及脑区与系统水平的神经基础；②特殊领域学习的神经机制，主要包括知觉、语言、运动等特殊领域的学习规律；③学习的神经生化机制，主要是以动物为对象的揭示学习的神经生理机制的研究；④学习障碍的机制，主要是脑损伤、老化和药物成瘾等导致的学习障碍的机制。

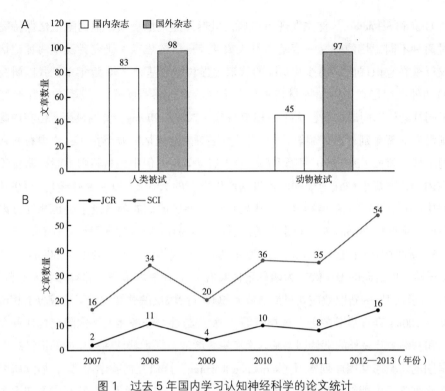

图 1 过去 5 年国内学习认知神经科学的论文统计

（A：2007—2013 年文章大致统计，其中人类被试文章 181 篇，动物被试 142 篇；国内
杂志 128 篇，国外杂志 195 篇；B：2007—2013 年历年 SCI 论文数量及其 JCR 一区文章数量）

三、人脑一般学习的认知神经机制

人脑一般学习的认知神经机制问题主要针对学习的普遍心理行为规律及其神经机制，包括如下重要的问题：如学习的基本过程（如编码、提取、巩固和遗忘等）的规律和机制，人脑多重学习和记忆系统的认知和神经机制、学习效率的优化等。

（一）多重学习和记忆系统

学习认知神经科学的一个重要发现就是揭示了人脑的多重学习和记忆系统[1]，其服务于不同目的、遵从不同原则、执行不同功能，并由不同神经网络支持。一般说来，学习可以分成内隐记忆（implicit）和外显（explicit）记忆；内隐记忆包括程序性记忆（procedural memory）和启动（priming）等；外显记忆系统则可分为语义（semantic）记忆和情景（episodic）记忆等。情景记忆还可以分成回想（recall/recollection）和再认（recognition/familiarity）。其中回想指能够回忆出细节（包括背景信息）的记忆，而再认则指感觉熟悉而无法回忆出细节的记忆。

自 Graf 和 Schacter[2] 首先发现遗忘病人虽然外显记忆受损，但内隐记忆保持完好以来，对两种不同记忆的研究一直是学习认知神经科学的焦点。研究者发现两种记忆的区别不仅反映在意识层面，还涉及不同的认知过程和神经基础[3]。近年来，我国研究者发现内隐和外显记忆在不同学习材料中存在不同特点。郭春彦等[4] 发现在外显记忆提取中，不同社会认知词汇在顶、枕叶的 ERP 反应（700 ～ 900ms）差别显著，但在内隐记忆任务则没有显著差别；杨炯炯等[5] 发现了情绪对内隐记忆的调节作用：恐惧材料在短间隔（约 1 秒）和长（3 分钟）间隔下都能产生启动效应，但中性材料则不能；郭春彦等[6] 发现在内隐记忆提取中，消极词比积极词产生更正的 ERP（450 ～ 900ms），而在外显提取过程中不存在差异。在神经水平，内隐记忆与外显记忆的脑区既重叠也相互分离。在编码阶段，颞叶区 200ms 左右负走向的随后记忆（DM）效应为内隐记忆独有，而前额区 400 ～ 500ms 时间段正走向的 DM 效应为外显记忆所特有；中央区 200 ～ 300ms 及顶叶区 600ms 开始的负走向的 DM 效应为两种记忆共有[7]。在提取阶段，郭春彦和孟迎芳[8] 发现外显、内隐记忆的新旧效应在早期 300 ～ 500ms 阶段反映感知觉加工的成分上相似，但在 500 ～ 700ms 存在显著差异；杨炯炯等[9] 发现与外显任务相比，内隐记忆任务在除左侧角回和左颞中叶之外的默认网络脑区都有更强激活，提示默认网络在内隐记忆的作用。

早期的实验通常用序列学习（sequence learning）来研究内隐学习[10]，后续研究发现个体在序列学习中能够同时获得内隐和外显知识[11]。付秋芳等[12] 发现内隐知识更多与 N2 成分相关，而外显知识则与 N2 和 P3 成分均有关。郭秀艳等[13] 通过改变传统的序列学习方式，直接比较内隐和外显序列学习的神经机制，发现外显学习在额叶激活高于内隐学习。同时外显学习枕叶激活增强，而内隐学习枕叶激活下降。在注意对序列学习的影响上，沈德立等[14] 发现高低注意负荷条件下内隐知识的获得没有显著差异；付秋芳和傅小兰发现在多任务与单任务条件下，内隐知识的获得不受影响，但只有单任务条件被试才能习得外显知识[15]。

回想和再认的神经机制是情景记忆研究的一个颇具争议的热点问题[16, 17]，争论焦点在于两者反映不同的记忆过程还是记忆强度的差异。郭春彦等[18] 发现早期额区的 N400 新旧效应反映了熟悉性，而晚期顶区的 LPC 新旧效应反映了回忆，支持了双加工假说。双加工假说还得到了对项目记忆（item memory）和源记忆（source memory）的研究支持。项目记忆是对事件本身的记忆，主要反映了再认过程；而源记忆是对关事件发生背景的记忆，主要反映了回想过程。余永强等[19] 发现项目记忆更多激活右背外侧前额叶，而源记忆更多激活左背外侧前额叶；郭春彦等[20] 发现在提取成功时，源记忆比项目记忆的头皮脑电活动分布更广，持续时间更长；郭春彦等[21] 还发现提取失败时，源记忆相较于项目记忆伴随更多脑前部的早期成分，这些研究都支持了双加工假说。

上述外显、内隐及情景记忆都是对已发生事件的记忆，而前瞻记忆则是一种指向未来的记忆[22, 23]。前瞻记忆分包括时间性和事件性前瞻性记忆，分别指在某一时间或某一线索事件出现时完成事先指定任务的记忆。郭春彦等[24] 发现在前瞻记忆编码阶段，额区和枕区的 P150，额顶区的 fbN2（250 ～ 280ms）和晚期正成分（400 ～ 700ms）在记住项目上的幅度显著高于遗忘项目。黄希庭等[25]发现前瞻记忆任务与背景任务的差异波在前额叶 200 ~ 300ms 时段最大，提示前瞻记忆需要更强的执行控制功能。陈思佚和周仁来[26]发现前瞻记忆线索即使被注意到被试仍然可能漏报，目标检查或者预备注意加工过程是前瞻记忆成功必须的。陈楚侨等[27]发现前瞻记忆与警觉任务都诱发了相似的 N2 成分，但 N300 只在前瞻记忆中出现。

最后，已有研究还揭示，学习的认知神经机制受到材料呈现方式、熟悉性、抽象具体性、图片优异性、面孔性别等的影响[28-32]，受篇幅限制就不详细介绍。

（二）有效学习的认知神经机制

在学习的一般认知神经机制的研究中，一个核心的问题是要揭示有效学习的神经机制。从学习科学起初，研究者就关心学习优化的问题，比如 Ebbinghaus 就在遗忘曲线的基础上提出了分散学习的原理。Bjork 和同事总结了之后大量的实验研究成果，提出了"适度学习难度"假说[33, 34]。该假说认为在学习中创设适度的难度（如分散学习，变换学习任务，使用测验等），虽然表面上降低了学习的速度，但能够促进学习的长期保存和迁移。采用脑功能成像技术和随后记忆范式[35, 36]，很多研究都揭示了有效记忆编码相关的神经活动，大大加深了对有效学习神经机制的认识。与"适度学习难度"的观点相吻合，大量研究都发现成功的记忆伴随前额叶、顶叶、颞叶和海马的更强激活，以及默认网络的负激活[37]。

除了认知努力和更高的大脑激活强度，学习认知神经科学还试图揭示促进有效学习的特定信息表征和加工过程。其中一个重要的理论就是差异性编码假说[38]。该理论认为人脑的多次学习能够增加不同的回忆线索，从而提高回忆的概率。该理论能解释很多重要的行为现象，包括分散学习效应和变化学习条件效应[39]，也得到了计算模型的支持[40]，但长期以来其缺乏神经层面的证据。薛贵等[41]利用功能磁共振脑成像和新近发展的表征相似性分析方法，发现大脑在多次重复学习中的激活模式越相似，记忆效果越好，并在此基础上提出了有效学习的神经激活模式重现假设，从而对传统的差异性编码理论提出了挑战。

注意在有效学习中的作用是当前研究一个焦点问题[42]。选择性注意可使环境中的目标信息在大脑得到更好表征，形成有效记忆联系并持久保持。然而对注意调控记忆的神经机制还有很多问题尚未解决。郭春彦等[43]发现不给予注意的项目较之注意的学习项目有着更负的 N400 成分，并且给予注意的项目在随后的再认测验中也有更好的记忆成绩。薛贵等[44]采用了一种基于激活和信息表征相结合的分析技术，发现额顶叶的活动能够提高大脑多个脑区的皮层表征模式相似性，而这些脑区的表征相似性越高，随后的记忆效果则越好。这提示额顶叶能增强大脑皮层对学习材料表征的一致性，从而为内侧颞叶提供更加独特和稳定的输入，并达到增强记忆效果的目的。

此外，薛贵等[45, 46]还发现，较之于集中重复学习，分散学习可以有效地降低神经活动抑制水平，从而提高学习记忆效果。这些结果揭示了分散方法促进记忆的神经机制，类似的方法还可以用来探讨变化任务和测试等方法促进有效学习的机制。

（三）错误记忆

虚假或错误记忆是人们生活中的常见现象，是指人们回忆出之前没有发生的事情，或者和之前发生的事情有偏差[47]。对虚假记忆进行研究除了有助于探索记忆的本质，还在法庭证人证词的真实性及测谎等方面有重要的应用[48]。郭春彦等[49]利用经典的DRM范式发现，即使刚刚学习过项目仍会出现虚假记忆。朱丽等[50]发现错误记忆同真实记忆一样可得到长时保持。为揭示错误记忆的个体差异和影响因素，朱丽等[51, 52]开展了一项针对中国大学生的大样本研究，结果发现错误记忆与个体的认知和人格因素都显著相关：知觉能力和智力越差的人错误记忆出现得更多；坚持性低，抑郁以及害怕负面评价等的个体也更容易产生错误记忆。

四、特殊领域学习的认知神经机制

特殊领域的学习既包括感知觉、运动等简单学习，也包括人类特有的语言学习等复杂的学习。不同类型的学习既有共同的特点，也有其特殊的规律。近几年，我国在知觉学习和语言学习领域等方面开展了系统的研究，取得了突出的成绩。

（一）知觉学习的认知神经机制

知觉学习是通过知觉训练来提高从环境中提取信息能力，被认为是大脑可塑性的一种表现[53]。知觉学习的核心问题在其特异性和迁移性，即在某种特定条件下训练所导致的大脑某项功能改善能否迁移到其他条件甚至是其他功能[54, 55]。对这个问题的回答有助于揭示出知觉学习在神经系统中发生的位置。长期以来，研究者认为知觉学习发生初级皮层，具有很强的特异性。但这个观点近年来受到了挑战。余聪及其团队[56, 57]采用原创的双训练范式，发现知觉学习效果可以在不同视网膜位置和不同的视觉刺激朝向之间完全迁移。李武等[58]发现知觉学习依赖于训练刺激在空间坐标系下的相对位置而非受限于刺激的绝对空间位置。相应的，李武等[59]从神经元水平，刘嘉等[60]从脑区水平分别揭示了在视觉学习中，高级脑区对低级视觉皮层的调控作用。同时，李晟等[61]发现分类学习能调节高级枕颞叶的形状加工，同时精细的分类判断受到晚期高级皮层区域的反馈调节。这些结果挑战了传统视觉学习理论认为视觉学习发生在具有视网膜映射关系的低级视觉皮层的观点。

在知觉学习发生的时间上，宋艳和丁玉珑等[62, 63]发现视知觉学习可以在不同的时间尺度上发生，慢速学习导致的ERP成分改变（前额皮层P170升高及后部皮层N1的降低）在3个月之后仍能保持，而快速学习的ERP成分改变则不能保持这么长时间。

（二）语言学习的认知神经机制

语言学习是一种综合而复杂的学习，要建立多个维度的高度自动化的联系，也需要大脑感知觉脑区到高级皮层等多个系统的共同参与。在语言学习中，特别是阅读训练中，研究者同样发现了阅读训练对视觉系统的改变，以及自上而下加工对知觉系统的调节作用[64-68]。比如，刘嘉的团队[69, 70]利用联接任务和短时语言训练任务揭示了训练经验对视觉词形区的塑造。薛贵等发现语音学习对视觉字形区的活动的调节以及不同语音通路的差异性调节作用[65, 66, 68]。除了知觉系统，还有很多脑区，包括左侧顶上小叶，左侧额下回神经活动都会受到语言学习经验导致的改变[66, 68, 71, 72]。

除了采用实验室条件下的人工语言训练方法，还有研究考察了长期特殊语言经验和语言障碍矫正训练对语言网络的塑造。丁国盛及其团队等[73, 74]发现双语学习经验可以改变母语产生的大脑功能网络联接，并且会使皮层左侧尾状核发生结构上的改变。他们还发现获得性耳聋、先天性耳聋较之正常听力群体在颞顶叶皮层静息态功能连接的改变[75]，以及早期听觉经验在对白质髓鞘成熟、脑结构功能再整合中的作用[76]。卢春明等[77]发现口吃被试在短期干预训练后，小脑静息态功能连接、皮层厚度都发生显著改变。

魏坤林等在一系列研究中[78-82]，采用运动学习任务考察反馈的不确定性对学习的影响。他发现，这类学习符合贝叶斯的法则，即在反馈不确定的情况下，系统的学习速度降低；而在系统自身状态不确定高的情况下，系统学习的速度加快[78]。他进一步发现，在高不确定性的反馈学习条件下，运动系统采用一个非特异性的策略（即反方向矫正）来应对各类错误的反馈[80]。同时，对干扰反馈的矫正也受到干扰的熟悉性的影响[82]。

五、学习记忆的电生理和生化机制

学习和记忆外所带来的外在行为变化，是内在神经生理层面的结构和功能改变的结果。大量经典的研究揭示，突触前后神经元的相关活动能够诱导突触传递效率长时程增强（LTP）或长时程减弱（LTD）现象，是大脑学习记忆的重要突触机制[83]。短时记忆主要与反映突触连接强度的电活动有关，而长时记忆则涉及蛋白质的合成以及基因表达[84]。

（一）学习的电生理机制研究

电活动方面，突触前后神经元的相关活动可以持续有效地提高或降低突触前神经元内兴奋性，以及突触后神经元树突对突触信息输入的整合。一定模式的神经活动不仅造成突触传递效能的持续性改变，还能导致其他神经细胞的功能可塑性，从而有助于神经环路的信息传递和处理。GABA 神经元负责传递兴奋性信息，在神经环路的功能平衡有重要作用。蒲慕明和章晓辉等[85]发现早期 GABA 能突触可塑性依赖于神经元活动的频率，高频率（20 ~ 50Hz）神经元活动引起突触效能的长时程增强（LTP）；而低频活动（5Hz）则引起长时程减弱（LTD）。LTP 根据持续时间长短分为早期 LTP 和晚期 LTP（L-LTP），其中后者可持续数小时至几天，依赖于蛋白质合成，是长时记忆的基础。蒲慕明和章晓辉等[86]发现间隔 5 分钟的分散学习比集中学习更有利于 L-LTP 的保持，NMDA 受体持续激活对 L-LTP 的稳定非常重要。该研究为行为研究中的分散学习效应提供了一定的生物学基础。

大脑中除神经元细胞外，胶质细胞占总脑细胞的 90%。传统认为胶质细胞与学习记忆关系不大，因此一直没有受到重视。段树民等在一系列开创性的研究中发现神经元 LTP 的形成依赖于胶质细胞释放的 D- 丝氨酸[87]。另外，NG2 胶质细胞存在一种 AMPA 受体，对钙离子具有通透性，可使细胞外的钙离子进入细胞并产生 LTP 及可塑性变化[88]。段树民等[89]还发现电刺激会导致星形胶质细胞释放 ATP，从而引起海马 CA1 区异源性长时程抑制（hLTD），阻断 P2Y 受体则可以使 hLTD 维持在相对较低的水平。

（二）学习的神经递质研究

在神经元信息传导中，不同的神经递质（如谷氨酸、D- 丝氨酸、去甲肾上腺素、多巴胺和 5-HT 等）和受体起到了重要作用。其中 NMDA 受体是一种独特的离子通道蛋白，是学习记忆的关键物质基础[90]。钱卓等建立了新的行为学任务来考察转基因动物的学习记忆能力[91]，发现 NR2B 亚基的过度表达会提高 NMDA 受体活性，并增强 CA1 的 LTP 而非 LTD[92]来提高转基因小鼠的工作记忆和空间记忆等能力[93]。李葆明等[94]发现在听觉恐惧记忆中，NR2B 亚基只影响高强度的条件反射记忆，而 NR2A 对高低强度的条件反射记忆均有影响。NMDA 受体的激活需要谷氨酸和 D- 丝氨酸或甘氨酸同时存在，其中 D- 丝氨酸较甘氨酸有更为重要的作用[95]。徐天乐等[96]发现海马 CA1 区外源性 D- 丝氨酸与该区域的 LTD 以及空间记忆提取呈钟形曲线关系。

多巴胺（dopamine）属于单胺类物质中的儿茶酚胺类，是一种重要的神经递质。徐林等[97]发现在亚麻醉之前对小鼠注射多巴胺 D1/D5 受体拮抗剂或者 AMDA 受体内吞干扰肽后，可以有效缓解亚麻醉导致的记忆损伤。钱卓等[98]发现多巴胺转运杂合子基因敲除的小鼠无法在部分线索条件下实现模式完形，导致记忆提取障碍，少量多巴胺拮抗剂 haloperidol 可以缓解这一障碍。钱卓等[99]还发现腹侧被盖区的多巴胺神经元不仅参与与奖赏有关的学习，也参与了恐惧记忆任务。在恐惧记忆后进行性行为可以有效缓解小鼠的恐惧反应，罗建红等[100]发现多巴胺 D1/D5 受体拮抗剂可以消除这种缓解作用。此外，郭爱克等[101]发现多巴胺对果蝇嗅觉厌恶学习条件反射的保持有损害。

去甲肾上腺素是脑内肾上腺素能神经末梢合成和释放的一种神经递质，其对应的受体是一类 G 蛋白偶联受体。李葆明等[102]发现其 beta1 和 beta2 两种肾上腺素受体在海马 CAI 和 CA3 中大多分布于神经元细胞核团阳性细胞中；而在亚细胞结构上，beta1 主要分布于细胞膜和细胞质，而 beta2 则主要分布于细胞膜和细胞核。李葆明等[103]发现记忆保持测验前在海马 CA1 区注射大量的去甲肾上腺素 beta 受体拮抗剂并不能损害恐惧记忆的提取，而注射异丙基肾上腺素（isoproterenol，β 型肾上腺素效应性受体的激动剂）不仅没有增强恐惧记忆，反而损害长时程（7 天）的恐惧记忆提取。该结果对 beta 受体促进记忆保持和巩固的观点提出了质疑。

5-HT 是一种非常重要的单胺型神经递质，它调节着 GABA、多巴胺、谷氨酸和甘氨酸等在内的神经递质的释放。5-HT 失调会导致学习记忆的损伤。徐林等[104]发现 5-HT 缺乏的小鼠在空间记忆提取表现出损伤，但恐惧记忆则会得到提高。如果给缺乏 5-HT 的小鼠注射 5-HT 后，其条恐惧记忆的提高不复存在。

此外，第二信使 cAMP 可以激活 PKA，通过膜蛋白磷酸化调节离子通透性。郭爱克等[105]发现蘑菇体内 cAMP 含量与学习记忆能力相关，睡眠剥夺会降低 cAMP 含量并损伤果蝇短时嗅觉记忆。

（三）学习的基因蛋白研究

在学习记忆的分子机制中，基因表达和合成蛋白质是极为重要的环节。刘力等[106]发现果蝇扇形体神经元的 fdh 基因（与哺乳动物 GSNOR 基因同源，控制 NO 代谢）过度表达，会导致视觉学习记忆缺陷。alpha-CaMKII 是一种 Ca^{2+} 依赖酶，可以调节 LTP。钱卓等[107]利用可逆的化学诱导基因技术可以控制 alpha-CaMKII 的超量释放，对新旧形成的恐惧记忆消除都有持久有效的作用。脑源性神经营养因子（BDNF）受 BDNF 基因调控，对 LTP 及神经元的存活、分化及突触可塑性调有重要作用。陈哲宇等[108]发现 BDNF Met/Met 转基因小鼠厌恶记忆消退过程受损，这可能与其大脑前额叶腹内侧区容积减少以及神经元树突复杂度降低有关；D- 环丝氨酸可以阻止厌恶记忆消退能力的降低。陈哲宇等[109]还发现条件性味觉厌恶训练能够增加 BDNF 在杏仁体中央核的表达，但对杏仁体基底外侧核中 BDNF 的表达没有影响；在杏仁体中央核给予 BDNF 能够加强条件性味觉厌恶记忆的形成。

（四）药物与学习的关系研究

还有研究探讨了药物对学习和记忆的调节作用。曹军等[110]发现 pentylenetetrazol（PTZ）会抑制 GABA 能神经元活动，从而导致 LTP 活动的饱和并损害学习记忆功能。一种新开发的占诺美林变种 EUK1001，可以直接刺激乙酰胆碱受体 mAChRs，从而显著改善阿尔海茨默症老年鼠的记忆能力，且较传统药物占诺美林副作用更小[111, 112]。姜黄色素（Curcumin）可以通过改善老年鼠的神经发生进而提高其记忆等认知功能[113]。

在一系列研究中，刘国松及其团队发现镁离子对学习和记忆的调节作用。镁离子可以通过提高 NMDA 受体和 CERB 激活，进而提高 BDNF 含量，并改善突触可塑性和提高各年龄段老鼠的记忆能力[114]。提高小鼠镁离子摄入量可以有效阻止认知损伤，使因阿尔海茨默症导致的突触凋亡趋势得到反转；增加脑镁水平不但能够增强正常学习记忆功能，还能够抑制负性记忆[115, 116]。此外，研究者还探索了其他物质影响记忆的机制，包括改善记忆的纳米硒、硫化氢、丹参酮等[117-119]以及损害记忆的铅、铝、丙二醛等[120-122]。

（五）学习的神经环路机制研究

在神经环路层面，刘力等[123, 124]发现果蝇脑内中央复合体亚结构——扇形体的不同层状结构参与了特定视觉参数（重心高度、朝向等）的记忆，而另外一个亚结构——椭球体也参与了视觉学习记忆，但与处理视觉参数无关。郭爱克等[125, 126]发现了伽马氨基丁酸能神经元（APL神经元）和蘑菇体形成的抑制性神经环路参与果蝇视觉灵活学习的调制，同时APL神经元对果蝇嗅觉反转学习有促进作用。

六、药物依赖、认知老化等学习障碍的神经机制

老化（aging）、轻度认知障碍（MCI）、阿尔海茨默病（AD）等会带来记忆损伤。对于其背后的神经生理机制，研究者发现川续断皂苷可通过削弱β淀粉样蛋白来改善阿尔海茨默及其他记忆功能退化[127]；高良姜精、山奈酚和杨梅酮可以改善因D-半乳糖导致的记忆损伤[128]；GABA受体则可通过降低其内噬作用来削弱淀粉样蛋白，从而改善记忆等认知功能损伤[129]；PPARγ受体吡格列酮可以改善东莨菪碱导致的记忆损伤[130]。

从系统层面，贺永等[131-133]利用扩散张量跟踪技术、结构连接分析、功能连接分析等方法建立了阿尔茨海默氏病的脑结构网络失连接模型，人脑白质结构网络和脑功能网络，为阿尔海茨默病的预测与治疗提供了科学支持。

对脑损伤造成的学习记忆障碍，研究发现基底节损伤和额叶损伤会导致相似的工作记忆障碍，单侧基底节损伤者仍保留一定的学习能力，通过早期的认知康复训练可以有所改善[134]。对脑损伤患者进行残图命名和残字辨认测验揭示内隐记忆可能与枕叶、额叶、颞叶功能有关[135]。另外，早期高压氧可以减轻脑缺血再灌注对海马神经细胞的损伤，提高学习记忆功能[136]。

另外一个重要的学习障碍是药物成瘾，其有着重要科学和社会意义。我国科研人员对注射吗啡等成瘾物质造成记忆损伤的分子机制进行了系统研究，发现吗啡成瘾损伤海马CA1[137]以及中央内侧古皮质的LTP[138]。马原野等[139]发现吗啡和β-肾上腺素能受体拮抗剂的交互作用会损害空间记忆的巩固。陆林等[140]发现吗啡提高小鼠大脑伏隔核PKMzeta含量是线索诱导成瘾复发的重要分子机制；另外，IKK/NF-κB信号通路参与吗啡成瘾的消退[141]；此外，杏仁核内的聚合肌动蛋白含量的提高[142]和多巴胺能细胞损伤[143]对于戒断后厌恶反应表达有重要作用。

为了抹去毒品相关联的记忆，陆林等[144]创造性地利用记忆的再巩固（reconsolidation）原理，在世界上首先发现在再巩固窗口内进行消退训练可以成功抹除毒品相关联的记忆，降低毒品相关的线索诱发的复吸渴求；它对于毒品相关联的记忆具有普遍作用效果，且其作用可以持续很长时间。他们进一步发现基底杏仁核的 NF-κB、腹侧被盖区的谷氨酸 NMDA 受体、伏隔核参与可卡因依赖和听觉性恐惧条件反射的获得、巩固和再巩固过程[145, 146]。此外，焦虑可以阻断药物成瘾记忆的再巩固，而这种阻断作用是通过基底杏仁核内的糖皮质激素受体的激活来实现的[147]。

七、总结和展望

综上所述，我国近几年来在学习认知神经机制领域开展了多层次和多角度的研究，在特定领域取得一些突破性的重要成果，如再巩固阶段给予消退训练可消除恐惧记忆，知觉学习的特异性和迁移性机制，"神经激活模式重现"在记忆练习效应中的作用，果蝇视、嗅觉学习记忆的跨模态传递，以及通过基因敲除技术研制的"聪明鼠"等。相关成果发表在 Science、Nature 等国际高水平杂志上，不仅有着重要的科研理论意义，同时也提高了我国在学习记忆研究的国际影响力，带动了相关领域的发展。

然而，我们必须清醒地看到，我国的学习认知神经科学研究与国外相比仍有很大差距。主要表现在：①我国学习认知神经科学领域的研究机构严重不足，从事相关领域的科研人员数量很少。特别是在系统水平揭示人脑学习的神经机制的人员更是匮乏。②研究所涉及的领域相对比较局限，一些重要的领域国内尚涉及不多。这包括如学习记忆的计算神经网络模型研究，学习发展以及遗传环境交互作用研究，相关疾病和脑损伤导致的学习障碍，基于脑科学的学习材料研发和活动设计，以及教育神经信息工程技术及其在学习中的应用等。③不同机构科研单位、不同层面系统合作偏少，从而无法满足学习多层面研究的实际需求。④相较于西方陆续提出的大型学习认知神经科学计划，国内缺乏系统的顶层设计和规划布局，导致该领域研究经费从绝对数量和相对比例上都偏低。

随着多模态脑成像技术，无损人脑成像技术、神经计算、脑网络连接组、脑活动图谱构建等新技术的飞速发展，学习认知神经机制研究更加体现出多学科交叉、多层面融合的大科学特点，为最终揭示人脑学习的机制提供了重要契机。结合国际前沿，笔者建议国家和各研究单位加强学科总体布局和人才引进，鼓励不同层面和学科研究人员间的交流和科研合作，并重视对青年科学工作者的培养，从而推动我国学习认知神经科学的发展。这里，我们对国内学习认知神经科学未来可能的热点研究方向进行展望。

1）综合利用分子生物学、电生理、脑成像、光遗传成像、行为学等技术从基因、分子、神经元、神经环路、全脑水平全面探索阐明人类学习的神经基础，创建基于人脑的学习网络模型和新型人工智能。

2）揭示不同年龄阶段与学习相关的脑网络特征及其发展模式，以及遗传和环境的交互作用；特别是关注学习发展障碍的基因 – 脑 – 行为 – 环境综合预测和评估指标，从而为学习障碍的科学预测和早期干预提供科学的基础。

3）继续深入揭示有效学习的神经机制，综合运用多种技术手段，在多个水平和尺度对优化学习的方法进各种行研究，开发基于脑科学的学习优化的神经反馈技术以及经颅刺激等非药物、无损伤方法。

最后，利用学习记忆的分子机制，研究开发各种适用于人类的可以有效规避副作用的药物手段来改善学习记忆，治疗各种学习、认知障碍，消除药物依赖、焦虑等负性记忆。

参 考 文 献

［1］ Squire L R, Zola S M. Structure and function of declarative and nondeclarative memory systems［J］. Proceedings of the National Academy of Sciences, 1996, 93（24）: 13515–13522.

［2］ Graf P, Schacter D L. Implicit and explicit memory for new associations in normal and amnesic subjects［J］. Journal of Experimental Psychology: Learning, Memory, and Cognition, 1985, 11（3）: 501.

［3］ Schacter D L. Implicit memory: History and current status［J］. Journal of experimental psychology: learning, memory, and cognition, 1987, 13（3）: 501.

［4］ Li Y T, Li Q, Guo C Y. Differences of relevance in implicit and explicit memory tests: AnERPstudy［J］. Chinese Science Bulletin, 2009, 54（15）: 2669–2680.

［5］ Yang J, Xu X, Du X, et al. Effects of unconscious processing on implicit memory for fearful faces［J］. PLoS One, 2011, 6（2）: e14641.

［6］ 李月婷, 李琦, 郭春彦. 内隐和外显记忆测验中情绪词差异的 ERP 研究［J］. 心理学报, 2010, 42（7）: 735–742.

［7］ 孟迎芳. 内隐与外显记忆编码阶段脑机制的重叠与分离［J］. 心理学报, 2012, 44（1）: 30-9.

［8］ Meng Y F, Guo C Y.ERPdissociation and connection between implicit and explicit memory［J］. Chinese Science Bulletin, 2007, 52（21）: 2945–2953.

［9］ Yang J, Weng X, Zang Y, et al. Sustained activity within the default mode network during an implicit memory task［J］. Cortex, 2010, 46（3）: 354–366.

［10］ Nissen M J, Bullemer P. Attentional requirements of learning: Evidence from performance measures［J］. Cognitive psychology, 1987, 19（1）: 1–32.

［11］ Clegg B A, DiGirolamo G J, Keele S W. Sequence learning［J］. Trends in Cognitive Sciences, 1998, 2（8）: 275–281.

［12］ Fu Q, Bin G, Dienes Z, et al. Learning without consciously knowing: Evidence from event–related potentials in sequence learning［J］. Consciousness and cognition, 2013, 22（1）: 22–34.

［13］ 郭秀艳, 高妍, 沈捷, 等. 同步内隐 / 外显序列学习: 事件相关的 fMRI 的初步研究［J］. 心理科学, 2008, 31（4）: 887–891.

［14］ 卢张龙, 吕勇, 沈德立. 内隐序列学习与注意负荷关系的实验研究［J］. 心理发展与教育, 2011, 6: 561–568.

［15］ 付秋芳, 傅小兰. 第二任务对内隐序列学习的影响［J］. 心理科学, 2010, 4）: 861–864.

［16］ Eichenbaum H, Yonelinas A, Ranganath C. The medial temporal lobe and recognition memory［J］. Annual review of neuroscience, 2007, 30: 123.

［17］ Squire L R，Wixted J T，Clark R E. Recognition memory and the medial temporal lobe：a new perspective［J］. Nature Reviews Neuroscience，2007，8（11）：872–883.

［18］ 王晓娜，李琦，郭春彦. 语义相似性下回忆和熟悉性的分离［J］. 心理科学，2011，34（5）：1068–1071.

［19］ 汪名权，汪凯，余永强，等. 项目记忆和源记忆的功能磁共振成像研究［J］. 中华神经科杂志，2007，40（5）：298–301.

［20］ 聂爱情，郭春彦，沈模卫. 图形项目记忆与位置来源提取的 ERP 研究［J］. 心理学报，2007，39（1）：50–57.

［21］ Guo C Y，Chen W J，Tian T，et al. Orientation to learning context modulates retrieval processing for unrecognized words［J］. Chinese Science Bulletin，2010，55（26）：2966–2973.

［22］ Einstein G O，McDaniel M A. Normal aging and prospective memory［J］. Journal of Experimental Psychology：Learning，Memory，and Cognition，1990，16（4）：717.

［23］ Brandimonte M E，Einstein G O，McDaniel M A. Prospective memory：Theory and applications［M］. Lawrence Erlbaum Associates Publishers，1996.

［24］ 陈燕妮，郭春彦，姜扬. 成功的前瞻记忆编码与提取的神经机制研究［J］. 中国科学：生命科学，2011，41（4）：332–339.

［25］ 陈幼贞，任国防，袁宏，等. 事件性前瞻记忆的加工机制：来自 ERP 的证据［J］. 心理学报，2007，39（6）：994–1001.

［26］ 陈思佚，周仁来. 前瞻记忆需要经过策略加工：来自眼动的证据［J］. 心理学报，2010，42（12）：1128–1136.

［27］ 王亚，李雪冰，黄佳，等. 前瞻记忆和警觉性的关系：来自ERP研究的证据［J］. 科学通报，2012，57（21）：2040–2042.

［28］ 梅磊磊，李燕芳，龙柚杉，等. 材料呈现方式对不同音乐训练经验的汉语儿童英语言语记忆的影响［J］. 心理学报，2008，40（8）：883–889.

［29］ 米丽萍，任福继. 图画优异性效果在编码和提取中的促进作用［J］. 科技导报，2009，（20）：80–86.

［30］ 翟洪昌，邓波平. 英文和汉字记忆及再认加工脑区的初步研究［J］. 心理科学，2009，（5）：1195–1198.

［31］ 方卓，王伟，熊小双，等. 新颖词汇学习中大脑激活模式的fMRI研究［J］. 心理学探新，2010，30（002）：41–47.

［32］ 吕勇，刘亚平，罗跃嘉. 记忆面孔，男女有别：关于面孔再认性别差异的行为与 ERP 研究［J］. 科学通报，2011，56（14）：1112–1123.

［33］ Druckman D，Bjork R A. Learning，remembering，believing：Enhancing human performance［M］. National Academies Press，1994.

［34］ Bjork R A，Linn M C. The science of learning and the learning of science［J］. APS Observer，2006，19（3）.

［35］ Brewer J B，Zhao Z，Desmond J E，et al. Making memories：brain activity that predicts how well visual experience will be remembered［J］. Science，1998，281（5380）：1185–1187.

［36］ Wagner A D，Schacter D L，Rotte M，et al. Building memories：remembering and forgetting of verbal experiences as predicted by brain activity［J］. Science，1998，281（5380）：1188–1191.

［37］ Kim H. Neural activity that predicts subsequent memory and forgetting：a meta–analysis of 74 fMRI studies［J］. Neuroimage，2011，54（3）：2446–2461.

［38］ Hintzman D L. Theoretical implications of the spacing effect［J］. 1974.

［39］ Martin E. Stimulus meaningfulness and paired–associate transfer：An encoding variability hypothesis［J］. Psychological Review，1968，75（5）：421.

［40］ Cepeda N J，Coburn N，Rohrer D，et al. Optimizing distributed practice［J］. Experimental Psychology（formerly Zeitschrift für Experimentelle Psychologie），2009，56（4）：236–246.

［41］ Xue G，Dong Q，Chen C，et al. Greater neural pattern similarity across repetitions is associated with better memory［J］. Science，2010，330（6000）：97–101.

［42］ Chun M M, Johnson M K. Memory: Enduring traces of perceptual and reflective attention ［J］. Neuron, 2011, 72（4）: 520–535.

［43］ Liu Z M, Guo C Y, Luo L. Attention and available long–term memory in an activation–based model ［J］. SCIENCE CHINA Life Sciences, 2010, 53（6）: 743–752.

［44］ Xue G, Dong Q, Chen C, et al. Complementary role of frontoparietal activity and cortical pattern similarity in successful episodic memory encoding ［J］. Cerebral Cortex, 2013, 23（7）: 1562–1571.

［45］ Xue G, Mei L, Chen C, et al. Facilitating memory for novel characters by reducing neural repetition suppression in the left fusiform cortex ［J］. PloS one, 2010, 5（10）: e13204.

［46］ Xue G, Mei L, Chen C, et al. Spaced learning enhances subsequent recognition memory by reducing neural repetition suppression ［J］. Journal of cognitive neuroscience, 2011, 23（7）: 1624–1633.

［47］ Johnson M K, Raye C L. False memories and confabulation ［J］. Trends in Cognitive Sciences, 1998, 2（4）: 137–145.

［48］ Loftus E F, Palmer J C. Reconstruction of automobile destruction: An example of the interaction between language and memory ［J］. Journal of verbal learning and verbal behavior, 1974, 13（5）: 585–589.

［49］ Chen H, Voss J L, Guo C. Event–related brain potentials that distinguish false memory for events that occurred only seconds in the past ［J］. Behavioral and Brain Functions, 2012, 8（1）: 36.

［50］ Zhu B, Chen C, Loftus E F, et al. Brief Exposure to Misinformation Can Lead to Long - Term False Memories ［J］. Applied Cognitive Psychology, 2012, 26（2）: 301–307.

［51］ Zhu B, Chen C, Loftus E F, et al. Individual differences in false memory from misinformation: Personality characteristics and their interactions with cognitive abilities ［J］. Personality and individual differences, 2010, 48（8）: 889–894.

［52］ Zhu B, Chen C, Loftus E F, et al. Individual differences in false memory from misinformation: Cognitive factors ［J］. Memory, 2010, 18（5）: 543–555.

［53］ Gibson E J. Principles of perceptual learning and development ［M］. Appleton–Century–Crofts New York, 1969.

［54］ Goldstone R L. Perceptual learning ［J］. Annual review of psychology, 1998, 49（1）: 585–612.

［55］ Gilbert C D, Sigman M, Crist R E. The neural basis of perceptual learning ［J］. Neuron, 2001, 31（5）: 681–697.

［56］ Xiao L Q, Zhang J Y, Wang R, et al. Complete transfer of perceptual learning across retinal locations enabled by double training ［J］. Current Biology, 2008, 18（24）: 1922–1926.

［57］ Zhang T, Xiao L Q, Klein S A, et al. Decoupling location specificity from perceptual learning of orientation discrimination ［J］. Vision Research, 2010, 50（4）: 368–374.

［58］ Zhang E, Li W. Perceptual learning beyond retinotopic reference frame ［J］. Proceedings of the National Academy of Sciences, 2010, 107（36）: 15969–15974.

［59］ Li W, Piėch V, Gilbert C D. Learning to link visual contours ［J］. Neuron, 2008, 57（3）: 442–451.

［60］ Song Y, Hu S, Li X, et al. The role of top–down task context in learning to perceive objects ［J］. The Journal of Neuroscience, 2010, 30（29）: 9869–9876.

［61］ Li S, Mayhew S D, Kourtzi Z. Learning Shapes Spatiotemporal Brain Patterns for Flexible Categorical Decisions ［J］. Cerebral Cortex, 2011.

［62］ Qu Z, Song Y, Ding Y. ERP evidence for distinct mechanisms of fast and slow visual perceptual learning ［J］. Neuropsychologia, 2010, 48（6）: 1869–1874.

［63］ Song Y, Sun L, Wang Y, et al. The effect of short–term training on cardinal and oblique orientation discrimination: An ERP study ［J］. International Journal of Psychophysiology, 2010, 75（3）: 241–248.

［64］ Baker C I, Liu J, Wald L L, et al. Visual word processing and experiential origins of functional selectivity in human extrastriate cortex ［J］. Proceedings of the National Academy of Sciences, 2007, 104（21）: 9087–9092.

［65］ Zhang M, Li J, Chen C, et al. The contribution of the left mid–fusiform cortical thickness to Chinese and English reading in a large Chinese sample [J]. Neuroimage, 2013, 65: 250-256.

[66] Xue G, Chen C, Jin Z, et al. Language experience shapes fusiform activation when processing a logographic artificial language: An fMRI training study [J]. Neuroimage, 2006, 31 (3): 1315-1326.

[67] Xue G, Jiang T, Chen C, et al. Language experience shapes early electrophysiological responses to visual stimuli: The effects of writing system, stimulus length, and presentation duration [J]. Neuroimage, 2008, 39 (4): 2025-2037.

[68] Mei L, Xue G, Lu Z L, et al. Orthographic transparency modulates the functional asymmetry in the fusiform cortex: an artificial language training study [J]. Brain Lang, 2013, 125 (2): 165-172.

[69] Song Y, Bu Y, Hu S, et al. Short-term language experience shapes the plasticity of the visual word form area [J]. Brain Res, 2010, 1316: 83-91.

[70] Song Y, Bu Y, Liu J. General associative learning shapes the plasticity of the visual word form area [J]. Neuroreport, 2010, 21 (5): 333-337.

[71] Deng Y, Booth J R, Chou T L, et al. Item-specific and generalization effects on brain activation when learning Chinese characters [J]. Neuropsychologia, 2008, 46 (7): 1864-1876.

[72] Wu Q, Fang X, Chen Q, et al. The Learning of Morphological Principles: A Statistical Learning Study on a System of Artificial Scripts [J]. Advances in Automation and Robotics, Vol 1, 2012, 187-196.

[73] Zou L, Abutalebi J, Zinszer B, et al. Second language experience modulates functional brain network for the native language production in bimodal bilinguals [J]. Neuroimage, 2012.

[74] Zou L, Ding G, Abutalebi J, et al. Structural plasticity of the left caudate in bimodal bilinguals [J]. cortex, 2012, 48 (9): 1197-1206.

[75] Li Y, Booth J R, Peng D, et al. Altered Intra-and Inter-Regional Synchronization of Superior Temporal Cortex in Deaf People [J]. Cereb Cortex, 2012.

[76] Li Y, Ding G, Booth J R, et al. Sensitive period for white-matter connectivity of superior temporal cortex in deaf people [J]. Hum Brain Mapp, 2012, 33 (2): 349-359.

[77] Lu C, Chen C, Peng D, et al. Neural anomaly and reorganization in speakers who stutter: a short-term intervention study [J]. Neurology, 2012, 79 (7): 625-632.

[78] Wei K, Koerding K. Uncertainty of feedback and state estimation determines the speed of motor adaptation [J]. Frontiers in Computational Neuroscience, 2010, 4.

[79] Wei K, Stevenson I H, Kording K P. The uncertainty associated with visual flow fields and their influence on postural sway: Weber's law suffices to explain the nonlinearity of vection [J]. J Vis, 2010, 10 (14): 4.

[80] Wei K, Wert D, Körding K. The nervous system uses nonspecific motor learning in response to random perturbations of varying nature [J]. Journal of neurophysiology, 2010, 104 (6): 3053-3063.

[81] Berniker M, Wei K, Kording K. Bayesian approaches to modelling action selection [J]. Modelling Natural Action Selection, 2011, 120.

[82] Yan X, Wang Q, Lu Z, et al. Generalization of unconstrained reaching with hand-weight changes [J]. J Neurophysiol, 2013, 109 (1): 137-146.

[83] Martin S, Grimwood P, Morris R. Synaptic plasticity and memory: an evaluation of the hypothesis [J]. Annual review of neuroscience, 2000, 23 (1): 649-711.

[84] Bailey C H, Bartsch D, Kandel E R. Toward a molecular definition of long-term memory storage [J]. Proceedings of the National Academy of Sciences, 1996, 93 (24): 13445-13452.

[85] Xu C, Zhao M X, Poo M M, et al. GABA (B) receptor activation mediates frequency-dependent plasticity of developing GABAergic synapses [J]. Nat Neurosci, 2008, 11 (12): 1410-1418.

[86] Gong L Q, He L J, Dong Z Y, et al. Postinduction requirement of NMDA receptor activation for late-phase long-term potentiation of developing retinotectal synapses in vivo [J]. J Neurosci, 2011, 31 (9): 3328-3335.

[87] Yang Y, Ge W, Chen Y, et al. Contribution of astrocytes to hippocampal long-term potentiation through release of D-serine [J]. Proceedings of the National Academy of Sciences, 2003, 100 (25): 15194-15199.

［88］ Ge W P, Yang X J, Zhang Z, et al. Long-term potentiation of neuron-glia synapses mediated by Ca²⁺-permeable AMPA receptors ［J］. Science, 2006, 312 (5779): 1533-1537.

［89］ Chen J, Tan Z, Zeng L, et al. Heterosynaptic long-term depression mediated by ATP released from astrocytes ［J］. Glia, 2013, 61 (2): 178-191.

［90］ Collingridge G, Bliss T. NMDA receptors-their role in long-term potentiation ［J］. Trends in Neurosciences, 1987, 10 (7): 288-293.

［91］ Kuang H, Mei B, Cui Z, et al. A novel behavioral paradigm for assessing the concept of nests in mice ［J］. Journal of Neuroscience Methods, 2010, 189 (2): 169-175.

［92］ Wang D, Cui Z, Zeng Q, et al. Genetic enhancement of memory and long-term potentiation but not CA1 long-term depression in NR2B transgenic rats ［J］. PloS one, 2009, 4 (10): e7486.

［93］ Cui Y, Jin J, Zhang X, et al. Forebrain NR2B Overexpression Facilitating the Prefrontal Cortex Long-Term Potentiation and Enhancing Working Memory Function in Mice ［J］. PloS one, 2011, 6 (5): e20312.

［94］ Zhang X H, Liu F, Chen Q, et al. Conditioning-strength dependent involvement of NMDA NR2B subtype receptor in the basolateral nucleus of amygdala in acquisition of auditory fear memory ［J］. Neuropharmacology, 2008, 55 (2): 238-246.

［95］ Bannerman D, Good M, Butcher S, et al. Distinct components of spatial learning revealed by prior training and NMDA receptor blockade ［J］. Nature, 1995, 378 (6553): 182-186.

［96］ Zhang Z, Gong N, Wang W, et al. Bell-shaped D-serine actions on hippocampal long-term depression and spatial memory retrieval ［J］. Cerebral Cortex, 2008, 18 (10): 2391-2401.

［97］ Duan T T, Tan J W, Yuan Q, et al. Acute ketamine induces hippocampal synaptic depression and spatial memory impairment through dopamine D1/D5 receptors ［J］. Psychopharmacology, 2013.

［98］ Li F, Wang L P, Shen X, et al. Balanced dopamine is critical for pattern completion during associative memory recall ［J］. PloS one, 2010, 5 (10): e15401.

［99］ Wang D V, Tsien J Z. Convergent processing of both positive and negative motivational signals by the VTA dopamine neuronal populations ［J］. PloS one, 2011, 6 (2): e17047.

［100］ Bai H Y, Cao J, Liu N, et al. Sexual behavior modulates contextual fear memory through dopamine D1/D5 receptors ［J］. Hippocampus, 2009, 19 (3): 289-298.

［101］ Zhang S, Yin Y, Lu H, et al. Increased dopaminergic signaling impairs aversive olfactory memory retention in Drosophila ［J］. Biochemical and biophysical research communications, 2008, 370 (1): 82-86.

［102］ Guo N N, Li B M. Cellular and subcellular distributions of beta1-and beta2-adrenoceptors in the CA1 and CA3 regions of the rat hippocampus ［J］. Neuroscience, 2007, 146 (1): 298-305.

［103］ Qi X L, Zhu B, Zhang X H, et al. Are beta-adrenergic receptors in the hippocampal CA1 region required for retrieval of contextual fear memory? ［J］. Biochem Biophys Res Commun, 2008, 368 (2): 186-191.

［104］ Dai J X, Han H L, Tian M, et al. Enhanced contextual fear memory in central serotonin-deficient mice ［J］. Proceedings of the National Academy of Sciences, 2008, 105 (33): 11981.

［105］ Li X, Yu F, Guo A. Sleep deprivation specifically impairs short-term olfactory memory in Drosophila ［J］. Sleep, 2009, 32 (11): 1417.

［106］ Hou Q, Jiang H, Zhang X, et al. Nitric oxide metabolism controlled by formaldehyde dehydrogenase (fdh, homolog of mammalian GSNOR) plays a crucial role in visual pattern memory in Drosophila ［J］. Nitric Oxide, 2011, 24 (1): 17-24.

［107］ Cao X, Wang H, Mei B, et al. Inducible and selective erasure of memories in the mouse brain via chemical-genetic manipulation ［J］. Neuron, 2008, 60 (2): 353-366.

［108］ Yu H, Wang Y, Pattwell S, et al. Variant BDNF Val66Met polymorphism affects extinction of conditioned aversive memory ［J］. J Neurosci, 2009, 29 (13): 4056-4064.

［109］ Ma L, Wang D D, Zhang T Y, et al. Region-specific involvement of BDNF secretion and synthesis in conditioned taste aversion memory formation ［J］. J Neurosci, 2011, 31 (6): 2079-2090.

［110］ Mao R R，Tian M，Yang Y X，et al. Effects of pentylenetetrazol-induced brief convulsive seizures on spatial memory and fear memory ［J］. Epilepsy & Behavior，2009，15（4）：441-444.

［111］ Cui Y，Wang D，Si W，et al. Enhancement of memory function in aged mice by a novel derivative of xanomeline［J］. Cell research，2008，18（11）：1151-1153.

［112］ Si W，Zhang X，Niu Y，et al. A novel derivative of xanomeline improves fear cognition in aged mice ［J］. Neuroscience letters，2010，473（2）：115-119.

［113］ Dong S，Zeng Q，Mitchell E S，et al. Curcumin Enhances Neurogenesis and Cognition in Aged Rats：Implications for Transcriptional Interactions Related to Growth and Synaptic Plasticity［J］. PloS one，2012，7（2）：e31211.

［114］ Slutsky I，Abumaria N，Wu L J，et al. Enhancement of learning and memory by elevating brain magnesium ［J］. Neuron，2010，65（2）：165-177.

［115］ Abumaria N，Yin B，Zhang L，et al. Effects of elevation of brain magnesium on fear conditioning，fear extinction，and synaptic plasticity in the infralimbic prefrontal cortex and lateral amygdala ［J］. The Journal of neuroscience，2011，31（42）：14871-14881.

［116］ Li W，Yu J，Liu Y，et al. Elevation of brain magnesium prevents and reverses cognitive deficits and synaptic loss in Alzheimer's disease mouse model ［J］. J Neurosci，2013，33（19）：8423-8441.

［117］ 秦粉菊，袁红霞，邵爱华. 纳米硒对衰老小鼠学习记忆的保护作用 ［J］. 中国老年学杂志，2008，28（5）：512-513.

［118］ 李林，夏保芦，茹立强. 丹参酮对两种学习记忆功能障碍模型大鼠治疗作用的实验研究 ［J］. 华中科技大学学报：医学版，2009，37（6）：819-822.

［119］ 武玉清，朱杨子，韩丹，等. 硫化氢通过抗氧化作用改善脑缺氧导致的小鼠空间记忆障碍（英文）［J］. 中国药理学与毒理学杂志，2011，25（5）：419-424.

［120］ 杨菁，孙黎光，宗志宏，等. 铅对大鼠行为功能及海马 CA1 区 ERK2 活力的影响 ［J］. 工业卫生与职业病，2007，33（5）：262-265.

［121］ 邢伟，王彪，郝凤进，等. 慢性铝暴露对大鼠海马神经元 PKC，CaMK Ⅱ，Ng 的影响 ［J］. 中国生物化学与分子生物学报，2007，23（5）：410-414.

［122］ 陈菁菁，方垂，李芳序，等. 丙二醛对大鼠空间学习，记忆能力及海马 CA1 区超微结构的影响 ［J］. 动物学报，2008，53（6）：1041-1047.

［123］ Wang Z，Pan Y，Li W，et al. Visual pattern memory requires foraging function in the central complex of Drosophila［J］. Learning & Memory，2008，15（3）：133-142.

［124］ Pan Y，Zhou Y，Guo C，et al. Differential roles of the fan-shaped body and the ellipsoid body in Drosophila visual pattern memory ［J］. Learning & Memory，2009，16（5）：289-295.

［125］ Wu Y，Ren Q，Li H，et al. The GABAergic anterior paired lateral neurons facilitate olfactory reversal learning in Drosophila ［J］. Learning & Memory，2012，19（10）：478-486.

［126］ Zhang Z，Li X，Guo J，et al. Two clusters of GABAergic ellipsoid body neurons modulate olfactory labile memory in Drosophila ［J］. J Neurosci，2013，33（12）：5175-5181.

［127］ Yu X，Wang L N，Du Q M，et al. Akebia Saponin D attenuates amyloid β-induced cognitive deficits and inflammatory response in rats：Involvement of Akt/NF-κB pathway ［J］. Behavioural brain research，2012，235（2）：200-209.

［128］ Lei Y，Chen J，Zhang W，et al. In vivo investigation on the potential of galangin，kaempferol and myricetin for protection of d-galactose-induced cognitive impairment ［J］. Food Chemistry，2012，135（4）：2702-2707.

［129］ Sun X，Meng X，Zhang J，et al. GABA attenuates amyloid toxicity by downregulating its endocytosis and improves cognitive impairment ［J］. Journal of Alzheimer's disease：JAD，2012，31（3）：635-649.

［130］ Xiang G Q，Tang S S，Jiang L Y，et al. PPARγ agonist pioglitazone improves scopolamine-induced memory impairment in mice ［J］. Journal of Pharmacy and Pharmacology，2012.

［131］ Lo C Y，Wang P N，Chou K H，et al. Diffusion tensor tractography reveals abnormal topological organization in structural cortical networks in Alzheimer's disease ［J］. The Journal of Neuroscience，2010，30（50）: 16876–16885.

［132］ Bai F，Shu N，Yuan Y，et al. Topologically convergent and divergent structural connectivity patterns between patients with remitted geriatric depression and amnestic mild cognitive impairment［J］. J Neurosci，2012，32（12）: 4307–4318.

［133］ Wang J，Zuo X，Dai Z，et al. Disrupted functional brain connectome in individuals at risk for Alzheimer's disease ［J］. Biological Psychiatry，2012.

［134］ 季俊霞，江钟立，贺丹军，等. 基底节损伤与额叶损伤对工作记忆和学习能力的影响［J］. 中华行为医学与脑科学杂志，2009，18（3）: 238–241.

［135］ 卢利萍，恽晓平，桑德春. 脑损伤患者的内隐记忆研究［J］. 中国康复理论与实践，2012，18（10）: 948–950.

［136］ 彭争荣，肖平田，郭华，等. 早期高压氧对脑缺血再灌注损伤大鼠神经细胞凋亡及学习记忆的影响 （英文）［J］. 中南大学学报（医学版），2009，6: 004.

［137］ Lu G，Zhou Q X，Kang S，et al. Chronic morphine treatment impaired hippocampal long–term potentiation and spatial memory via accumulation of extracellular adenosine acting on adenosine A1 receptors［J］. J Neurosci， 2010，30（14）: 5058–5070.

［138］ Jiang J，He X，Wang M Y，et al. Early prenatal morphine exposure impairs performance of learning tasks and attenuates in vitro heterosynaptic long–term potentiation of intermediate medial mesopallium in day–old chicks［J］. Behav Brain Res，2011，219（2）: 363–366.

［139］ Zhang J，He J，Chen Y M，et al. Morphine and propranolol co–administration impair consolidation of Y–maze spatial recognition memory［J］. brain research，2008，1230: 150–157.

［140］ Li Y Q，Xue Y X，He Y Y，et al. Inhibition of PKMzeta in nucleus accumbens core abolishes long–term drug reward memory［J］. J Neurosci，2011，31（14）: 5436–5446.

［141］ Yang C H，Liu X M，Si J J，et al. Role of IKK/NF–κB Signaling in Extinction of Conditioned Place Aversion Memory in Rats［J］. PloS one，2012，7（6）: e39696.

［142］ Liu Y，Zhou Q X，Hou Y Y，et al. Actin polymerization–dependent increase in synaptic Arc/Arg3.1 expression in the amygdala is crucial for the expression of aversive memory associated with drug withdrawal［J］. J Neurosci， 2012，32（35）: 12005–12017.

［143］ Xu W，Li Y H，Tan B P，et al. Inhibition of the acquisition of conditioned place aversion by dopaminergic lesions of the central nucleus of the amygdala in morphine–treated rats［J］. Physiological research / Academia Scientiarum Bohemoslovaca，2012，61（4）: 437–442.

［144］ Xue Y X，Luo Y X，Wu P，et al. A Memory Retrieval–Extinction Procedure to Prevent Drug Craving and Relapse ［J］. Science，2012，336（6078）: 241–245.

［145］ Si J，Yang J，Xue L，et al. Activation of NF–κB in Basolateral Amygdala Is Required for Memory Reconsolidation in Auditory Fear Conditioning［J］. PloS one，2012，7（9）: e43973.

［146］ Zhou S J，Xue L F，Wang X Y，et al. NMDA receptor glycine modulatory site in the ventral tegmental area regulates the acquisition，retrieval，and reconsolidation of cocaine reward memory［J］. Psychopharmacology， 2012，221（1）: 79–89.

［147］ Wang X Y，Zhao M，Ghitza U E，et al. Stress impairs reconsolidation of drug memory via glucocorticoid receptors in the basolateral amygdala［J］. J Neurosci，2008，28（21）: 5602–5610.

撰稿人：薛　贵　高志要

认知计算模型研究进展

一、引言

心智的奥秘，一直是哲学、心理学、语言学、人类学、计算机科学和神经科学等学科共同关注的焦点。这些学科的交叉融合，形成了认知科学这门新兴的学科。认知科学研究促进了人类对心智本质的理解，取得了很多具有理论和应用价值的研究成果，也促进了认知计算模型的发展。一方面，随着人工智能的发展，逐渐需要对人的复杂认知过程进行模拟，但是单纯用传统的数学建模技术进行定量的计算已难以奏效。因此，计算机领域呼唤智能计算的解决方案，即运用人工智能技术并借助于适当的定性认知模型，或结合定性分析和定量计算的模型。认知计算越来越多地受到计算机领域的关注和重视。2012年的《IBM 5 in 5》报告预言计算领域将进入认知系统时代；新一代智能电子产品将能够学习、适应、感知并体验周围环境，像人类一样具有触觉、视觉、听觉、味觉和嗅觉功能。这展现了认知与计算交叉融合的光明前景。另一方面，计算在认知科学中一直扮演着很重要的角色。虽然对于"认知的本质就是计算"还存有异议，但认知计算观极大地促进了认知功能的计算模型的发展和认知可计算性的研究。认知计算模型基于认知科学领域的研究发现，通过数学建模与计算机仿真的方法来模拟人脑认知功能（即计算原理和方法），解释观察到的认知现象的机理，极大地促进了我们对脑与心智的认识和理解。

二、认知计算模型概述

基于人类的认知机理建立认知计算模型，并用于解释、模拟、预测人类的认知行为以及设计相应的人工智能系统，是认知科学领域的重要课题，受到国内外很多研究者的关注[1]。认知模型可以分为三类：计算模型、数学模型和概念模型[2]。概念模型采用非形式语言定性描述事物的本质、关系和过程；计算模型往往通过详细的算法描述人类认知过程的细节；而数学模型利用数学公式描述变量之间的关系，一般也可看作是计算模型的一个子集。认知心理学领域的认知模型以概念模型为主，但近几十年来计算模型逐渐增多。目前主流的认知计算模型主要包含两类：一是基于认知架构的符号模型；二是联结主义神经网络模型。符号模型的兴起可以追溯到 20 世纪的 60 年代。在这个时期，人工智能领域涌现出很多有影响力的符号认知模型，用于模拟人类重要的信息处理过程[3-6]。具体而言，符号模型又可以细分为过程模型 / 方法和产生式系统模型。

（一）过程模型 / 方法

典型的过程模型 / 方法包括 GOMS 模型（goals，operations，methods and selection rules）和人类处理器模型（model human processor，MHP）。

GOMS 模型是一种最常用的基于知识和认知过程的模型，主要用于预测用户在给定的任务参数下的行为和记忆需求、分析人机交互系统复杂性以及设计和评价人机交互界面等。GOMS 模型最初由卡德（Card）等人开发，包含了目标、操作、方法和选择规则 4 个组成部分[7]。随后，基于 GOMS 模型的一系列扩展模型逐渐被开发出来并得到广泛的应用。例如，击键模型（Keystroke-Level Model，KLM-GOMS）主要用于计算专家用户按照指定方法使用指定系统无差错地执行指定任务需要的时间[7, 8]。自然 GOMS 语言（Natural GOMS Language，NGOMSL）为 GOMS 模型分析提供了一种结构化的自然语言表示，并基于用户学习和执行人机交互任务的流程预测其学习和执行交互任务的时间[9]。

与 GOMS 模型类似，MHP 模型也是一种适用于人机交互任务的工程学模型。它包括感知系统、认知系统、运动神经系统 3 个处理器，以及一些用于工作记忆、长时记忆存储的单元。MHP 模型最早由卡德（Card）等人开发[10]，主要用于计算、预测用户在人机交互任务的中行为绩效。在 MHP 模型基础上建立的认知模型中应用最广泛的是 GOMS 模型中的关键路径方法（Critical Path Method，CPM-GOMS）和基于排队论网络的 MHP 模型（Queueing Network，QN-MHP）。CPM-GOMS 模型假设用户的感知、认知和运动神经三个处理器可以并行地分配资源流程、执行任务，并使用计划评审技术（Program Evaluation and Review Technique，PERT）图标记进度表中的关键路径，预测任务持续时间[11]。QN-MHP 模型将人类的认知系统看作是一个排队网络，具有相似功能的脑区（也称为节点）对信息进行加工，但由于每个节点的容量、处理速度不同，信息加工可能是及时的或是延时的（没有被及时加工的信息会在等待区内排队等候）。不同的神经通路（neural pathway）连接着各节点，信息通过这些神经通路在不同的节点之间流动，形成一个动态的网络[12,13]。QN-MHP 已成功用于模拟和预测人类在视觉运动追踪、多任务决策、心理不应期、打字、驾驶安全等多个领域中的绩效和工作负荷[14-18]。

（二）产生式系统模型

典型的产生式系统模型包括推理思维的自适应控制理论（adaptive control of thought-rational，ACT-R）、执行过程 / 交互控制模型（executive processes lnteractively controlling，

EPIC）、SOAR 模型等。

ACT-R 模型由美国心理学家和人工智能专家安德森（Anderson）等人建立。它包括模块、缓冲区、模式匹配三个组成部分。模块部分又包括感知 – 运动模块、陈述性记忆模块、程序性记忆 3 个模块。ACT-R 通过获取某个时刻存放在这些模块缓冲区中的信息（程序性记忆模块除外）代表其在该时刻的状态。模式匹配用于应对缓冲区中的当前状态。在任意指定时刻，模式匹配程序只能搜索并执行一个产生式。执行产生式将改变缓冲区的状态（即改变 ACT-R 的状态）。因此，ACT-R 通常被描述成一系列产生式激发与运行的过程。在 ACT-R 的发展过程中，ACT-R 4.0 版本被认为是第一个真正实现 Newell 关于认知统一化理论（unified theory of cognition）的版本，针对问题解决、决策制定、记忆、学习等认知现象建立了模型[19]。目前，ACT-R 6.0 版本已成功地为许多人类认知现象和行为建立了合理的模型，包括感知与注意力、学习与记忆、问题解决和决策、语言处理、动机、情绪、人机交互等。

EPIC 模型本质上与 MHP 模型类似，但是 EPIC 模型在开发过程中参考了很多关于人类行为的计算和模拟的理论以及实证研究的结论。EPIC 模型包括几个相互连接的软件模块用于人类的感知和运动处理，以及一个认知处理器用于翻译指令和工作记忆，长时记忆等[20, 21]。根据实验任务和环境的不同，EPIC 可以生成行动指令，并允许信息的并行处理。

SOAR 模型与 ACT-R 不同，它没有区分描述性记忆和程序性记忆[22]。SOAR 模型的整个记忆都是程序性记忆，并通过组块（chunk）的方式学习[26]。SOAR 模型已经成功地为问题解决、学习等认知现象建立了合理的模型，但是在感知和运动控制之间的交互，以及多任务中的绩效等方面还没有取得令人满意的结果[23]。

更多基于认知架构符号模型的介绍和描述，以及各种符号模型之间的比较可以参考[14, 19, 24]文中的内容。

（三）联结主义神经网络模型

与依赖于复杂数据结构存储海量的结构化知识的符号模型相比，联结主义神经网络模型是一种更为简单、统一，且往往建立在大规模并行运算基础上的认知计算模型[25]。它最早出现于 20 世纪的 80 年代，广泛用于模拟人类的语言处理、记忆和学习、模式识别等认知和行为过程。并行分布式模型（parallel distributed model，PDP）是一种最具代表性的联结主义神经网络模型[25]。前面提到的符号模型（如 ACT-R/EPIC/SOAR）通常用产生式规则去解释、描述和支配脑部活动，因此只是从宏观上近似地描述人类的认知过程和结果。而 PDP 等联结主义神经网络模型则认为微观要素在某种大网络结构的支配下发生着作用，决定某种结果发生的可能性。波吉奥（Poggio）等人曾使用基于真实神经元特性的神经网络模型的方法模拟人类视觉信息处理、学习等过程。他们使用自然场景的图像（有、无动物）训练神经网络模型，使其能够识别动物的出现与否，成功率与真实的人类观测者的行为一致。该神经网络模型甚至可以像人类那样做出错误的判断[26]。

贝叶斯网络（Bayesian network）也是一种典型的联结主义神经网络模型，最早由珀尔（Pearl）教授于 1988 年提出，是不确定知识表达和推理领域最有效的理论模型之一，也是近几年来人工智能、认知计算等领域的研究热点[27]。贝叶斯网络由代表变量节点及连接这些节点有向边构成。节点代表随机变量，节点间的有向边代表了节点间的互相关系（由父节点指向其子节点），用条件概率进行表达关系强度，没有父节点的用先验概率进行信息表达。贝叶斯网络最早主要用于处理人工智能中的不确定性信息。随后它逐步成为了处理不确定性信息技术的主流，并且在计算机智能科学、工业控制、医疗诊断、决策、学习预测等领域中得到了重要的应用。

三、国内认知计算模型研究概况

如前所述，认知计算已成为国际上认知科学的核心研究领域，形成了多个认知架构模型和神经网络模型。认知架构是通用认知计算模型的核心结构和过程，是认知建模最重要的组成部分[28]。认知架构通过确定人类认知的核心结构、认知模块及模块间关系等方面提供了人类认知现象的计算建模框架，是一种通用的认知理论[29]。基于通用认知计算模型，国内外研究者在各自的领域发展了特定的理论模型和计算仿真，推动了认知科学（尤其是智能计算领域）和行为科学中的理论建构和应用实践。

与国外蓬勃发展的研究和人员投入相比，国内的相关研究相对薄弱，与国外存在较大差距。首先，国内心理学界从事认知计算模型的研究人员相对较少，尚未形成规模化的稳定研究力量。其次，认知计算模型体现了认知与计算的交叉，但国内在这方面的跨学科融合刚刚起步，尚未形成高影响力的成果。最后，国内学者尚未提出通用的认知计算模型，心理学领域仅有的几项研究大多是借鉴国际上成熟的认知架构模型对认知过程进行模拟，但近年来这种状况已经有所改变。

（一）国内认知计算模型研究力量概况

在认知计算的大背景下，国内信息领域研究者已经成立了不少认知计算相关的研究机构，如中国科学院计算技术研究所智能科学实验室、清华大学神经与认知计算研究中心、厦门大学福建省仿脑智能系统重点实验室、复旦大学计算神经认知实验室、天津大学天津市认知计算与应用重点实验室等。各个研究机构都试图纳入各个学科的研究人员，包括心理学研究人员，但国内跨学科之间真正的交叉融合仍然相对缺乏；围绕一个共同的科学问题从认知机理、计算模型等层次协作开展的研究相对较少。国家自然基金委员会信息学部也设置了"认知科学及智能信息处理"的学科代码（F0307）。从 2003 年开始，国家自然基金委员会开始资助与认知计算相关的项目（以认知计算为关键词查询），迄今为止共资助了 40 多个项目；但这些与认知计算模型相关的项目大多是信息科学领域的，缺少认知机理研究人员的参与和协同，更多的是借鉴认知方面的概念对已有计算视觉的算法进行改进，鲜见原创提出的符合认知行为的认知计算模型。

与信息科学领域相比，国内心理学领域研究人员涉及认知模型相对较少，大部分模型只是提出概念结构，或者更进一步提出建模与计算的思想并对其进行定性的分析，但还距离模型定量计算的阶段较远。近年来，随着一些接受过计算建模研究训练的海外留学人员的引进、计算神经科学在国内的发展以及国内心理学者和信息科学研究人员的合作，认知计算建模的研究力量逐渐加强。中国科学院上海神经科学研究所、心理研究所、北京大学心理系、北京师范大学脑与认知科学研究院、清华大学计算神经科学中心等心理学和神经科学研究机构里出现了一批从事认知计算模型或神经计算模型相关内容的研究人员。

总体上，国内认知计算模型的研究现状仍然是信息科学领域和心理学领域相对分离，缺少实质性的交叉和融合。近年来，这种状况开始有所转变。2008 年开始，国家自然基金委员会发布了"视听觉信息的认知计算"重大研究计划，旨在充分发挥信息科学、生命科学和数理科学的交叉优势，从人类的视听觉认知机理出发，研究并构建新的计算模型与计算方法。这些项目的立项和实行过程提倡各个学科的交叉融合。迄今为止，科技部"973"计划也支持了两个与认知计算模型相关的智能信息处理重大项目。2010 年立项的"网络海量可视媒体智能处理的理论与方法"项目第一课题"可视媒体的认知计算模型"，借鉴人类视觉认知机理，构建基于认知行为的计算模型和基于生物感知的神经计算模型，为实现符合人类感知的可视媒体智能处理提供认知基础；2012 年立项的"脑机融合感知和认知的计算理论与方法"第 2 课题研究"脑机协同的认知计算模型"，为脑机融合系统的研究提供认知模型。这些项目开始关注认知机理的研究，认知心理学家的参与成为重要的一部分，并试图结合智能信息处理的实际问题构建新的认知计算模型。

（二）认知计算的信息科学研究

信息科学领域的认知计算模型重在实现认知功能的机器化，强调在心智能力的启发下，发展一种连贯、统一、普遍的计算机制，并发展类脑智能机，包括类脑计算机、类人机器人等[30]。国内信息科学领域学者在很多方向都做了一些认知计算的尝试，下面简要介绍一些与认知科学成果相对密切的研究。

在认知计算研究中，关注较多的是视觉注意计算模型。国内研究人员主要基于伊提 – 科赫（Itti-Koch）的显著性模型[31]构建视觉注意计算模型，应用于物体识别、图像检索、图像分类、目标检测、图像压缩等。例如，微软亚洲研究院马宇飞在 2003 年提出了基于对比度和模糊增长的视觉注意计算模型[32]，重点研究自下而上的视觉注意，同时结合人脸检测任务对自上而下的注意过程进行研究；邹琪等[33]提出了利用多尺度分析和编组的基于目标的注意计算模型。这些研究进展的一个重要前提是伊提和科赫对视觉注意理论模型从定性分析向定量计算推进了一步，从而使视觉注意模型具有可计算性。

认知只有可计算才能成为人类认知过程和计算机智能信息处理的纽带。因此，国内也有一些研究人员借鉴认知科学的理论模型和相关概念，研究认知的可计算性，结合定性分析和定量计算，从应用的角度提出认知计算模型。例如，蔡莲红等人[34]通过语义维度分析法将认知特征引入传统的可视媒体参数计算中，从而实现了认知特性的可计算，并提出了"认知特征－语义属性－多模态表达"模型，实现了具有丰富语义表现力的脸像生成应用实例。蔡莲红等人[35, 36]挖掘了与情感密切相关的颜色视觉显著性特征，利用美学中关于情感词与颜色视觉显著性特征的定性描述，构建了图像底层颜色特征与高层认知语义之间的关联计算模型，提出并实现了基于情感语义词的图像颜色的修改，以及基于社交网络图像的公众情感分析，从而实现了图像颜色认知的计算。

也有一些研究基于认知心理学其他领域的发现如记忆的多系统理论构建计算模型。例如，李爱娟等[37]基于认知结构 ACT-R 提出了动态轨迹优化方法，将数学工具最优控制方法和 ACT-R 模型联系起来，以 ACT-R 模型为核心，用最优控制方法生成轨迹，由 ACT-R 模型对评价函数的权重进行动态调整优化，通过智能优化多个权重的方法动态生成最优轨迹。另外，一些研究人员基于认知神经科学的发现，对生物神经网络的结构进行模拟，构建相应的神经计算模型，实现其相应生理功能。例如，章毅等[38]基于神经网络的回复式特点，提出了回复式神经网络的连续吸引子的解析表达方法，促进了连续吸引子处理机制基础理论的建立；陈静等[39]针对智能体的行为认知问题，提出一种小脑与基底神经节相互协调的行为认知计算模型，该模型核心为操作条件学习算法，包括评价机制、行为选择机制、取向机制及小脑与基底神经节的协调机制。李朝义等[40]则在视觉脑机制的多年研究成果基础上提出了感受野"三重结构"的新理论模型并提出了边缘检测的计算模型。李朝义等一直从事研究感受野方面的研究，发现在视皮层神经元的感受野周围，存在一个能调制感受野活动的"整合野"，在对"整合野"的时空结构和调谐特性的研究基础上，提出了感受野"三重结构"的新理论模型，并证明不同的整合野结构适合于分析不同的视觉图形模式。

（三）认知计算模型的心理学研究

心理学家的认知模型重在解释和模拟人类的认知功能。迄今为止，国内与计算模型有关的几项研究大多是借鉴国际上成熟的认知计算模型对认知过程进行模拟。但随着计算认知和计算神经科学的发展以及国内研究人员对该领域越来越多的关注，国内心理学领域应用认知计算建模方法开展的研究也日渐增多。

1. 认知模拟与认知计算模型的应用

过程模型的应用以 MHP 模型为主。刘乙力及其合作者等在 QN-MHP 模型方面开展一系列深入的研究，建立人类认知与行为的计算模型（数学模型和计算机仿真模型），并将模型应用于智能系统的设计。毕路拯和刘乙力等提出了驾驶侧向操作的 QN-MHP 模型，并且可以模拟分心任务下的驾驶行为以及不同驾驶风格下的驾驶行为[41]。该计算模型可帮助车辆系统和驾驶员辅助系统等的评估。最近，他们以驾驶侧向操作的 QN-MHP 模型和 logistic 回归分析为基础构建了视觉分心任务下的驾驶双任务计算模型，也成功模拟了第二视觉任务下的驾驶行为[42]。

产生式系统模型的应用主要集中在 ACT-R 模型。刘雁飞和吴朝晖[43]通过对 ACT-R 认知模型进行分析，提出了认知体系驾驶认知行为建模方法，并借助 ACT-R 建模工具，以高速公路驾驶超车认知行为为例，完成 ACT-R 产生系统的实现，对模型进行了有效性验证。曹石、沈模卫、秦裕林[44]采用类似的 ACT-R 驾驶认知模型（控制、监测和决策 3 功能模块），通过模拟驾驶实验结合 ACT-R 认知建模的方法，模拟了驾驶经验对驾驶行为的作用。

联结主义神经网络模型的应用则集中在汉字认知和语言习得的建模方面。1991 年，雷晓军[45]在心理学报上发表了国内第一个联结主义模型的应用研究，使用局部联结模式实现语言理解并行处理的范式，并成功模拟了简单的汉语句子理解。国内彭聃龄等[46,47]曾利用 PDP 模型模拟了频率效应、语义启动效应、频率与语境的交互作用、重复启动效应等词汇判断作业中出现的实验现象。舒华等[48-50]构建了汉字认知联结主义模型，成功模拟出汉字阅读的规则性、一致性效应及其与频率的交互作用以及汉字中特有的形声规则效应。邢红兵等[51]以联结主义模型为基础，基于语料库研究的相关数据，分析了词汇知识的含义及相关属性的变化过程，提出一个第二语言词汇习得模型，将第二语言词汇的习得分为三个阶段：静态词义的转换学习、动态词汇知识的纠正学习、第二语言词汇知识自主表征阶段。李兴珊等以联结主义模型基础，借鉴并扩展了英文词汇识别的理论假设，构建了一个中文词切分和识别的计算模型，并且很好地模拟了中文词的识别和切分过程[52,53]。最近李兴珊等采用眼动数据的混合线性模型继续深入研究中文字词认知，发现在中文阅读中词属性具有优势，并覆盖字属性的作用；而且中文和字母文本的阅读加工机制可能是相似的。这些结果为进一步对中文阅读的眼动控制进行计算建模奠定了基础，也为阅读加工过程的跨语言普遍性和统一的阅读模型建构做出了贡献[54]。此外，余嘉元[55]采用联结主义模型对知觉边界效应进行模拟，发现表征不同知识结构的神经网络对于连续 XOR 问题的知觉边界效应没有显著差异。

2. 认知建模研究

除了基于现成的认知体系构建认知模型，国内心理学者也尝试构建特定认知现象的计算模型。吴昌旭研究员等[56]运用 Fitts 定律及离散变量的数学期望等方法推导了基于空间分割的手写输入系统用户绩效的数学模型，实验验证了该模型在具体界面中能较好地拟合用户在 8 次训练后的实际操作绩效，可较好地拟合用户使用手写系统完成抄写任务的时间、推算输入系统某些参数的最佳设置值。

赵圆圆[57]与英国学者合作基于注意偏向竞争理论的神经模型建构了空间线索效应的计算模型。该模型是一种神经网络模型，假设空间选择通过注意选择网络的空间编码神经元之间的竞争而实现的，而神经元之间的抑制连接确定了竞争的结果，空间线索的作用就是引导竞争的偏向选择。根据该模型，空间注意的分散和集中取决于刺激的强度和整体的抑制水平。

针对涉及不确定性的认知任务中的认知控制问题，刘勋等人[58]以多数子集搜索（majority function task）为例提出了认知控制的神经网络模型。多数子集搜索任务要求被试确定一组刺激集的多数项属于哪个类别。计算模拟的结果表明了分组搜索模型更好地拟合了行为数据，揭示了大脑认知控制功能如何计算多数子集。

3. 神经计算研究

早期的建模研究偏向于行为建模，近年来神经计算建模成为主流。李兆平领导的清华大学计算神经科学实验室，以带动结合数理、工程和脑科学的交叉学科研究为目标；关注大脑功能中的视觉、嗅觉、记忆、学习、信号处理、神经网络和运动控制等方向。她们提出了"视觉初皮层注意显著图"的理论，对大脑视觉功能的理解和研究产生了重要的影响。例如，近期李兆平和方方的一个合作研究结合心理物理法、fMRI、ERP和计算模型证明了人类的初级视皮层可以在视觉信息加工的非常早期阶段生成视觉显著图，用以引导空间选择性注意的分布，对传统注意理论提出了挑战[59]。

吴思领导的研究组关注神经信息处理的网络模型，从神经环路的结构及相应的动力学性质揭示大脑如何实现认知功能。他们提出了一个基于分流抑制作用的连续吸引子网络模型[60, 61]，发展了一套数学方法解析求解了网络的动力学性质，并在此基础上分析了网络的反应时和跟踪行为，解释了眼动过程中神经元感受野的动态变化过程；搭建了一个两层神经网络，发现正反馈连接可以增强群解码精度，而负反馈连接有助于处理运动信息[62]；提出神经系统可以用动态选择路径的方式补偿延迟，即神经系统根据物体的运动速度将信号从视网膜直接传递到运动物体在视皮层将要到达的位置[63]。

四、基于生物视觉认知机理的 PMJ 模型

随着国内学者在认知计算研究的深入，认知机理及其建模研究得到了越来越多的关注。心理学家的参与也逐渐成为认知计算模型研究的重要部分，促进了跨学科的交叉融合，并试图结合智能信息处理的实际问题构建新的认知计算模型。在"973"项目的支持下，国内学者面向视觉信息智能处理提出了 PMJ 认知计算模型（Computational Cognition Model of Perception Memory and Judgment）[64]，从神经生理、认知心理、计算建模三个层面探讨了人类视知觉的认知机理以及可计算性，将认知过程的感知（perception）、记忆（memory）和判断（judgment）三个阶段与计算相结合，明确了三阶段、多通路的处理框架，如图 1 中的虚线框图所示。在该模型的支持下，研究者考察了人类加工海量可视媒体的重要认知机制，构建了基于 PMJ 模型的神经网络模型，并实现了视觉认知负荷的定量

描述，进一步探索了模型的数学表述和理论。

图1中的虚线框内为认知模型，它概括了认知的主要过程，包括感知（P）、记忆（M）和判断（J）三个阶段。在每个阶段，认知系统完成一定的信息加工任务，为其他阶段提供信息输入，或者接受其他阶段的信息输出，各个阶段相互配合，完成整个认知加工任务。图中用数字标注的带箭头的线表示具有某种认知加工的通路。感知阶段对应于计算流程中的分析，记忆阶段对应于计算流程中的建模，判断阶段对应于计算流程中的决策。

在感知阶段，认知系统通过前注意选择和选择性注意，降低系统的认知负荷，完成视觉显著特征的抽取①；在记忆阶段，通过编码和存储机制，更新与巩固机制，实现动态的记忆过程②；在判断阶段，通过类别学习，基于动作编码或者抽象信息编码，实现高效判断和决策③。

认知是一个复杂的加工过程，认知加工的各阶段之间具有多条加工通路。认知系统在对信息进行处理时，会依据信息加工的任务难度、任务的目标来动态地选择加工通路。这些加工通路实现三个加工阶段之间的信息转移，最终实现高效判断，输出决策结果。主要通路可归纳为快速加工通路、精细加工通路、反馈加工通路等。

1）快速加工通路是指从感知阶段到判断阶段的加工过程（如图1中的⑧所示），实现基于感知的判断。该过程不需要过多的已有知识经验的参与，主要处理刺激输入的整体特征、轮廓信息以及低空间频率信息，对这些输入信息进行初级粗糙加工，在此基础上进行快速分类判断。

2）精细加工通路是指从感知阶段到记忆阶段、再从记忆阶段到感知和判断阶段的加工过程（如图1中的④＋⑤和⑦所示），实现基于记忆的感知和判断。已有知识经验在该过程中起着重要的作用。该过程主要加工处理刺激输入的局部特征、细节信息，以及高空间频率信息，并与长时记忆中存储的知识进行精细匹配，在此基础上进行分类判断。

3）反馈加工通路是指从判断阶段到记忆阶段，或者从判断阶段到感知阶段（如图1中的⑥或⑨所示）的加工过程，实现基于判断的感知和记忆。认知系统根据判断阶段输出的结果，修正长时记忆中存储的知识；判断阶段输出的结果也会给感知阶段提供线索，使

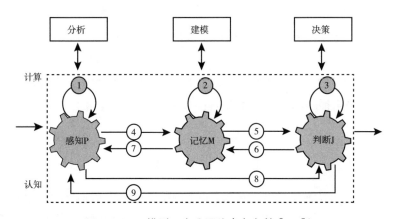

图1　PMJ 模型示意（图片出自文献［64］）

感知阶段的信息加工更加准确高效。

PMJ 模型从神经生理、认知心理、计算建模三个层面，研究了人类认知的心理机制、神经网络和计算应用，将认知过程的感知、记忆和判断与计算流程的分析、建模和决策的映射，如将快速加工通路⑧中基于感知的记忆和判断映射于基于特征的建模和决策，将精细加工通路—④＋⑤和⑦中基于记忆的感知和判断映射于基于知识的学习和决策，将反馈加工通路—⑥或⑨中基于判断的感知和记忆映射于基于决策的建模和优化。

五、基于 PMJ 模型的认知计算与应用研究

（一）大脑皮层神经网络的计算模型

大脑新皮层是智能产生的发源地，每个功能区有着几乎相同的结构，构成一个计算单元，对视觉、听觉、触觉、运动觉等各感觉器官的信号处理具有统一的方式。每个新皮层区域的神经算法利用输入信息反复不断循环地完成感知、记忆、判断 3 个认知任务。图 2 描述了基于 PMJ 模型的一个皮层区域算法[64]。皮层神经元通过将输入信息表达成稀疏的时空模式而完成感知；皮层神经网络通过不断地学习对输入模式形成记忆，其知识存储于网络连接权上。判断模块包含 3 个方面：预测、学习、反馈。新的输入模式与前面的预测产生碰撞而形成反馈信息。皮层区域根据反馈信息通过学习进而更新预测能力，也就是更新神经元连接权。这个过程反复循环直到皮层区域具有满意的预测能力。

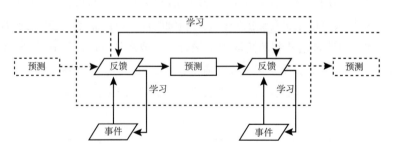

图 2　皮层区域算法的 PMJ 模型（图片出自文献［64］）

在这个 PMJ 模型中，感知模型产生的输出是皮层区域的输入，也就是对输入数据的一种表达。大脑采用稀疏编码的方式（Sparse Coding）进行表达[71]。这类模型可以用数学式子表示为：

$$\min \|z\|_0, \ \text{s.t.} \ y=f(z)$$

其中 y 为输入向量，z 为感知模型对输入数据 y 的稀疏表达，$\|z\|_0$ 表示 z 中非零向量的数量，f 为感知模型的输入输出映射。当 f 为线性映射时，这种感知模型目前已经获得了许

多研究成果[71]。

在每个皮层区域上可以定义 3 个变量：皮层区域神经元状态变量、预测变量、和记忆变量。这 3 个变量相互作用相互影响，它们随着时间的变化而变化，因而皮层区域的神经元演化自然构成一个动力学系统。用 $X(t)$ 表示一个皮层区域神经元在 t 时刻的状态，$p(t)$ 表示皮层区域在 t 时刻的预测，$m(t)$ 表示皮层区域在 t 时刻的记忆，其皮层区域的动力学演化模型可表达为：

$$
\frac{dx(t)}{dt} = X\Big(z(t),\ p(t-z(t))\Big)
$$
$$
p(t) = P\Big(x(t),\ \int_0^t u(t,s)\ m(s)\ ds\Big)
$$
$$
\frac{dm(t)}{dt} = M\Big(m(t),\ p(t-\tau(t)),\ \int_0^t v(t,s)\ X(s)\ ds\Big)
$$

其中，$\tau(t) \geq 0$ 表示时间延迟，$u(t,s)$，$v(t,s)$ 为某类积分核函数，X，P，M 是一些定义在相应函数空间上的线性或非线性泛函[64]。在上面描述的 PMJ 模型中，适当选取相应的非线性映射，即可获得可计算模型[64]。

（二）速度感知与控制的形式化建模

人在驾驶过程中的速度记忆和选择阶段包含了 PMJ 模型认知加工各阶段之间的多条加工通路。我们以 PMJ 模型为基础，引用了基于排队网络的认知计算模型[16]和决策场理论[65]对速度感知、记忆和决策过程进行定量化建模[64]。如图 3 所示，基于排队网络的认知计算模型包含感知、记忆和决策、运动控制 3 个子网络。标有数字和字母的方框（节点）代表大脑中具有相同功能的脑区；连接两个节点的箭头代表了信息在大脑中的加工方向和路径。图 3 中标红的部分代表速度感知、记忆和决策过程中涉及的信息加工节点和加工方向。为了更好地解释速度记忆和决策这个复杂的认知加工过程，将决策场理论整合到

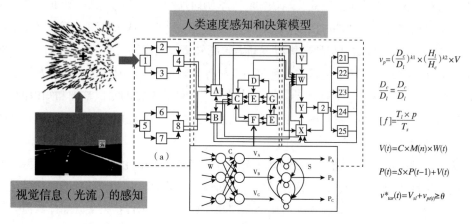

图 3　人类速度感知和决策模型（图片出自文献［64］）

基于排队网络的认知计算模型中的 F 节点中。我们首先针对速度选择中的目标速度和可能的结果建立一个矩阵，并假定每一次的速度决策过程中，人们的注意力都会随机的聚焦在某一个目标速度上（相同概率的）。通过引用决策场理论中"价"和"偏好"的计算方法，我们可以计算驾驶员在每个单位时刻对于每个目标速度的偏好。随着时间的不断积累，人对每个目标速度的偏好也不断地变化。当某一个目标速度的偏好超过了预期设定的阀值，这个目标速度将会被立即选择。基于排队网络和决策场理论的认知计算模型考虑了不同任务本身的难度差异，以及人在信息加工速度、信息加工容量上的个体差异，能够对驾驶员的速度感知、记忆和决策过程进行定量的解释和预测（如预测驾驶员在限速 80km/h 的高速公路上的速度选择差异）。

六、发展趋势与对策

在当前学科发展和需求的推动下，我国未来认知计算模型的发展趋势可以概括为以下4 点。

首先，认知科学领域需要更加整合的、系统的模型和原则，来统一对各个不同研究领域、不同研究层次所获得数据和现象进行解释；与其他学科类似，认知科学如果想要取得历史性的重大突破，必须在更加宏观的水平上，在更加统一的理论建构下，提出一般性的原则和假设，而不是针对某个特定领域或者特异性的现象作出解释和假设[2]。近年来，国外认知计算模型的发展趋势是将原有的基于认知架构的符号模型进行整合，并将整合的模型应用于新的研究领域。例如，刘乙力尝试整合了排队网络模型、ACT-R 模型、CAPS模型、EPIC 模型和 SOAR 模型，并将新整合的模型（QN-ACES）用于人类多任务中认知和绩效的模拟和预测[66]。刘乙力等尝试整合排队网络模型和 ACT-R 模型，并将新整合的模型（QN-ACTR）用于模拟人类在动态的、复杂的多任务中的绩效[67, 68]。

其次，人的心智活动是一个完整的过程，包括信号的输入、编码、表征、存储、加工操作等过程以及动作输出。因此，与认知心理学所面临的挑战相同，认知计算模型的建构也应该从更加广泛的认知功能出发，需要阐释普遍性、完整的认知机制，而不仅仅是针对某种认知功能[2]。认知模型的建构应该涵盖包括知觉、概念与分类、学习与记忆、推理与决策、动作控制、言语、元认知、情绪与动机等认知过程；同时应该考虑到人类心智的特点：行为的灵活性、适应性和动态性、绩效的实时性、丰富的知识基础和知识的整合、自然语言、学习和发展、进化等，从而有效地避免建构过于狭隘的模型，避免遗漏某些重要的认知功能[2]。

第三，进一步的学科融合和多学科交叉，是未来我国认知科学、认知计算模型发展的必然趋势。将认知心理学、认知神经科学等认知科学领域的研究发现和理论进行量化和数学化，转化为能够被计算机科学所应用的原理和计算模型，不仅是未来认知计算模型领域发展的主要方向，更是这一领域面临的一大挑战。为了迎接这一挑战，心理学家、计算机科学和认知神经科学领域的科学家需要联合起来，共同建立一个基于认知心理学理论，面向计算机应用的认知计算模型。

最后，对认知计算模型中加工细节进行实证的验证、理论分析、详细的数学和计算分析。虽然这些工作非常困难，但是却非常重要，未来的研究需要更好地解决这个问题[2]。实证检验、理论和数学分析不但可以验证模型的真实性和有效性，而且可以帮助我们更好地理解模型和建模方法本身。

未来的 3 ~ 5 年，围绕 PMJ 模型的认知机理研究将成为国内认知计算模型研究的一支主要力量。PMJ 模型的发展趋势可以概括为以下 3 点。

首先，PMJ 模型为计算机智能处理提供了新的研究思路，为将人类认知机理应用于计算机科学提供了较好的切入点。目前，PMJ 模型的研究和建构仍处于起步阶段，关于感知、记忆、判断三个阶段的认知和神经机制，三个阶段之间的关系，以及不同加工通路的认知和神经机制，仍有待进一步、系统研究。在这些研究基础上，归纳、整合和提炼所有加工阶段、通路所蕴含的认知模型假设，并将这些假设转化为可以量化和数学计算的原理。最终，融合了认知神经机制的概念和理论，以及量化和数学化的计算原理的 PMJ 模型，将为计算机科学的图像处理、物体识别、目标检测与检索等多个视觉计算领域提供理论和方法的指导。

其次，未来围绕 PMJ 模型，将开展基于心理学行为实验、脑成像实验、神经心理学实验等多方法、多技术支持的实证检验研究，从行为、神经机制等层面解析 PMJ 模型加工阶段、加工通路等诸多模型假设的真实性和有效性。在此基础上，对 PMJ 模型的内涵进行理论分析，对其基本原理的数学表达进行数学和计算建模分析。

最后，将 PMJ 模型广泛应用于计算机科学的视觉计算领域，实际解决计算机科学所关心的科学问题，是检验 PMJ 模型有效性的一个重要指标，也为未来认知计算模型要解决的一个关键问题。目前，PMJ 模型已经在图像情感理解和预测、图像缩放质量评估方面得到了很好的应用。例如，基于 PMJ 模型，挖掘与图像情感相关的颜色特征，提出了色彩与图像情感的关联模型，基于该关联模型，实现了图像情感理解，并应用于图像色彩修改。该模型不但可以预测大众对单幅图像的情感倾向，而且还可以基于社交网络图像有效地预测一个时间段内公众情感的变化趋势。

综上所述，我国认知计算模型的研究仍处在起步阶段，与国外大量丰富的研究相比，成果相对薄弱，也缺乏系统性。未来 5 ~ 10 年，是国外认知计算模型蓬勃发展的阶段，在多学科交叉和合作的大背景下，在来自认知心理学、认知神经科学、计算机科学的专家和学者的共同努力下，有望取得突破性成果。

参 考 文 献

［1］ Marr D. Vision：A computational investigation into the human representation and processing of visual information ［M］. New York：Henry Holt and Co. Inc.，1982.

［2］ Sun R. The Cambridge handbook of computational psychology ［M］. New York: Cambridge University Press, 2008.

［3］ Anderson J R. The architecture of cognition ［M］. Cambridge, MA: Harward University Press, 1983.

［4］ Minsky M. A Framework for Representing Knowledge ［C］. In Winston P H（eds.）, The Psychology of Computer Vision. New York: McGraw-Hill, 1975: 211-277.

［5］ Newell A, Simon H A. Computer science as empirical inquiry: Symbols and search ［J］. Communications of the ACM, 1976, 19（3）: 113-126.

［6］ Schank R C, Abelson R P. Goals, plans, scripts and understanding: an enquiry into human knowledge structures ［M］. Hillsdale, NJ: Lawrence Erlbaum Associates, 1977.

［7］ Card S K, Moran T P, Newell A. The psychology of human-computer interaction ［M］. Hillsdale, New Jersey: Lawrence Erlbaum Associates, 1983.

［8］ Kieras D E. Using the keystroke-level model to estimate execution times ［R］. Ann Arbor: Department of Psychology, University of Michigan. 2001.

［9］ Kieras D E. Towards a practical GOMS model methodology for user interface design ［C］. In HELANDER M（Ed.）, Handbook of Human-Computer Interaction. Amsterdam: North-Holland Elsevier, 1988: 135-158.

［10］ Card S K, Moran T P, Newell A. The model human processor: An engineering model of human performance ［C］. In BOFF K K L. THOMAS J（Eds.）, Handbook of Perception and Human Performance. New York: John Wiley and Sons, 1986: Chapter 45, 1-35.

［11］ Gray W D, John B E, Atwood M E. Project Ernestine: Validating a GOMS analysis for predicting and explaining real-world task performance ［J］. Human-Computer Interaction, 1993, 8（3）: 237-309.

［12］ Liu Y. Queueing network modeling of elementary mental processes ［J］. Psychological Review, 1996, 103（1）: 116-135.

［13］ Liu Y. Queueing network modeling of human performance of concurrent spatial and verbal tasks ［J］. IEEE Transactions on Systems, Man and Cybernetics, Part A: Systems and Humans, 1997, 27（2）: 195-207.

［14］ Liu Y, Feyen R, Tsimhoni O. Queueing Network-Model Human Processor（QN-MHP）: A computational architecture for multitask performance in human-machine systems ［J］. ACM Transactions on Computer-Human Interaction（TOCHI）, 2006, 13（1）: 37-70.

［15］ Wu C, Liu Y. Queuing network modeling of driver workload and performance ［J］. IEEE Transactions on Intelligent Transportation Systems, 2007, 8（3）: 528-537.

［16］ Wu C, Liu Y. Queuing network modeling of the psychological refractory period（PRP）［J］. Psychological Review, 2008, 115（4）: 913-954.

［17］ Wu C, Liu Y. Queuing network modeling of transcription typing ［J］. ACM Transactions on Computer-Human Interaction（TOCHI）, 2008, 15（1）: 6.

［18］ Wu C, Tsimhoni O, Liu Y. Development of an adaptive workload management system using the queueing network-model human processor（QN-MHP）［J］. IEEE Transactions on Intelligent Transportation Systems, 2008, 9（3）: 463-475.

［19］ Anderson J R, Lebiere C J. The Atomic Components of Thought ［M］. New Jersey: Lawrence Erlbaum Associates, 1998.

［20］ Meyer D E, Kieras D E. A computational theory of executive cognitive processes and multiple-task performance: Part 1. Basic mechanisms ［J］. Psychological Review, 1997, 104: 3-65.

［21］ Meyer D E, Kieras D E. A computational theory of executive cognitive processes and multiple-task performance: Part 2. Accounts of psychological refractory-period phenomena ［J］. Psychological Review, 1997, 104（4）: 749-791.

［22］ Laird J E, Newell A. Rosenbloom P S. Soar: An architecture for general intelligence ［J］. Artificial Intelligence, 1987, 33（1）: 1-64.

［23］ Newell A. Unified theories of cognition ［M］. Cambridge, MA: Harvard University Press, 1994.

［24］ Meyer D E, Kieras D E. Precis to a practical unified theory of cognition and action: Some lessons from EPIC computational models of human multiple-task performance［C］. In GOPHER D. KORIAT A（Eds.）, Attention and performance XVII. Cambridge, MA：MIT Press, 1999：17–88.

［25］ Rumelhart D E, Mcclelland J L. Parallel Distributed Processing：Explorations in the Microstructure of Cognition. Volume 1：Foundations［M］. Cambridge, MA：MIT press, 1986.

［26］ Zoccolan D, Kouh. M, Poggio T, et al. Trade-off between object selectivity and tolerance in monkey inferotemporal cortex［J］. The Journal of Neuroscience, 2007, 27（45）：12292–12307.

［27］ Pearl J. Probabilistic Reasoning in Intelligent Systems：Networks of Plausible Inference［M］. San Francisco, CA：Morgan Kaufmann Publishers, Inc., 1988.

［28］ Sun R, Coward L A, Zenzen M J. On levels of cognitive modeling［J］. Philosophical Psychology, 2005, 18（5）：613–637.

［29］ Sun R. Accounting for the computational basis of consciousness：A connectionist approach［J］. Consciousness and Cognition, 1999, 8：529–565.

［30］ 史忠植. 智能科学［M］. 北京：清华大学出版社, 2006.

［31］ Itti L, Koch C. Computational modelling of visual attention［J］. Nature Reviews Neuroscience, 2001, 2：194–203.

［32］ Ma Y F, Zhang H J. Contrast-based image attention analysis by using fuzzy growing［C］. L Rowe, H Vin（Eds）. Proceedings of the eleventh ACM international conference on Multimedia. New York：the Association for Computing Machinery, Inc.（ACM）, 2003：374–381.

［33］ 邹琪, 罗四维, 郑宇. 利用多尺度分析和编组的基于目标的注意计算模型［J］. 电子学报, 2006, 34（3）：559–562.

［34］ Zhang S, Xu Y, Jia J, et al.Analysis and Modeling of Affective Audio Visual Speech Based on Pad Emotion Space［C］. R Wang（Ed）. Proceeding of 6th International Symposium on Chinese Spoken Language Processing. Piscataway：IEEE eXpress Publishing, 2008.

［35］ Wang X, Jia J, Yin J, et al. Image Search by Modality Analysis：A Study of Color Semantics［C］. Asia-Pacific Signal and Information Processing Association（APSIPA）. Proceedings of APSIPA ASC 2011, Xi'an, 2011.

［36］ Jia J, Wu S, Wang X H, et al. Understand van Gogh's Mood? Learning to Infer Affects from Images in Social Networks［C］. N BABAGUCHI, KAIZAWA, J SMITH, S SATOH, T PLAGEMANN, X HUA, R YAN. Proceedings of the 20th ACM international conference on Multimedia. New York：the Association for Computing Machinery, Inc.（ACM）, 2012：857–860.

［37］ 李爱娟, 李舜酩, 沈峘, 等. 基于ACT-R的智能车动态优化方法［J］. 吉林大学学报（工学版）, 2012, 42.

［38］ Zhang L, Yi Z. Selectable and Unselectable Sets of Neurons in Recurrent Neural Networks with Saturated Piecewise Linear Transfer Function［J］. IEEE Transactions on Neural Networks, 2011, 22（7）：1021–1031.

［39］ 陈静, 阮晓钢, 戴丽珍. 基于小脑—基底神经节机理的行为认知计算模型［J］. 模式识别与人工智能, 2012, 25：29–36.

［40］ Zeng C, Li Y, Li C. Center-surround interaction with adaptive inhibition：A computational model for contour detection［J］. NeuroImage, 2011, 55：49–66.

［41］ Bi L, Gan G, Shang J, et al. Queuing Network Modeling of Driver Lateral Control With or Without a Cognitive Distraction Task［J］. IEEE Transactions on Intelligent Transportation Systems, 2012, 13（4）：1810–1820.

［42］ Bi L, Gan G, Liu Y. Using Queuing Network and Logistic Regression to Model Driving with a Visual Distraction Task［J］. International Journal of Human-Computer Interaction, in press.

［43］ 刘雁飞, 吴朝晖. 驾驶ACT-R认知行为建模［J］. 浙江大学学报（工学版）, 2006, 44（10）：1657–1662.

［44］ 曹石, 沈模卫, 秦裕林. 汽车驾驶行为与驾驶经验的ACT-R认知建模研究［C］. 中国心理学会. 全国"普通与实验心理学"2007年学术年会论文集. 南京：南京师范大学, 2007.

［45］ 雷晓军. 自然语言理解的并行处理［J］. 心理学报, 1991, 23（2）, 158–166.

［46］ 彭聃龄, 刘颖, 陈鹰. 汉字识别的计算机模拟［J］. 应用心理学, 1996, 2（1）：9–16.

［47］ 刘颖, 彭聃龄. 基于语义的词汇判断的计算模型［J］. 心理学报, 1995, 27（3）：254–262.

［48］ Xing H, Shu H, Li P. The acquisition of Chinese characters：Corpus analyses and connectionist simulations［J］.

Journal of Cognitive Science, 2004, 5（1）: 1–49.

［49］Yang J F, Mccandliss B D, Shu H. Zevin J D. Simulating language–specific and language–general effects in a statistical learning model of Chinese reading［J］. Journal of Memory and Languag, 2009, 61: 238–257.

［50］杨剑峰, 舒华. 汉字阅读的联结主义模型［J］. 心理学报, 2008, 40（5）: 518–522.

［51］邢红兵. 基于联结主义理论的第二语言词汇习得研究框架［J］. 语言教学与研究, 2009, 139: 66–73.

［52］李兴珊, 刘萍萍, 马国杰. 中文阅读中词切分的认知机理述评［J］. 心理科学进展, 2011, 19（4）: 459–470.

［53］Li X S, Pollatsek A. Word knowledge influences character perception［J］. Psychonomics Bulletin & Review, 2011, 18（5）: 833–839.

［54］Li X, Bicknell K, Liu P, et al. Reading is fundamentally similar across disparate writing systems: A systematic characterization of how words and characters influence eye movements in Chinese reading［J］. Journal of Experimental Psychology: General. in press.

［55］余嘉元. 用联结主义模型研究知觉边界效应问题［J］. 心理学报, 2001, 33（2）: 123–126.

［56］Wu C, Zhang K, Hu Y. Human Performance Modeling in Temporary Segmentation Chinese Character Handwriting Recognizers［J］. International Journal of Human Computer Studies, 2003, 58: 483–508..

［57］Zhao Y, Humphreys G W, Heinke D. A biased–competition approach to spatial cueing: Combining empirical studies and computational modeling［J］, Visual Cognition, 2012, 20（2）: 170–210.

［58］Wang H, Liu X, Fan J. Cognitive control in majority search: A computational modeling approach［J］. Frontiers in Human Neuroscience, 2011, 5（16）: 1–10.

［59］Zhang X, Zhaoping L, Zhou T, et al. Neural activities in V1 create a bottom–up saliency map［J］. Neuron, 2012, 73: 183–192.

［60］Fung C C, Wong KY, et al. Wu S. Tracking changing stimuli in continuous attractor neural networks［J］. Advances in Neural Information Processing Systems, 2008, 22, 481–488.

［61］Fung C C, Wong KY, Wu S. A moving bump in a continuous manifold: A comprehensive study of the tracking dynamics of continuous attractor neural networks［J］. Neural Computation, 2010, 22: 752–792.

［62］Zhang W, Wu S. Neural information processing with feedback modulations［J］. Neural Computation, 2012, 24（7）: 1695–1721.

［63］Nijhawan R, Wu S. Compensating time delays with neural predictions: are predictions sensory or motor ?［J］. Philosophical Transactions Of The Royal Society A, 2009, 367: 1063–1078.

［64］Fu X, Cai L, Liu Y, et al. A Computational Cognition Model of Perception, Memory, and Judgment［J］. Science in China Series F: Information Sciences. In press.

［65］Johnson J G, Busemeyer J R. Rule–based Decision Field Theory: A dynamic computational model of transitions among decision–making strategies. In: Betsch T, Haberstroh S, Eds. The routines of decision making［J］. Mahwah, NJ: Erlbaum, 2005. 3–19.

［66］Liu Y, QN–ACES: Integrating Queueing Network and ACT–R, CAPS, EPIC, and Soar Architectures for Multitask Cognitive Modeling［J］. Intl. Journal of Human–Computer Interaction, 2009, 25（6）: 554–581.

［67］Cao S, Liu Y. Integrating the Queuing Network（QN）and Adaptive Control of Thought–Rational（ACT–R）cognitive architectures: ACTR–QN［R］. Ann Arbor: Department of Industrial and Operations Engineering, University of Michigan, 2011.

［68］Cao S, Liu Y, QN–ACTR Modeling of Multitask Performance of Dynamic and Complex Cognitive Tasks［C］. Proceedings of the Human Factors and Ergonomics Society Annual Meeting. London: SAGE Publications, 2012, 56（1）: 1015–1019.

撰稿人: 陈文锋　赵国朕　刘　烨　吴昌旭　傅小兰

生命之危与健康之路

——亚健康研究进展

一、前言

自从 20 世纪 80 年代末人们提出"健康"与"疾病"之间存在"第三状态",到现在已经有 30 年了,"亚健康状态"的提法与英文名(sub-health)已经进入我国的专业学术词典,其"低质健康"的通俗概念也已被公众、政府所广泛认知、接受、使用,然而国际上对相当于"亚健康"或"第三状态"概念的表述始终相当谨慎[1],同时,目前学术界对亚健康的概念、诊断标准、病因与病理机制的认识还比较模糊,许多基本问题还缺乏权威、统一的界定[2-4],这些制约了亚健康的深入研究和临床指导,也与亚健康在人群中的高分布和群众对干预的需求不相协调。

在这种情况下,危险因素的研究意义被凸显出来,识别危险因素能够指出病理研究的方向、建立具体的基础预防目标,并在此基础上发展可行的预防方法[5, 6]。然而,人们还没有真正识别出究竟有哪些危险因素,已经识别的因素范围广泛但过于零散,不能有力地指导亚健康的筛查和干预[1, 7, 8]。

亚健康的概念尽管还存在很多争议,但该领域的研究近年来还是广受关注。在 CNKI 上检索过去十年间(2002.8—2012.8)主题包含"亚健康"的文献,结果共计 6096 条。其中约 60% 是关于亚健康干预的;剩余的 40% 文章中,现状调查与理论探讨大约各占一半。可见大部分研究者还是遵循实证主义路线,考察亚健康的各种可能解决方案的效果。

上述检索结果中,主题中同时包含"心理"的共 983 条,占总数 17%。可见心理因素是在亚健康问题当中近年日益受到重视的一个方面,许多研究都支持了心理因素的重要性和心理干预的价值。本文将根据我们对亚健康概念的理解、回顾亚健康的心理危险因素及其干预措施的研究进展,并力图将危险因素的范围过于广泛的状况整合在"易感素质—危险诱因—危险信号"的概念模型中,以帮助理解亚健康在心理方面的病理机制。

二、亚健康概念的定义

俄罗斯（苏联）学者 N·布赫曼 Berk-man 在 20 世纪 80 年代末提出，人体存在一种介于健康状态（第一状态）和疾病状态（第二状态）之间的临界状态，称为第三状态，也称潜病状态、病前状态、亚临床状态、灰色状态等，我国学者把它命名为"亚健康状态"，其特征是：有状态性的功能下降、有健康低质的主观体验，但无器质性病变、不能满足现有疾病分类中的诊断标准。

亚健康状态的概念是在生物－心理－社会模式的背景下提出的，自此，身心健康状态成为一个包括健康状态、亚健康状态和疾病状态的连续体，包含生理、心理、社会等多个维度。本文首先要探讨的是关于心理亚健康的危险因素的研究进展。

经过大量文献检索与阅读，我们确认了在国外文献中尚无与"亚健康状态"相对应的专业概念。关于亚健康状态的概念，我们认为，亚健康状态是一种介于健康与疾病的中间状态，是个体在适应生理、心理、社会应激过程中，由于身心系统（心理行为系统、神经系统、内分泌系统、免疫系统）的整体协调失衡、功能紊乱而导致的生理、心理和社会功能下降，但尚未达到疾病诊断标准的状态，通过自我调整可以恢复到健康状态，长期持续存在可演变成疾病状态，即，亚健康的发生原因是心理、生理、社会三方面应激的因素，是应激反应的结果，而不是遗传、感染、外伤、物理、化学物质所致。此概念出自"863"计划项目"中国人亚健康状态综合评估诊断和预测系统的建立"的结题报告。

目前国内亚健康研究参考的国外文献主要是关于慢性疲劳综合征（CFS）的。疲劳是一个非常普遍的症状，CFS 是一种以疲劳等非特异性表现为主的综合征，由美国疾病控制和预防中心（CDC）首先正式命名并制定了诊断标准。关于亚健康与 CFS 这两个概念的关系，我们认为，CFS 的未达到诊断病程标准（例如 CDC 的标准是 6 个月）的前期阶段属于亚健康状态。区分二者的关键在于病程标准，其病理实质是状态的动态可逆性。有关 CFS 及各种不明疲劳综合征的研究文献都是对于亚健康研究的有益参考[9]。

三、亚健康的测量工具

中国人亚健康状态测量表是一套综合的身体、心理健康状况测量评估系统。测评内容包括生理、情绪、认识、自我、行为和社会 6 个部分（如图 1 所示）。每个部分具体项目的选择是在大量的文献查阅、小组讨论、咨询专家的基础上进行的。在经过初测之后，筛选具有好的心理测量学属性的项目，然后进行大样本施测，在大样本数据的基础上进一步精简测评项目，最后得到 75 个项目的量表。最终量表具有良好的心理测量学属性：总体内部一致性为 0.95，6 个部分的内部一致性均在 0.80 以上；各个部分具有中等程度的相关；

整个量表和各个部分的结构效度良好，很好的支持量表编制的总体构想。测评结果包括总体指标和各个部分的分指标，且总体指标的计算考虑到各个部分的相对贡献度。

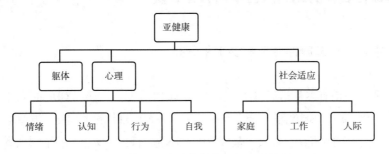

图 1　中国人亚健康状态测量表的结构

同时，根据测量结果研究建立了中国城市劳动力人口亚健康得分的常模，并且根据亚健康在不同人群类型中的得分情况，分别建立了我国城市劳动力人口的分性别常模，分年龄常模，分职业特征常模以及分地域常模。常模是一种供比较的标准量数，由标准化样本测试结果计算而来。它是心理测评用于比较和解释测验结果时的参照分数标准。测验分数必须与某种标准比较，才能显示出它所代表的意义。常模的作用是让测验者明白测验结果分数的意义。常模的建立，使得利用研究成果进行中国人身心健康状态的监测时不仅可以进行横向比较，还可以进行动态比较和预测。

研究根据自陈述的身心健康状况与体检结果，确定了亚健康的上下分界点。根据划界分确立之后的结果，可以推测疾病人群约占全部城市劳动力人口的 29%，亚健康人群约占全部城市劳动力人口的 61%，健康人群约占全部人群的 10%。同时，亚健康检测中流行运用的医学检查，无论是躯体健康体检还是实验室测查，在亚健康的诊断中，主要还是起着排除诊断的价值，往往难以直接检测出人们是否属于亚健康。亚健康的上下分界点的划分，有助于临床工作者对亚健康状态进行直接的诊断。同时，此成果可以有效地测量中国城市劳动力人口的身心健康状态，对其身心健康状态进行有效的监控，促进其劳动生产率的提高。根据"疾病"、"亚健康"与"疾病"的诊断及其人群分布情况，研究参考国际上通用的 5 级预警系统，建立了身心健康状况的绿、蓝、黄、橙、红五色预警系统，五级系统分别对应无、低、中、高、危急。该系统的具体架构如图 2。

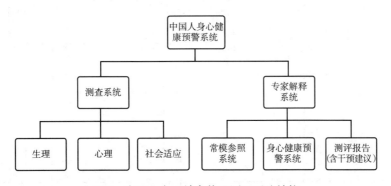

图 2　中国人身心健康状况测评系统结构

四、亚健康在我国劳动力人口中的分布状况

（一）中国人亚健康的城市发展水平分布

现代化程度目前有多种指标体系，比如人均 GDP、第三产业占 GDP 的比重、城市化水平等。本研究将采用"城市综合实力"指标来定义各地区现代化的程度。城市综合实力是指一个城市在一定时期内经济、社会、基础设施、环境、科技、文教等各个领域所具备的现实实力和发展能力的集合，其指标体系包含城市的人口和劳动力、经济发展、社会发展、环境和基础设施等 4 个方面。城市综合实力作为一个综合的指标全面地体现了城市的现代化程度。根据此指标，本研究根据城市综合实力（城市发展水平）将样本所在的城市五类（见表 1）。

表 1　样本的城市发展水平分布

城市类别	数　量	比例（％）	城市类别	数　量	比例（％）
一类城市	17300	36.9	小城镇	2445	5.2
二类城市	13861	29.5	缺　失	2092	4.5
三类城市	6240	13.3	总　计	46935	100.0
四类城市	4997	10.6			

图 3 显示了处于不同发展水平的城市人群的亚健康状况。统计结果显示，不同发展水平城市的居民在亚健康各指标上均存在显著差异（$P < 0.001$）。具体表现为：从总的来说，第二类城市居民的亚健康的各个指标均是最高的，显示出第二类城市居民整体的身心健康水平比较低。同时，一类城市居民表现为更多的行为问题，而小城镇居民表现出更多的躯体症状。

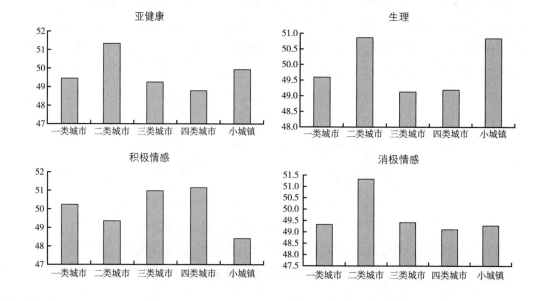

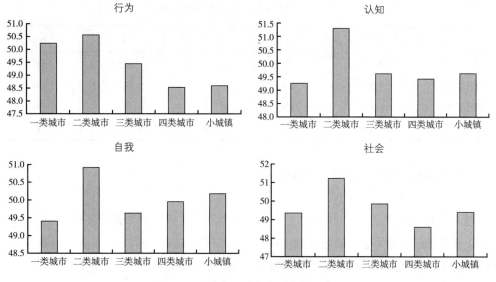

图3 亚健康的城市发展水平分布

（二）中国人亚健康的性别分布

可以看出，从性别上来看，男、女两性在积极情感与社会适应两个指标上不存在显著的差异。同时，男性更多地表现出行为亚健康问题；而女性则在生理、消极情感、认知、自我以及总得分上均显著地高于男性。

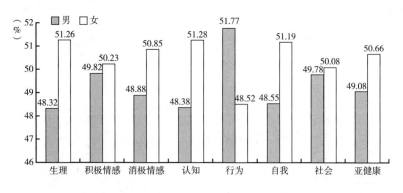

图4 中国人亚健康的性别差异

（三）中国人亚健康的婚姻状况分布

从表2统计结果显示，处于不同婚姻状态的群体在亚健康各指标上均存在显著的差异。从图5可以看出，各群体的身心健康水平体现为未婚者优于初婚者（第一次结婚者），初婚者优于再婚者，再婚者优于离异者，离异者优于丧偶者。

表2　亚健康各指标的婚姻差异检验

指　　标	F	Sig.	指　　标	F	Sig.
生　　理	169.725	.000	行　　为	84.569	.000
积极情感	57.015	.000	自　　我	35.353	.000
消极情感	32.037	.000	社　　会	67.41	.000
认　　知	83.326	.000	亚　健　康	133.708	.000

（四）中国人亚健康的年龄分布

统计分析结果显示，不同年龄人群在亚健康各指标上存在着显著的差异。从图6可以看出，从整体情况来看，年龄与亚健康状态呈倒U型曲线的关系，35～40岁年龄段的人的身心健康水平最高。并且他们在各个指标上均处于最好的状态。

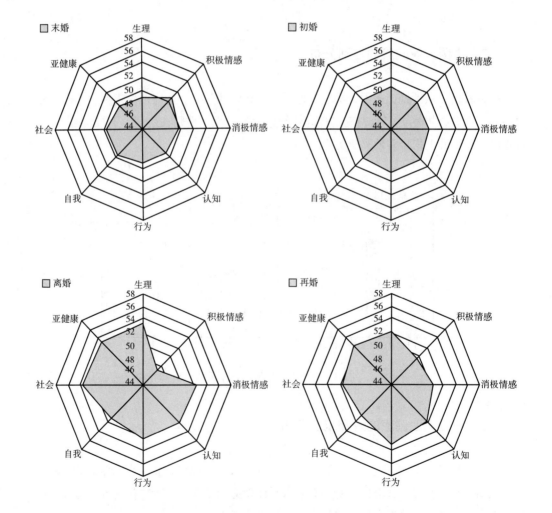

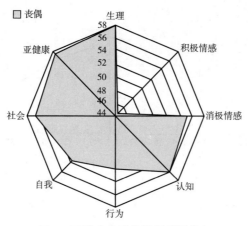

图 5 亚健康人群的婚姻状况分布

同时值得注意的是，生理状态在 40 岁以后有一个明显的下滑趋势。消极情感随着年龄的增长有一个持续减少的趋势。

表 3　样本的年龄构成

年　龄（岁）	数　量	比例（%）	年　龄（岁）	数　量	比例（%）
18 ~ 25	7278	15.5	40 ~ 45	5376	11.5
25 ~ 30	6705	14.3	4 ~ 65	3634	7.7
30 ~ 35	7791	16.6	缺　失	6142	13.1
35 ~ 40	10009	21.3	总　计	46935	100.0

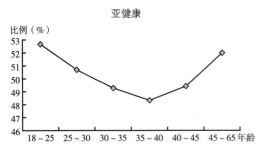

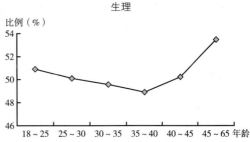

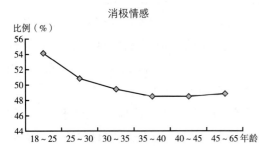

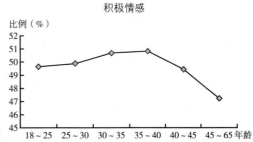

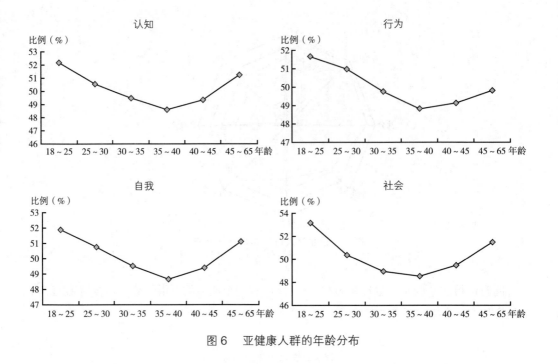

图6　亚健康人群的年龄分布

（五）中国人亚健康的经济收入分布

表4显示的是经济收入水平不同人群亚健康各指标得分差异的检验。从图7可以看出，从整体情况来看，经济收入水平越高，身心健康水平越好。但是，行为问题所表现出来的趋势与其他指标相反。

表4　经济收入不同人群亚健康各指标得分差异检验

指　标	F	Sig.	指　标	F	Sig.
生　理	69.005	.000	行　为	6.105	.000
积极情感	56.489	.000	自　我	205.186	.000
消极情感	121.329	.000	社　会	135.994	.000
认　知	131.481	.000	亚健康	144.937	.000

中国人亚健康状态的人口统计学分布总结如下。社会 – 人口统计学方面所涉及的因素或变量很多，但最常被使用的变量有性别、年龄、受教育程度、社会经济地位。

1）年龄。随着年龄的增长，身体机能出现老化与损害，这是很容易理解的。许多流行病学研究表明，高年龄是一个人口统计学方面对亚健康构成高风险的预兆性因素。一项对50岁以上成长的跟踪调查发现，那些没有报告有基准疼痛的人中，48%的人在后来的跟踪中报告有疼痛，这在男性与女性中没有显著差别，男女在疼痛的发生上没有显著的年龄差别。

2）性别。早期的文献大都认为女性得慢性疲劳综合征的风险更高。女性报告的躯体疲惫是男性报告的两倍，而精神疲惫与男性报告持平。在累积报告的非典型抑郁一项，女性是男性的 3.9 倍（6.3%：1.6%）。

3）教育程度和社会经济地位。传统的观点认为慢性疲劳综合征与高教育水平和社会经济地位有关，但也有不同观点，认为低收入、低教育水平、低社会地位是慢性疲劳的最重要的预测先兆。这可能是因为心理与环境的危险因素。处于不同社会经济环境中的人们，其许多问题都不同，包括：健康护理习惯（health care practices）（如营养、常规锻炼、定期体检）；行为风险因素（如避孕套的使用，使用酒精、药物、烟草）；获得接触足够的健康照顾（如，健康保险福利与受到足够的照顾）；心理压力的水平（如，种族、歧视、失业）；接触有害环境的数量（如，空气污染、铅和其他毒素）以及与职业有关的危害水平。

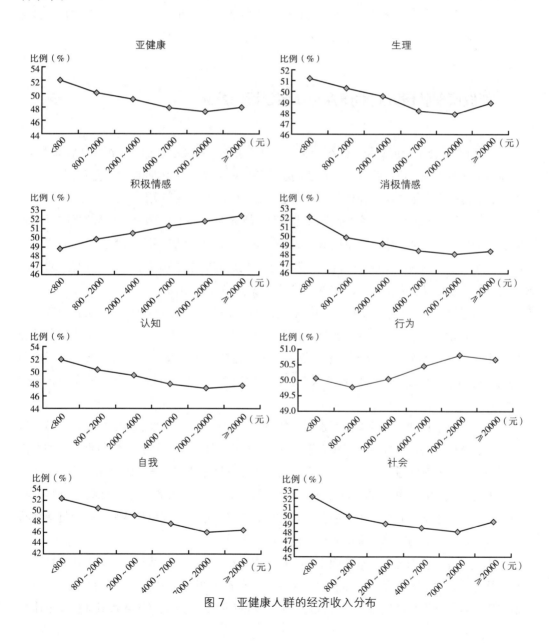

图 7　亚健康人群的经济收入分布

4）经济发展水平。一项使用 WHO 的数据在全球 14 个国家的城市开展的跨文化调查研究发现，CFS 在不同经济发展程度的国家富国与发展中国家的 CFS 分布并没有显著的差异。

我们的研究结果表明，女性除了在行为方面比男性的得分更低外，在其他各个部分得分均高于男性。而年龄与亚健康及其各个部分的相关很低，检查散点图发现年龄与亚健康的关系并非单调线性的（倒 U 形曲线），35～40 岁年龄阶段的人群，其身心各个指标的功能均为最好。学历与亚健康的相关表现出，学历越高，亚健康程度越低，而个人收入、社会经济地位与亚健康的相关业是如此。经济发展水平的城市居民并没有表现出一致性的变化趋势。

同时，除全国常模之外，为不同人口统计学特征的人群在亚健康的得分上存在着显著的差异。因此进一步需要为具有不同人口统计学特征的人群建立常模。

五、亚健康现状研究对健康保障体系建设的意义

1）研究综合了心理测量学、统计学、生理心理学、神经心理学、中医学、临床医学、精神卫生学等方法，可以弥补以往对亚健康的诊断中生理，轻心理和社会适应的现状，使得出的亚健康内部结构模型和外部预测模型具有更强的科学性和实用效度。

2）目前亚健康状态的概念基本都是医学诊断标准，而并未采用测量学的标准。本研究通过大样本的测试，建立了不同群体的亚健康常模，并且结合医学诊断标准，对亚健康状态的"上"（与健康人群相区隔）／"下"（与疾病人群相区隔）分界点，并建立初步的亚健康的诊断标准，方便对人群的身心健康状态进行筛查与甄别。

3）亚健康状态发生、发展的影响因素极其作用模式，以及不同症状与疾病的转归关系，也是目前有关研究者主要关注点之一。本研究从个体自身、家庭、工作及社会环境等多个角度，全面分析亚健康状态的危险因素与保护因素以及主要影响因素的相互作用模式，有利于早期预测与发现异常状态，并及时对亚健康状态进行干预，减少疾病发生的风险。

本次研究中识别出来的保护因素有：外向性、宜人性、责任性、焦虑控制、宽容、自我接纳、情境性的自我抚慰、家庭亲密。其中，外向、对人和善以及审慎负责这三种人格特质是人自身所有的最根本的保护因素，它们既能直接避免或减缓亚健康症状的影响，也可以通过影响别的保护因素，间接地起到保健作用。另外，控制焦虑的能力、宽容的心态、对自己的悦纳、面对困境时能自我安慰等心理素质也能很好地杜绝和减缓亚健康症状的影响。最后，好的家庭氛围也具有明显的保健作用。

本次研究中识别出来的危险因素有：神经质、行为抑制、负情绪性、灾难化、社交抑制、忧心、自责、责备他人、事件冲击、沉湎、依恋焦虑、家庭应激、工作应激。其中，情绪不稳定这种人格特质是人自身具有的最危险的因素，它既能直接导致或加剧亚健康症

状，也可以通过影响别的危险因素，间接地危害健康。另外，负面情绪、灾难化的思维倾向、害怕与人交往、忧心忡忡、自责、怨天尤人、经常会想起应激事件、沉湎以及害怕被拒绝抛弃等心理特征也是身心健康的大敌。最后，在家庭和工作中碰到困难也会让人产生亚健康症状。

4）研究将上述亚健康评估系统开发成硬件产品。该硬件系统将为不同身心状态的人群提供其自身健康的预警信号，可为国民健康素质的监控提供科学而有效的工具。该工具可用广泛的应用于各级各类医院以及体检机构，作为"心理体检"的一项指标与工具，全面的反应受测者的身心健康状态，也可以作为考察疾病相关人群的生活质量考察的重要指标。

六、亚健康干预研究的现状

在 CNKI 的全文检索中，同时包含"亚健康"与"干预"的文献共计 15591 条。1998年之前，这类文章每年仅有零星出现；但自 1998 年起，涉及该内容的文献飞速增加。继当年出现 12 篇之后，1999 年 22 篇，2000 年 47 篇，2001 年 92 篇，2002 年 174 篇，2003年 310 篇，2004 年 448 篇，2005 年 748 篇，2006 年 1025 篇，2007 年 1420 篇，2008 年1784 篇，2009 年 1889 篇，2010 年 2274 篇，2011 年 2555 篇，2012 年 2449 篇。可见自21 世纪初，亚健康干预开始受到国内学界与日俱增的广泛关注，在过去 10 年间其文件数量基本上呈线性递增的趋势（图 8）。

上述文献中，包含"心理"的文献数目为 11704 条，占 75.1%，高居各类关键词之首；其次是包含"医学"的文献，共 11128 条，占 71.4%；其中包含"中医"的文献数目为 6224 条，包含"药物"的为 6923 条；包含"预防"的为 11086 条，占 71.1%；包含"教育"的为 10874 条，占 69.7%；包含"运动"的为 8232 条，占 52.8%。

从这个关键词分布可以看出，过去 10 年间国内亚健康干预研究领域，最受关注的是心理干预；其次是医学干预，其中药物干预和中医干预分量相当；此外，预防和教育是亚健康干预中的重头戏，运动干预也受到大部分研究者的关注。

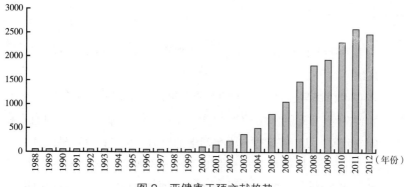

图 8　亚健康干预文献趋势

七、亚健康干预的主要方法与原则

从前面简单的文献调研可见，亚健康干预最受重视的方法是心理干预和医学干预，其中尤其表现出偏重预防、偏重教育的特点。此外，运动干预也很受研究者的青睐。在医学干预方面，来自中医的方法和来自药物的干预方法基本持平。

现有研究表明，亚健康干预主要采用非临床手段为主，辅以部分亚临床手段。例如，贴近日常生活的运动疗法，非药物的心理疗法以及更符合中国国民习惯的中医疗法等。采取这一原则的可能原因是，亚健康本身是一个由多种影响因素导致的、原因不明的状态；而当前的现代西方医学，所采用的技术主要都是针对单一明确靶标的方法，因而不适合用于亚健康干预。从这个理由出发，亚健康干预采取更为综合的、以推动个体健康调节能力为主的方案是符合实际情况的。

亚健康干预的另一个重要原则是超前干预，或者说预防为主。因为亚健康的表现通常要么不为人们所注意，要么仅仅是感觉有某些不适或者不便。因此，针对亚健康的干预必须建立在这种近乎"未病"的基础上，针对这些初步的不适或不便加以开展。而这一人群通常都不会离开工作和日常生活环境来专门干预，因此所采用的干预手段也必须有利于在日常生活中和工作之余得以实现。

八、亚健康干预的效果

（一）国内研究

在前述 15591 篇文献中，有 9597 篇都涉及了关于亚健康干预效果的评估，其中绝大部分得出的结论，都是干预具有显著的疗效。但若仔细分析，其中真正通过实证研究评估干预效果的报告比例较低。现分别将各方法的研究进展简述如下。

1. 心理疗法

目前常用的干预亚健康症状的心理疗法包括放松训练、认知行为疗法和音乐疗法。

（1）放松训练

放松训练不仅可以诱导机体进入松弛状态、减轻心理紧张、降低警觉水平，还可以降低交感神经的兴奋性、降低机体的负性应激水平、改善生理功能，如对心率和呼吸的调节、提高机体免疫力等，从而缓解工作和生活上的压力，促进机体的健康。

放松训练在亚健康领域的疗效已经得到了实证研究的支持。例如，肖靖琼等抽取以疲劳为主要症状的亚健康对象 60 例，随机分为实验组和对照组。对照组给予常规的健康教育，实验组进行 1 周的健康教育和 7 周的渐进式肌肉放松训练与脑电生物反馈训练。实验前后使用亚健康状态评价问卷、疲劳量表和血乳酸测定评价干预效果。结果发现，治疗后实验组血乳酸值、疲劳量表总分及躯体疲乏、脑力疲乏因子得分显著低于对照组，亚健康状态评价问卷总分及疲劳症状、精神症状、免疫力症状因子得分也显著低于对照组[10]。刘欢欢等采用康奈尔医学指数（CMI）问卷，筛选有亚健康症状的 40 名学生，随机分为亚健康的实验组和对照组，另选取心理健康的学生 20 名为健康对照组。研究者采用多媒体生物反馈系统对心理亚健康学生进行 5 次，每次 30 分钟的肌电生物反馈治疗。结果发现，生物反馈训练可以显著降低亚健康学生的肌电值和焦虑水平，并改善他们的睡眠质量[11]。中国科学院心理研究所与脑电分析设备厂家合作，开发了以脑电中特殊信号作为指标的亚健康反馈训练设备，并配合红光物理疗法。该综合疗法在汶川地震期间用于当地部分心理援助站的心理调节，取得了一定的干预效果。

（2）认知行为疗法

认知行为疗法是以美国心理学家贝克于 1976 年建立的认知治疗技术为基础，由认知理论和行为理论相互吸纳、相互补充形成的系统心理治疗方法。该疗法认为，认知过程决定着行为的产生，同时行为的改变也可以影响认知的改变。认知行为治疗方法就是要通过各种矫正技术改变患者不合理的认知观念，并时刻把认知矫正与行为矫正联系起来，从而使功能不良的认知、情绪、行为等症状减轻、消失[12]。

实验研究表明，认知行为疗法可以有效调节个体的心理亚健康状况。如，赵红等将 148 名心理亚健康护士按随机数字表法分为实验组和对照组各 74 名。对照组采用常规心理治疗（即支持性心理治疗），实验组在常规心理治疗基础上采用合理情绪疗法进行心理干预。入组时及干预 3 个月后，分别采用康奈尔医学指数（CMI）简化问卷、症状自评量表（SCL-90）和认知情绪调节问卷中文版（CERQ-C）进行调查。结果发现，干预 3 个月后实验组护士亚健康状况缓解率显著高于对照组，SCL-90 评分中躯体化、人际敏感、抑郁、焦虑、敌对 5 个因评分显著低于对照组；认知情绪调节问卷中积极应对得分高于对照组，消极应对得分低于对照组。结论是合理情绪疗法可改变护士不合理的信念，强化新的、合理的信念，提高护士的心理健康水平[13]。张姝等运用 CMI 问卷和面谈进行心理亚健康大学生筛查，在 101 名亚健康大学生中选取 38 名大学生进行 8 次团体辅导，其余为对照组成员。该研究中，团体辅导以改善心理亚健康状态为主题、以合理情绪疗法、行为疗法和来访者中心疗法为主要方法。团体辅导前后用康奈尔医学指数简化问卷（CMI）、症状自评量表（SCL-90）、焦虑自评量表（SAS）等测量被试的身心健康状态。干预前后的结果比较发现，结合合理情绪疗法、行为疗法和来访者中心疗法的团体辅导活动干可以显著降低团体成员的各量表的得分，改善他们的心理亚健康状态[14]。

（3）音乐疗法

音乐作为养生和医疗的手段在我国由来已久，而医学和心理学研究也表明音乐能改善人的身心健康状态[15, 16]。

音乐护理干预心理亚健康，是一种有效、经济、简单易行的方法。例如，黄素英等对31 例心理亚健康患者进行了为期 2 周（每天 2 次，每次 20 分钟）音乐护理的干预，并使用亚健康测试量表、焦虑测试量表、忧郁测试量表，评定干预效果。音乐护理前，71% 的心理亚健康患者感到情绪抑郁，经过音乐护理后下降到 42%；90% 的心理亚健康患者记忆力下降明显而经过音乐护理后下降到 42%；100% 的心理亚健康患者睡眠差、做噩梦，经过音乐护理后下降到 48%；81% 的心理亚健康患者常叹气，并非心情不好，只是觉得缺氧、胸闷，经过音乐护理后下降到 26%。该研究表明，音乐护理可以使患者在精神、心灵、记忆力、反应力与理解力方面取得较好的改善[17]。唐宏舟等根据阴阳五行及脏腑经络理论，选取《中国传统五行音乐》（正调式）为主要治疗手段，辨证实施五行音乐，观察和分析五行音乐疗法对特种人群心理亚健康不同中医证型的治疗前后效果。他们将处于亚健康状态的特种人群随机分为治疗组（五行音乐 + 常规疗养因子疗法）和对照组（常规疗养因子疗法），结果发现五行音乐对肝气郁结、血行瘀滞、心神惑乱、心脾两虚及心胆气虚等证候有明显的改善作用[18]。贾学芳等对在北京军区北戴河疗养院保健疗养的军队干部发放《军队干部亚健康调查问卷》，根据心理部分得分情况确定入选人员，将入选人员按症状不同分为焦虑、抑郁、强迫、敌对四个组，分别选择不同的音乐处方给予治疗，音乐疗法在音乐治疗室内进行，每次 40 分钟，每天 1 次，15 天为一个疗程。音乐治疗时，辅以自动按摩仪背部按摩。结果表明音乐治疗一个疗程后，心理症状四因子中焦虑、抑郁、强迫三个因子得分均下降，且前后对照有显著性差异[19]。

2. 中医药疗法

中医学无"亚健康状态"这一说法，但中医的"未病"学理论的形成却比西医学早得多。早在春秋战国时期，《素问·序》中就提出医学的目的首先是"消患于未兆""济羸劣以获安"，其次才是治病。《黄帝内经》中记载"圣人不治已病治未病，不治已乱治未乱"。其中的"未兆""羸劣""未病"等正是现在所谓的"亚健康状态"。中医学对亚健康的认识从理论探讨到临床研究等方面都潜存巨大的优势，近十几年也有很多临床研究为中医药干预亚健康提供科学依据。

（1）中药对亚健康状态的治疗效果

刘静等通过文献调查发现，治疗亚健康常用的中药有 107 味，其中以黄芪、当归、茯苓、白术、白芍等最为多见。结论：通过对亚健康中医药治疗类文献研究发现亚健康的常用方剂为和解剂、补益剂、祛湿剂等起到疏肝理脾、补益气血、健脾利湿的作用，常用中药以补益药、利水渗湿药、安神药等多见[20]。

国内已有很多研究表明这些常用的中药方可以有效地改善亚健康状态。例如，许明德等观察了自拟的祛湿饮对 50 例"亚健康"患者的治疗效果，并与服用芬必得、胃酶合剂、吗丁啉、谷维素的西药对照组进行了对比。结果发现治疗 10 天后，两组总有效率分别为 92% 和 44%。经 Ridit 检验，两组疗效有显著性差异[21]。汪瑜菡等选择 96 例患者随机分为治疗组和对照组，治疗组以自拟安神解郁汤为主方，对照组服用谷维素片、VitB₁

和安眠药舒乐安定。4 周后比较 2 组治疗前后匹兹堡睡眠质量指数（PSQI）评分、WHO 生存质量量表（WHOQOL-100）评分变化，发现两组的 PSQI 评分、WHOQOL-100 评分较治疗前均有显著好转；治疗后两组 PSQI 评分组间差异不显著，但治疗组 WHOQOL-100 评分治疗组显著优于对照组[22]。李伟等在其研究中对 21 例有亚健康失眠症状的大学生，进行中药治疗；对 22 例有亚健康失眠症的大学生进行基于认知行为疗法（CBT）的团体心理辅导；另设对照组不进行任何干预。结果发现，干预结束后，中药组及 CBT 组的匹兹堡睡眠质量问卷得分显著下降，表明中药治疗和 CBT 心理干预亚健康失眠症同等有效[23]。

一些研究者曾尝试对中医药干预亚健康临床随机对照试验的疗效和安全性进行系统评价。他们通过检索 Cochrane 临床试验注册库、MEDLINE、EMBASE、中国生物医学文献数据库（CBM）、万方数据库、中国知网数据库（CNKI）和维普全文期刊数据库（VIP）等中文数据库，全面搜集有关中医药干预亚健康的随机对照试验。通过对搜集到的研究进行分析，发现中药干预亚健康有肯定的效果[24, 25]。

（2）中医外治法对亚健康状态的研究进展

中医外治法又称物理疗法，是指通过各种外治手法刺激经络、经筋、皮部等局部或全身部位，激发和引导经络系统，实现疏通经络，平衡阴阳，调节脏腑气血功能，提高人体自身抗病能力和康复能力，从而使机体的正常活动得以恢复和维持，使机体内部正气旺盛，免疫功能增强，起到防治疾病和强身健体的作用。传统的中医外治法包括针灸、推拿按摩、刮痧、火罐、穴位贴敷等。

姜英在其研究中对 30 亚健康个体进行针刺结合氦氖激光血管内照射治疗，发现调治后亚健康个体症状自评量表的躯体化、强迫、抑郁、焦虑等因子得分显著下降[26]。何玲玲将 60 例高校心理亚健康学生随机分为实验组与对照组，实验组采用穴位按摩结合情志疗法，对照组采用心理健康教育方法，教育内容涉及心理问题的认识、心理问题的干预调节、自我意识与心理健康、健康人格培养、情绪调适、建立和谐人际关系等。于干预前后采用焦虑自评量表（SAS）、抑郁自评量表（SDS）对 2 组学生进行评分，并对其结果进行统计分析。结果经过 4 周干预后，2 组的 SAS，SDS 评分均比干预前显著降低，表明两种干预方法均能有效地改善高校心理亚健康群体的焦虑、抑郁状态；干预后两组 SAS，SDS 评分比较，差异均有统计意义，表明实验组对学生心理亚健康状态的改善作用显著优于对照组[27]。唐红珍等用推拿刮痧治疗慢性失眠症患者，对改善失眠患者的睡眠质量、睡眠时间和睡眠效率等方面均有显著作用。胡桂兴等实验结果也表明背俞穴刮痧可以有效治疗治疗亚健康睡眠障碍[28]。尹建平等将 64 例亚健康患者随机分为实验组和对照组，实验组使用由附子、公丁香、肉桂、人参、细辛、皂荚、冰片等制成的扶元如膏敷贴大椎、至阳、关元、膻中等穴位，每穴每天 1 克/次。对照组口服谷维素，每天 3 次，每次 15mg。经过 20 天的治疗后发现，实验组治疗的有效率为 94.12%，对照组的有效率为 70%，统计分析结果表明治疗组的效果显著高于对照组[29]。这些研究结果表明各种中医外治法均有一定的疗效，且不同疗法各有其特点和优势。

3. 运动疗法

有关亚健康的运动干预和效果评估，国内已有丰富的文献报道。

一些研究在大样本中证明了有氧运动干预亚健康的效果。例如，张冬敏等将 590 名有亚健康症状的大学生随机分为实验组 305 人和对照组 285 人。对实验组进行 24 周的（每周 5 次，每次 45 分钟）健身操训练，而对照组无任何干预。训练前后用康奈尔医学指数量表（CM I 量表）、症状自评量表（SCL-90）和焦虑自评量表（SAS）进行评定。结果发现健身操可以显著降低个体 CMI 和 SCL-90 得分[30]。

另外一些研究分析了运动时间对眼健康的影响。例如，刘波等采用跟踪调查法对 543 名大学生进行两年的跟踪调查，分析运动时间对大学生亚健康状态的影响。结果显示：一年内，每周运动时间增加 1 小时及其以上即可明显改善大学生的亚健康状态；相反，每周运动时间减少 1 小时及其以上则会对大学生的健康带来不良影响[31]。

有些研究则指出，根据个体的不同状态选择合适的运动处方进行针对性的运动干预比自由锻炼效果更佳。例如，许德顺等采用目前国际上测试亚健康常用的 Zung 氏抑郁自评量表及将列有 30 项有关个人健康的问题的自编问卷选取存在亚健康状态的大学生 322 人，将其随机分为实验组和对照组。并按照个体的特点，将实验组中被试进一步分为神经衰弱型、心理抑郁型、情感偏差型、缺乏自信型和急躁易怒型等不同的亚健康类型。研究者为不同类型的个体配以相应的运动处方，要求个体在规定的项目中选择 1-2 项体育运动进行锻炼。每次锻炼时间 20 分钟，每周 4 次，对照组自由锻炼。经过 3 个月的干预发现，实验组的亚健康发生率和 Zung 氏抑郁自评量表得分都有显著下降，而对照组无显著变化[32]。赵红勤等将 112 名处在亚健康状态中的女生随机分为实验组和对照组。对照组保持其日常的生活学习状况，实验组以小组形式进行 12 周的针对个体不同情况制定的健康体适能训练（包括心肺能力练习、肌肉能力训练和牵伸练习）。两组在实验开始前和结束后均进行健康体适能的评测，并用《亚健康状态自评量表 SRSHS》《心理健康诊断测验量表》和《锻炼感觉量表》进行测定。实验结果发现，在经过 12 周的专项体适能训练后，实验组学生的各项体适能项目得分较实验前有明显进步，同时亚健康自评分值有显著降低，与对照组比较出现显著性的差异[33]。

还有一些研究探索了体育运动和其他疗法结合的干预效果。如谢东北等采用康奈尔医学指数量表筛选处于心理亚健康状态的大学生 67 名，分为心理辅导组和心理辅导 + 体育锻炼组。另选取 40 名平时无运动习惯、心理健康的大学生作为正常对照组。心理辅导组只接受学校固定的心理辅导老师的针对性心理辅导，每周 1 次，共 8 周；心理辅导 + 体育锻炼组除了心理辅导外，每周至少运动 3 次。正常对照组不参加心理辅导，运动要求同心理辅导 + 体育锻炼组。以焦虑自评量表（SAS）、抑郁自评量表（SDS）、匹兹堡睡眠质量问卷（PSQ I）检测焦虑、抑郁和睡眠质量，评价干预的效果。结果发现，心理辅导 + 体育锻炼 4 周和 8 周后心理亚健康大学生抑郁严重程度指数、SAS 标准分和 PSQ I 总分均明显下降，且心理辅导 + 体育锻炼组的效果好于单纯的心理辅导组。这一结果表明体育锻炼配合心理辅导是改善心理亚健康大学生人群不良心理状态的有效手段[30]。

（二）国外研究

国际学界虽无亚健康之名，但类似的研究多收录在一些原因不明、客观症状不显著的疾病，如慢性疲劳综合征（chronic fatigue syndrome）等之中。在 pubmed 数据库中，用 chronic fatigue syndrome 和 clinical trial 进行搜索，共有 415 篇文章，其中有 52 篇符合标准。这些文章中，有 40 篇的对象是成年人，1 篇是儿童，另外 2 篇既有成年人又有儿童，剩余 9 篇没有报告相关信息。这 52 篇文章中包含 6 大类，31 种方法。具体内容包括。

1. 行为学方面

在行为学方面，主要方法是渐进性运动疗法（graded exercise therapy，GET）和认知行为疗法（cognitive behavioral therapy，CBT）或者对渐进性运动疗法辅以氟西汀（Fluoxetine）、将认知行为疗法（cognitive behavioral therapy）与透析白细胞提取液（dialyzable leukocyte extract）结合。除此之外，还有近些年来兴起的正念减压疗法（mindfulness-based stress reduction，MBSR）。具体说来，渐进性运动疗法的目标是帮助病人逐步地找回合适的行为活动，消除去条件化，进而减少疲劳和各种不适。例如，在治疗初期，医生与病人协商制定基本的活动量，并通过心率指标进行检测，最终达到一周五次，每次 30 分钟的轻度练习强度。在此目标完成的基础上再根据病人的反馈来设定下一阶段的目标。认知行为疗法的目标是消除那些不利于症状恢复的行为和认知因素，例如，医生协助病人建立合理的活动、休息以及日常的睡眠模式，之后对行为和心理活动进行逐步地改善，发现并解决在计划实施过程中来自自身或者外界的阻碍等。正念减压疗法则是由正念冥想和正念瑜伽组成的 8 周训练课程，目的是帮助个体形成对此时此刻不加评判的注意态度。在这个过程中，不断地关爱自己的身体，减少内心的不良情绪。

行为学上的研究发现，渐进性运动疗法，相对控制组来说，不仅在生理、心理方面有明显改善，同时还可以对于提升个体的生活质量和整体健康[34-36]。但将渐进性运动疗法同氟西汀结合，并没有发现特定的优势[35]。相类似地，认知行为疗法在治疗慢性疲劳综合征方面也有着积极效果[37-39]。经过认知行为疗法干预的群体在 5 年后的追踪研究中，在整体改善和康复比率方面仍然保持显著优势[40]。认知行为疗法同非指导性的心理咨询相比较，在应对慢性疲劳综合征方面并没有显著差异[41, 42]，同渐进性运动疗法相比也无显著差异[43]，但是在减少病人疲劳，改善病人机体功能方面的效果显著好于医护手册指导[37, 44]。而正念减压疗法，同样能够改善个体健康状况，改善生活质量[45]。

2. 免疫学方面

通过对于免疫系统的调治，也可以缓解慢性疲劳综合征症状。现有研究中的治疗方法涉及药物包括免疫球蛋白（Immunoglobulin）、γ－球蛋白（γ－Globulin）、安普利近（ampligen）、特非那定（terfenadine）、α－干扰素（α–interferon）、葡萄球菌类毒素（staphylococcus toxoid）等。

有研究发现免疫球蛋白疗法可以提升个体的生理健康水平，以及提升个体的生活质量和整体健康水平[46-48]，但也有研究没有发现进行免疫球蛋白输液在生理、心理、生活质量和整体健康水平方面都没有改善[49]。究其原因，作者认为虽然实验中的被试都是经过疲劳综合征标准进行筛选的，但是因为样本量大（99人），所以仍然可能与前人研究的被试群体存在异质性。γ－球蛋白对于个体的生活质量和整体健康水平同样都有显著的改善[50]。安普利近通过增进个体日常生活中的活动量，减少认知缺陷，降低对其他药物的需求量，同样起到缓解症状的作用[51]。另外，葡萄球菌类毒素注射同样可以显著改善个体的生活满意程度，对23名被试的追踪调查发现治疗效果可以保持2～6年[52]。但是有些药物的适用性存在局限，比如对于α－干扰素来说，此类药物只对Natural Kilter细胞功能异常的慢性疲劳患者有效，能够改善他们的生活质量，而对于其他被试没有显著改善[53]。而口服特非那定则对于症状没有明显效果[54]。

选择药物的治疗过程，可能会出现副作用，其中免疫球蛋白疗法导致了5名被试报告有严重后果：包括2名有严重的全身症状[55]，1名皮疹[49]，1名肝功能衰竭[48]，1名被试因第一次输液导致静脉炎[48]。同时需要注意的是，免疫球蛋白血液与透析白细胞提取液属于血液产品，对于他们是否会引发感染需要引起关注。除此之外，还有3名被试因为α－干扰素导致嗜中性白血球减少症和心悸而退出实验[52]。

3. 药理学结果

通过药物来治慢性疲劳综合征也是较为常见的方法。文献中证实的药物包括氢化可的松（hydrocortisone）、口服烟酰胺腺嘌呤二核苷酸（oral reduced nicotinamide adenine dinucleotide）、司来吉兰（selegiline）、对乙酰氨基酚（acetaminophen）、利妥昔单抗（rituximab）等等。其他诸如吗氯贝胺（moclobemide）、阿昔洛韦（acyclovir）、氟西汀（fluoxetine）、苯乙肼（phenelzine）、双异丁硫胺（sulbutiamine）、氢溴酸加兰他敏（galanthamine hydrobromide）、生长激素（growth hormone）药物并没有发现在应对慢性疲劳方面有显著的效果。

具体说来，有研究证明持续一个月的低剂量氢化可的松（hydrocortisone）（每月5mg或每月10mg与安慰剂相比，可以显著改善被试在生理方面的功能不良，改善被试的生活质量[55]。如果将剂量改为每天早上13mg/m^2，晚上3mg/m^{2}口服氢化可的松同样可以改善被试的生活质量[56]。口服烟酰胺腺嘌呤二核苷酸对于个体的生活质量改善同样有较好的作用[57]。其他药物也有较好的效果，例如，对乙酰氨基酚能提升慢性疼痛患者的痛阈[58]，利妥昔单抗能降低个体的疲劳程度[43]。除此之外，司来吉兰药物对于被试降低紧张、焦虑情绪，提高精力，改善夫妻关系也有较好的作用[59]。

4. 补品

毫无疑问，补品也是治疗慢性疲劳的手段之一。必需脂肪酸（essential fatty acid）、镁（magnesium）、动物肝浸膏（liver extract）、一般补品（general supplements）都是研究中所涉及的内容。

必需脂肪酸可以改善被试的疲劳感、肌痛等方面的问题[60]。镁则在提升精力，改善情绪状态，减少疼痛方面可以发挥较好的作用[61]。对于一般补品，有研究发现可以改善个体的身体机能[62]，但是也有研究没有发现它的显著效果[63]。

5. 辅助疗法

气功、针刺疗法、整骨疗法（osteopathy）、按摩疗法（massage therapy）、社会支持（social support）、混合治疗（combination）都被应用于慢性疲劳综合征的调养过程中来，并且都取得了较好的效果。

例如，气功在缓解个体的疲劳症状、恢复心理机能方面效果显著[64]，针刺疗法对于个体的生理、心理疲劳感觉都有显著改善[65]。整骨疗法、按摩疗法都可以恢复个体的身体状况，改善情绪状态，提高生活质量[66, 67]，社会支持对于个体的慢性疲劳来说也是很好的帮助，有益于个体身体状况的恢复[68]。另外，对于各种方法的结合在生活质量方面同样可以取得较好的效果[69, 70]。

九、存在的问题

虽然目前关于亚健康的干预方法及效果评估的研究已经取得一定成果，但该领域的研究还存在着一些不足，如：①虽然在过去 10 年间其文件数量基本上呈线性递增的趋势，但大部分研究还仅限于描述性的对策研究，实证性研究还非常少。②在这少量的实证性研究中，绝大多数采用单一干预方法，缺乏在一个研究中对各干预方法的效果进行系统、全面的比较和探讨，因此无法得出各干预方法的效果差异，进而难以提出最佳的干预方案。③干预研究的测评工具主要是量表调查，多指标的综合对比研究相对较少。虽然量表测评是客观、科学的效果评估方法之一，但每一个量表的研究领域和反映症状都有一定的局限性，再加上通常的研究仅采用个别或较少量表评价，必然使研究结果的进一步深入探讨受到限制，不利于我们对该领域更深的认识。

十、结语

随着科学的进步与发展，现代医学模式正在向生物－心理－社会医学模式转变，与此对应的，健康也被重新定义为生理、心理和社会关系三者的完美结合的状态。亚健康是处在健康状态和疾病状态之间的"第三状态"，有人将其形象地称为"灰色状态"。亚健康本身不是病，但如果应对不及时却可能向疾病状态转化，而如果能对亚健康进行及时调控则可以恢复健康状态。

现有的研究表明，亚健康状态是心理与环境相互作用的结果。外在的生活环境、自然环境和社会环境，都会通过各种渠道作用于人类的身心系统；而个人在该环境下具体会产生哪些身心改变，则取决于心理素质和心理状态。在当今这个地球整体环境不容乐观、国际局势复杂动荡、经济金融跌宕起伏的时代，要寻求一个安定、平和的客观环境实属不易。因此，加强人们的心理素质，改善心理状态，增强心理韧性，可能是消除乃至避免亚健康状态的重要途径。

虽然目前我们对亚健康发生的机理还没有统一的认识，但可以肯定的是，形成亚健康的原因是多样的、复杂的。因此在防预和调节亚健康时，一方面要鼓励亚健康个体综合采取各种有效的调节方法，如通过了解更多的心理学知识增强自我调节能力、坚持适当的运动、保持健康的作息规律，在比较严重的情况下及时寻求专业人士的帮助等。另一方面要加强亚健康发生机制和干预方法的科学研究，制定完善、有效地干预方案，保障国民的身心健康、提高生活质量、维护社会和谐。

参 考 文 献

［1］Glahn D，Reichenberg A，Frangou S，et al. Psychiatric neuroimaging：Joining forces with epidemiology［J］. European Psychiatry，2008，23（4）：315-319.

［2］郑恒，崔丽萍. 试述亚健康状态与慢性疲劳综合征之异同［J］. 华南预防医学，2007，（33），32-35.

［3］张桂欣，许军. 亚健康的测量［J］. 中国全科医学，2007，（10），923-925.

［4］史红，田心. 试论调节"六腑"在中医调理亚健康状态中的重要作用［J］. 天津中医药，2004，（21），494-495.

［5］Heim C，Wagner D，Maloney E，et al. Early adverse experience and risk for chronic fatigue syndrome -Results from a population-based study［J］. Archives of General Psychiatry，2006，63（11）：1258-1266.

［6］Murray Jr T L. An empirical examination of Bowen natural systems theory as it applies to fibromyalgia syndrome［D］. University of Florida，2005.

［7］Hempel S，Chambers D，Bagnall A M，et al. Risk factors for chronic fatigue syndrome/myalgic encephalomyelitis：a systematic scoping review of multiple predictor studies［J］. Psychological Medicine，2008，38（7）：915-926.

［8］Dirnagl U，Simon R P，Hallenbeck J M. Ischemic tolerance and endogenous neuroprotection［J］. Trends in Neurosciences，2003，26（5）：248-254.

［9］王文丽，周明洁，张建新. 亚健康的心理危险因素：模型与进展［J］. 心理科学进展，2010，（11）：1722-1733.

［10］肖靖琼，周郁秋，张秀花，等. 健康教育结合放松训练对亚健康者疲乏状态的影响［J］. 护理学杂志，2012，（03）：68-70.

［11］刘欢欢，张小远，赵静波，等. 军队医科院校心理亚健康学生肌电生物反馈干预研究［J］. 第四军医大学学报，2004，（22）：2048-2050.

［12］ 许若兰. 论认知行为疗法的理论研究及应用［J］. 成都理工大学学报（社会科学版），2006，（04）：63-66.

［13］ 赵红，张平. 合理情绪疗法在心理亚健康护士中的应用研究［J］. 护理学杂志，2011，（01）：61-63.

［14］ 张姝，郝善学. 团体辅导改善大学生心理亚健康水平的研究［J］. 中华文化论坛，2009，（03）：168-171.

［15］ 郑璇，徐建红，龚孝淑. 音乐疗法的进展和应用现状［J］. 解放军护理杂志，2003，（07）：42-43.

［16］ 卢银兰，赖文. 近20年来音乐疗法的研究概况［J］. 上海中医药杂志，2002，（01）：46-49.

［17］ 黄素英，杨霞. 音乐护理在心理亚健康患者中的应用［J］. 现代护理，2004，（12）：1150-1151.

［18］ 唐宏舟，江南，张秀玲，等. 五行音乐对特勤人员心理亚健康不同中医证型治疗前后比较［J］. 中国疗养医学，2012，（09）：775-776.

［19］ 贲学芳，高凤，彭江红. 音乐疗法干预军人心理亚健康32例分析［J］. 中国疗养医学，2005，（04）：257-258.

［20］ 刘静，年莉，于春泉. 中医药干预亚健康的文献评价研究［J］. 辽宁中医杂志，2012，（01）：30-32.

［21］ 许明德，周贤刚. 祛湿饮治疗亚健康50例临床观察［J］. 四川中医，2003，（06）：33-34.

［22］ 汪瑜菡，颜红，陈立伟. 自拟安神解郁汤治疗亚健康人群失眠临床观察［J］. 中医药临床杂志，2007，（04）：367-368.

［23］ 李伟，李长瑾，叶人，等. 中药和认知行为干预对亚健康失眠转归的影响［J］. 实用医学杂志，2010，（09）：1648-1651.

［24］ 吴名，居建，陈功德. 中医药干预亚健康临床随机对照试验的系统评价［J］. 中国全科医学，2009，（24）：2265-2267.

［25］ 于春泉，石仁军. 中药复方干预亚健康随机对照试验的系统评价［J］. 辽宁中医杂志，2011，（09）：1707-1711.

［26］ 姜英. 针刺结合氦氖激光血管内照射调整人体亚健康状态30例［J］. 河北中医，2005，（03）：204-205.

［27］ 何玲玲. 穴位按摩结合情志疗法对高校学生心理亚健康的干预［J］. 甘肃中医学院学报，2012，（06）：62-64.

［28］ 唐红珍，颜世俊，黄丽雪. 推拿刮痧治疗慢性失眠症78例临床观察［J］. 广西医学，2010，（07）：795-797.

［29］ 尹建平，金远林，王海燕. 扶元乳膏穴位敷贴治疗亚健康疲劳症34例［J］. 中医外治杂志，2008，（01）：22-23.

［30］ 张冬敏，金红，杜习利，等. 健身操干预大学生心理亚健康研究［J］. 中国社区医师（医学专业），2012，（32）：46.

［31］ 刘波，潘莉. 运动时间对大学生亚健康状态影响的跟踪调查［J］. 山东体育学院学报，2008，（05）：46-48.

［32］ 许德顺，刘永峰. 心理亚健康运动处方实验研究［J］. 广州体育学院学报，2005，（02）：81-83.

［33］ 赵红勤. 健康体适能练习在亚健康女生中的应用［J］. 金华职业技术学院学报，2012，（01）：36-39.

［34］ 谢东北，钟富有. 体育锻炼对大学生心理亚健康作用的实验研究［J］. 中国实用医药，2008，（30）：207-208.

［35］ Fulcher K Y, White P D. Randomised controlled trial of graded exercise in patients with the chronic fatigue syndrome［J］. British Medical Journal, 1997, 314（7095）：1647-1652.

［36］ Wearden A J, Morriss R K, Mullis R, et al. Randomised, double-blind, placebo-controlled treatment trial of fluoxetine and graded exercise for chronic fatigue syndrome［J］. British Journal of Psychiatry, 1998, 172：485-490.

［37］ Powell P, Bentall R P, Nye F J, et al. Randomised controlled trial of patient education to encourage graded exercise in chronic fatigue syndrome［J］. British Medical Journal, 2001, 322（7283）：387-390.

［38］ Prins J B, Bleijenberg G, Bazelmans E, et al. Cognitive behaviour therapy for chronic fatigue syndrome：a multicentre randomised controlled trial［J］. Lancet, 2001, 357（9259）：841-847.

［39］ Lloyd S, Chalder T, Rimes K A. Family-focused cognitive behaviour therapy versus psycho-education for adolescents with chronic fatigue syndrome：long-term follow-up of an RCT［J］. Behav Res Ther, 2012, 50（11）：719-725.

［40］ Lopez C, Antoni M, Penedo F, et al. A pilot study of cognitive behavioral stress management effects on stress, quality of life, and symptoms in persons with chronic fatigue syndrome［J］. Journal of Psychosomatic Research,

2011, 70（4）：328–334.

［41］ Deale A，Husain K，Chalder T，et al. Long–term outcome of cognitive behavior therapy versus relaxation therapy for chronic fatigue syndrome：A 5–year follow–up study［J］. American Journal of Psychiatry，2001，158（12）：2038–2042.

［42］ Ridsdale L，Godfrey E，Chalder T，et al. Chronic fatigue in general practice：is counselling as good as cognitive behaviour therapy? A UK randomised trial［J］. British Journal of General Practice，2001，51（462）：19–24.

［43］ Chisholm D，Godfrey E，Ridsdale L，et al. Chronic fatigue in general practice：economic evaluation of counselling versus cognitive behaviour therapy［J］. British Journal of General Practice，2001，51（462）：15–18.

［44］ Ridsdale L，Hurley M，King M，et al. The effect of counselling，graded exercise and usual care for people with chronic fatigue in primary care：a randomized trial［J］. Psychological Medicine，2012，42（10）：2217–2224.

［45］ White P D，Goldsmith K A，Johnson A L，et al. Comparison of adaptive pacing therapy，cognitive behaviour therapy，graded exercise therapy，and specialist medical care for chronic fatigue syndrome（PACE）：a randomised trial［J］. Lancet，2011，377（9768）：823–836.

［46］ Schmidt S，Grossman P，Schwarzer B，et al. Treating fibromyalgia with mindfulness–based stress reduction：Results from a 3–armed randomized controlled trial［J］. Pain，2011，152（2）：361–369.

［47］ Rowe K S. Double–blind randomized controlled trial to assess the efficacy of intravenous gammaglobulin for the management of chronic fatigue syndrome in adolescents［J］. Journal of psychiatric research，1997，31（1）：133–147.

［48］ Peterson P K，Shepard J，Macres M，et al. A Controlled Trial of Intravenous Immunoglobulin–G in Chronic Fatigue Syndrome［J］. American Journal of Medicine，1990，89（5）：554–560.

［49］ Lloyd A，Hickie I，Wakefield D，et al. A Double–Blind，Placebo–Controlled Trial of Intravenous Immunoglobulin Therapy in Patients with Chronic Fatigue Syndrome［J］. American Journal of Medicine，1990，89（5）：561–568.

［50］ Vollmerconna U，Hickie I，Hadzipavlovic D，et al. Intravenous immunoglobulin is ineffective in the treatment of patients with chronic fatigue syndrome［J］. American Journal of Medicine，1997，103（1）：38–43.

［51］ Dubois R E. Gamma–Globulin Therapy for Chronic Mononucleosis Syndrome［J］. Aids Research，1986，2：S191–S195.

［52］ Strayer D R，Carter W A，Brodsky I，et al. A Controlled Clinical–Trial with a Specifically Configured Rna Drug，Poly（I）Center–Dot–Poly（C12u），in Chronic Fatigue Syndrome［J］. Clinical Infectious Diseases，1994，18：S88–S95.

［53］ Andersson M，Bagby J R，Dyrehag L E，et al. Effects of Staphylococcus toxoid vaccine on pain and fatigue in patients with fibromyalgia chronic fatigue syndrome［J］. European Journal of Pain–London，1998，2（2）：133–142.

［54］ See D M，Tilles J G. Alpha interferon treatment of patients with chronic fatigue syndrome［J］. Immunological Investigations，1996，25（1–2）：153–164.

［55］ Steinberg P，Mcnutt B E，Marshall P，et al. Double–blind placebo–controlled study of the efficacy of oral terfenadine in the treatment of chronic fatigue syndrome［J］. Journal of Allergy and Clinical Immunology，1996，97（1）：119–126.

［56］ Cleare A J，Heap E，Malhi G S，et al. Low–dose hydrocortisone in chronic fatigue syndrome：a randomised crossover trial［J］. Lancet，1999，353（9151）：455–458.

［57］ Mckenzie R，O'fallon A，Dale J，et al. Low–dose hydrocortisone for treatment of chronic fatigue syndrome –A randomized controlled trial［J］. Jama–Journal of the American Medical Association，1998，280（12）：1061–1066.

［58］ Forsyth L M，Preuss H G，Macdowell A L，et al. Therapeutic effects of oral NADH on the symptoms of patients with chronic fatigue syndrome［J］. Annals of Allergy Asthma & Immunology，1999，82（2）：185–191.

［59］ Meeus M，Ickmans K，Struyf F，et al. Does Acetaminophen Activate Endogenous Pain Inhibition in Chronic Fatigue Syndrome/Fibromyalgia and Rheumatoid Arthritis? A Double–Blind Randomized Controlled Cross–over Trial［J］. Pain Physician，2013，16（2）：E61–E70.

［60］ Natelson B H，Cheu J，Hill N，et al. Single–blind，placebo phase–in trial of two escalating doses of selegiline in the chronic fatigue syndrome ［ J ］. Neuropsychobiology, 1998, 37（3）: 150–154.

［61］ Behan P O, Behan W M H, Horrobin D. Effect of High–Doses of Essential Fatty–Acids on the Postviral Fatigue Syndrome ［ J ］. Acta Neurologica Scandinavica, 1990, 82（3）: 209–216.

［62］ Cox I M, Campbell M J, Dowson D. Red–Blood–Cell Magnesium and Chronic Fatigue Syndrome ［ J ］. Lancet, 1991, 337（8744）: 757–760.

［63］ Stewart W, Rowse C. Supplements help ME says Kiwi study ［ J ］. J Altern Complement Med, 1987, 5（Pt 9）: 19–22.

［64］ Martin R W, Ogston S A, Evans J R. Effects of vitamin and mineral supplementation on symptoms associated with chronic fatigue syndrome with Coxsackie B antibodies ［ J ］. Journal of Nutritional and Environmental Medicine, 1994, 4（1）: 11–23.

［65］ Ho R T, Chan J S, Wang C W, et al. A randomized controlled trial of qigong exercise on fatigue symptoms, functioning, and telomerase activity in persons with chronic fatigue or chronic fatigue syndrome ［ J ］. Ann Behav Med, 2012, 44（2）: 160–70.

［66］ Wang J J, Song Y J, Wu Z C, et al. ［Randomized controlled clinical trials of acupuncture treatment of chronic fatigue syndrome］［ J ］. Zhen Ci Yan Jiu, 2009, 34（2）: 120–124.

［67］ Perrin R N, Edwards J, Hartley P. An evaluation of the effectiveness of osteopathic treatment on symptoms associated with myalgic encephalomyelitis. A preliminary report ［ J ］. J Med Eng Technol, 1998, 22（1）: 1–13.

［68］ Field T M, Sunshine W, Hernandezreif M, et al. Massage therapy effects on depression and somatic symptoms in chronic fatigue syndrome ［ J ］. Journal of Chronic Fatigue Syndrome, 1997, 3（3）: 43–51.

［69］ Shlaes J, Jason L. A buddy/mentor program for PWCs ［ J ］. CFIDS CHRONICLE, 1996: 21–25.

［70］ Marlin R G, Anchel H, Gibson J C, et al. An evaluation of multidisciplinary intervention for chronic fatigue syndrome with long–term follow–up, and a comparison with untreated controls ［ J ］. Am J Med, 1998, 105（3A）: 110S–114S.

［71］ Goudsmit E. Learning to cope with post–infectious fatigue syndrome, a follow–up study ［ J ］. The Psychological Aspects and Management of Chronic Fatigue Syndrome, 1996.

撰稿人: 罗　非　张建新　王偲偲　王　玉　周明洁　王　力

面向长期航天作业环境的
心理学研究[*]

一、前言：空间飞行与人类心理

　　载人航天是综合国力的体现，具有重大的社会和科学意义。人类载人航天经过近五十年的发展，面临着目前空间站和未来载人登月和火星探测等长期空间飞行的巨大挑战。航天员空间作业能力是顺利完成空间飞行任务的保障，是决定空间飞行任务成败的关键。早在 20 世纪六七十年代，美国和苏联在一系列短期载人飞行计划中观察了航天员飞行中基本生理指标的变化，认识到空间飞行环境会对人体的心血管、前庭等系统产生负面效应，其中的一些症状（如空间运动病）会严重威胁到航天员的工作和生活，甚至导致航天任务的失败。此后，随着空间飞行时间的延长，相关学者开展了大量的研究，发现了许多生理系统，如骨骼肌肉系统、中枢神经系统等，在空间飞行环境中都将发生结构与功能的改变，并可能影响航天员的健康和工作绩效，导致航天员空间作业能力下降。对此，各国投入了大量的人力和财力，组织并开展了一系列的相关研究，以期明确航天员长期空间飞行作业能力的变化规律，从而制定科学合理的有效防护措施，以保障空间飞行任务的顺利完成。2005 年 2 月，美国国家航空和宇宙航行局（NASA）颁布了"航天医学路线图"，描述了深空探测人类必须面临的 45 个风险，与人的健康和能力有关的达 33 个，而直接与人的作业能力相关的则高达 12 个之多。同年 8 月，NASA 在"人研究项目（HRP）"中，提出要进一步针对长期空间任务中人的健康问题与降低绩效风险开展研究。但迄今为止该领域的研究工作还远远不够系统、深入。

　　现阶段，世界各航天大国都在利用大量的地面模拟失重技术和航天飞行任务，开展长期空间飞行所致航天员作业能力变化规律及其机制的研究，以期能在长期空间飞行中航天员安全健康的同时，稳定和提高其作业绩效。在我国，随着载人飞行事业的逐步发展，航

　　* 本研究部分受国家重点基础研究发展规划项目（2011CB711000），中国科学院重点部署项目（KJZD–EW–L04），国家自然科学基金面上项目（71071150，31170976）和北京市重点学科建设项目资助支持。

天员在太空中停留的时间也越来越长。因此，明确长期空间飞行对人作业能力的影响及其机制，是我国载人航天发展战略必须面对的迫切需求，也是采取合理防护措施，保障航天员健康、稳定、高效地开展空间作业的前提条件。

二、长期航天作业环境的特点及其对人类心理的影响

（一）长期航天作业环境与人类身心系统

航天员是载人航天的主体，在长期空间飞行中承担着飞行监控、航天器在轨维修和组装、科学实验等繁重作业任务。航天员的这一系列复杂而重要的操作性任务都需要良好的生理状态和认知功能为基础。因此，关于太空环境如何影响人类的生理活动和认知能力的研究对人类进一步探索宇宙具有重大意义。

在航空航天任务中，人类长期处于狭小密闭空间，既要受到失重、高噪等恶劣物理环境的考验；又需适应远离人群、社会沟通极具受限等传统社会环境缺失可能带来的孤独感（loneliness）和社会隔离感（social isolation）；更要经受昼夜节律缺失、认知负荷大、作业强度高的挑战。失重、昼夜时长变化和极端幽闭环境等特有的空间环境因素，均会加重航天员的身心负荷，影响航天员的作业精度和持久性，降低航天员的空间作业绩效，严重情况下甚至会导致飞行任务的失败。

例如，长期的失重环境是对人体影响最为直接，也是太空与地面存在显著差异的因素之一。它可以导致机体出现体液向头分布、心血管调节功能障碍、骨丢失、肌萎缩等生理性改变，进而引起航天员神经中枢系统调控、运动、操作能力下降，降低作业绩效，甚至造成飞行任务的失败。而昼夜时长变化和极端幽闭环境会引起生物节律紊乱和心理异常反应，影响认知、决策能力，表现在：选择反应时、记忆、语法推理、数学加工、注意转换、模式再认、非稳定的追踪任务以及双任务的绩效受损，但没有证据显示会有持续的认知能力下降[1]。此外，不同的飞行时间对人体各生理系统的影响程度存在较明显的差异。如，短期飞行（＜15天）主要影响前庭功能和心血管系统，表现为空间认知错觉和返回后立位耐力不良。随着飞行时间的延长，骨丢失、肌肉萎缩、生物节律的改变和长期飞行后神经中枢结构和功能重塑等问题越来越凸显。

因此，现有的观点认为，超过30天的中长期航天飞行中，骨肌系统的运动功能下降以及长期失重飞行带来的人体、心理和认知层面的障碍，将是制约人类进行深空探测和火星探险等长期飞行的主要因素。

（二）失重对人类身心系统的影响

长期失重是空间飞行中人体所面临的最大挑战，也是造成航天环境下航天员作业绩效

不同于在地条件的根本原因。载人航天为研究微重力状态下人的生理和心理反应提供了极为珍贵的机会。

目前国际上对航天员的在轨研究主要集中在对生理系统变化的测量。大量研究结果表明，作为太空环境区别于地球环境的一个重要因素，失重会导致人类体液和骨肌系统的适应性改变，例如，减小肌肉力量和骨密度，导致骨骼钙质缺失，引起肌强直性营养不良、纤维肌痛[2]，进而使航天员运动、操作能力下降[3]。失重也可降低心血管效率[4]，使头部血压和颅内压将增高，还会引起迷走神经压力反射反应和产生起立性低血压[5]。失重对激素分泌[6]以及神经系统[7]的正常生理活动存在不同程度的干扰，引发体液向头和躯干上部的再分布、免疫系统的改变、神经前庭系统以及视觉功能的变化等[8-11]。但目前尚未见研究报道失重对于人类脑功能变化的影响。

基于这些生理变化，人类认知活动的基础——感知觉，例如视觉[12]、听觉[13]、前庭觉[12, 14]在失重状态下也受到了相应的影响。一些早期研究发现了所谓的在轨效应，即长期飞行中某些认知能力的相对改变，或发现失重状态下部分认知功能受到了损害[15, 16]。例如，发现在太空中人的认知表现，如短时记忆提取的速度、准确性以及逻辑推理能力没有受到损伤，但是在需要较好手动控制能力的不定追踪任务中，绩效明显下降。还发现航天员记忆搜索速度受损。在短期的太空飞行中视觉运动程序和高级注意功能受到干扰。此外，航天条件下，人体的重力感受器所接收的信息与在地条件相比发生了巨大改变，航天员无法正常感知自身的重量、头部的活动，产生定向错觉[17]，甚至可能无法判断自身与外部视觉环境的相对运动。再如，嗅觉信息的加工可能会受到身体姿势的影响[18, 19]，且这种影响是由于仰卧或者倒立姿势，增加了头部的血液循环，引起一定程度的鼻腔拥堵[20, 21]。但目前还没有充分的证据表明不同的身体姿势可以直接或间接地通过改变血液循环来影响人类嗅觉功能[22-24]。

由于真实失重条件难以实现，亦有大量研究使用头低位卧床的方法来模拟失重条件，探讨卧床过程中认知功能是否发生变化[25-30]。Lipnicki 和 Gunga[30]综述了 17 项关于卧床的研究，发现卧床对认知功能的影响结论不一致[30]。如部分研究发现，卧床会对执行功能产生不利的影响[29, 31]，但亦有研究报告，某些基本认知功能，如工作记忆等并不受模拟失重的影响[32-34]，甚至有报道卧床后执行功能得到了提高[35]。

然而，这些研究普遍存在着诸如使用的样本量小、结果变异大、缺乏可预期的解释等缺陷，并且研究主要集中在简单和主要的单通道感觉，如前庭觉、视觉、听觉。然而很少有研究涉及其他与失重和空间环境相关的感知觉，如嗅觉、时间知觉等。而关于失重等空间环境对人类更高级的心理功能，如多任务作业、判断与决策等影响的研究，则更为罕见[36]。目前，欧洲航空局（European Space Agency，ESA）和 NASA 等研究机构正在进行一系列的研究[37, 38]。除基本认知能力外，这些研究更注重探索在长期航天环境的部分特性（如缺少重力参照信息、缺少时间节律参照信息）影响下，个体各感觉通道（如视觉、听觉和嗅觉）及不同通道感觉信息的整合可能发生的变化，以及这些特性如何影响了航天环境中决策、心理负荷等高级认知功能的变化。

（三）航天作业环境与人类高级认知功能

航天作业是心理负荷水平较高的作业。所谓心理负荷，是指单位时间内人体承受的心理活动工作量，它是反映人机系统状况的一项重要指标（Hankins & Wilson，1998）。在空间站的复杂系统作业中，航天员往往需要同时处理监视、控制、决策等多项任务，需要及时处理大量信息并作出正确的反应，而失重、空间狭小等因素也会造成航天员心理负荷的变化。多任务负荷和环境变化都会引起航天员的心理负荷改变，直接影响航天员的作业效率和准确性，影响空间站人机系统效率和可靠性，可能导致航天员无法完成预定任务。NASA 自 1983 年开始进行了一系列实验，采用一些研究方法如 MATB[39]等，围绕着飞行员和航天员心理负荷的评测和改进进行研究，并且对心理负荷的研究在过去的二十多年间从未停止。心理学和人因工程学领域也对此展开了很多研究，并总结出了心理负荷的模型，如 D. W. Jahs、T. B. Sheridan 和 C. D. Wickens 的心理负荷模型等。但我国尚缺乏这方面的研究。

决策是对行为的选择——选择做什么或者不做什么，是人类的高级认知活动之一。长期空间飞行中，影响航天员决策的主要成分包括：风险、时间、合作等。作为一项高级认知功能，风险决策对个体应对微重力环境时的不确定性具有重要作用。航天员在涉及风险（尤其是包含可能损失）的情境中的决策偏好，是决定航天员在复杂和紧急状态下决策质量的关键因素之一。然而，鲜有研究探索个体风险决策是否会受到模拟微重力条件的影响。少数头低位卧床发现，受试者在卧床期间与外界的接触较少，与熟悉环境的隔离和社会接触的缺少等，都有可能导致心理和行为发生变化[26]。而具有更高水平的孤独感或社会隔离的人可能具有更多的问题赌博行为[40]。此外，在卧床期间，受试者可能表现出更多抑郁特征，也有更差的情绪[41, 42]。以抑郁病人为研究对象的研究发现，抑郁病人更加风险规避[43]。但是，Lipnicki 等人发现在卧床期间，受试者在爱荷华赌博任务（Iowa Gambling Task）中的表现更差[44]。因此，我们难以据现有证据预测失重状态会对个体风险决策造成何种影响。

由于空间飞行时间较长，航天员也需要对各种资源（如燃料、氧气、食品等补给品）的消耗进行良好的规划，航天员在跨期选择中的决策偏好，决定了航天员在涉及时间决策中的决策质量，从而影响到航天员作业的长期绩效。跨期选择（intertemporal choice）通常包含了人们对于近期且数额更小的结果和远期且数额更大的结果间进行的决策。研究发现，人们通常会更加偏好即刻或近期的结果。研究者普遍认为，这种选择可能代表了人们在资源分配中自我控制的倾向性，是倾向于即刻满足（选择近期且小额的选项），还是进行自我控制的选择（选择远期且大额的选项）。对于长期空间飞行，由于涉及飞行时间较长，所有消耗资源均只有固定数额的配备，因此，航天员在涉及时间的决策中，尤其在资源匮乏时能否进行良好的资源规划与分配，能否控制即刻满足的冲动，是航天员进行良好决策的关键指标之一。但目前尚未见研究报告人类在长期空间飞行或长期模拟失重条件下的跨期选择倾向。

航天员在飞行任务中需不时面临一些紧急情况，比如"神五"返回，当穿过稠密大气层的时候，杨利伟看到飞船舷窗外的涂层出现裂痕的时候，以为是舷窗出现了裂痕。在失重情况下，航天员的判断是否和正常情况下相同？他们的判断是否会随着理解失重的时间而发生变化？这些问题对于航天飞行任务的成功非常重要。应急决策是在突发事件中面对紧急情境时做出的一种快速决断，其与常规的决策相比具有不确定性强、时间紧迫、资源有限和高压力等特点。在常规情况下的大量研究证明，即使信息内容不变，信息表征的方式也会影响人们的判断和决策，这就是框架效应（framing effect）[45]。而其实早在20世纪40年代，社会心理学家发现在信息内容不变的情况下，最先出现的信息比后面出现的信息具有更大的影响[46]，这称为首因效应（primacy effect）。而在审计领域，一些研究却发现存在近因效应（recency effect），也就是最后呈现的信息对于判断的影响比前面的信息更大[47]。风险信息的不同顺序表达也可能对接收者对风险状况紧急程度判断的影响。那么人们对紧急状况的印象形成是否会收到信息呈现顺序的影响？并且是否会受到失重情况的影响？这些问题还未得到过实证研究。

长期空间飞行也可能对航天员亲社会行为（如合作行为）产生影响，从而降低航天员的作业绩效。长期模拟失重环境为探讨合作行为变化规律提供了平台。在以往美国和苏联的长期载人航天飞行中（水星号飞船、阿波罗号、天空实验室等），已经观察到航天员之间亲社会行为（如合作行为）发生改变，从而影响航天员的作业[48]。除了高压力、高风险、隔离受限制的环境对合作行为可能有影响外，长期失重本身也可能会因血液的头向分布等生理因素变化引起合作行为的变化。因此，在失重条件下，航天员的社会行为特征是否和正常情况下相同？他们的行为特点是否会随着模拟失重的时间进程而发生变化？这些问题对于航天飞行任务的顺利执行非常重要。但是对于高级的社会行为特点，比如攻击性行为和社会决策行为的影响，研究甚少。

三、国内在面向长期航天作业环境的心理学研究进展

我国学界在长期航天作业环境的心理学研究领域起步较晚，已有研究主要分三部分：基本认知功能方面集中在视觉和嗅觉等，高级认知功能方面集中于记忆、心理负荷和决策，并对情绪进行了部分研究。在近3年，我国学者已经通过常规地面实验、模拟失重实验和在轨实验结合的手段，获得一些有意义的结果。

（一）长期航天作业环境与人类脑功能

静息状态的脑功能磁共振成像是fMRI技术的一种应用形式。所谓静息状态（resting-state），是指清醒的休息状态或无任务状态。以往研究提示静息状态下脑能量是由功能有意

义的固有的神经元活动所消耗的；从这种能量消耗的观点出发，当前研究者通常认为静息状态下的脑活动至少与任务诱发活动一样重要[49]。已有研究表明，卧床模拟的失重条件下，人的心血管系统、体液调节、骨骼肌肉和骨骼新陈代谢均会发生变化[50]。据此推测，有可能人脑能量代谢也会发生变化，并可能通过静息状态功能磁共振成像检测到。但目前尚未见这方面的研究报道。

静息状态脑功能活动可从两种层面刻画。①局部脑活动：即利用低频振荡检测休息状态下某些脑区的局部活动。常用的方法有 ReHo（regional coherence，局部一致性）方法、ALFF（amplitude of low frequency fluctuation）方法及其改进方法 fALFF。②功能整合：即利用低频振荡检测脑区之间的功能连接情况，识别功能网络[49]。

李纾课题组通过结合这两类方法，对卧床前后受试者静息状态脑功能活动变化进行了系统的研究[51]。卧床前后 2 次 fMRI 实验发现：经历 45 天头低位卧床后，受试者的静息状态脑功能活动发生显著变化。其默认网络脑区局部自发活动降低，默认网络内及默认网络脑区与左侧缘上回功能连接强度减弱（见图 1）；辅助运动区自发活动增加，但功能连接强度不变。据此，研究者认为，这些变化可能与长期卧床导致的能量需求减少以及皮层可塑性有关。

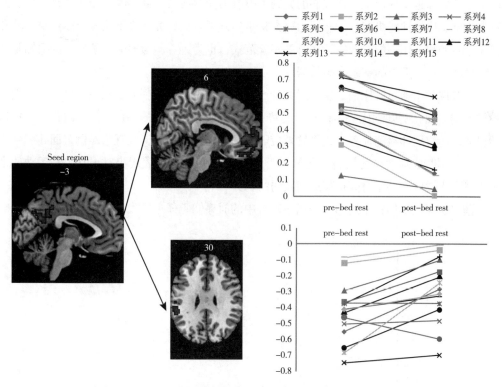

图 1 卧床前后默认网络功能连接差异

（左图为种子区，右图显示与种子区有显著功能连接差异的脑区及卧床前后该脑区平均功能连接强度值）

（二）长期航天作业环境与人类的基本认知功能

1. 重力状态改变影响视知觉加工过程，引发相应脑区活动规律的改变

在个体自身运动和视知觉方面，我国学者蒋毅课题组以特异性视知觉加工过程——面孔和生物运动的倒置效应为主要研究对象，考察了生物运动知觉特异性的心理与神经机制，从知觉稳定性使用双眼竞争、面孔与生物运动信息的识别、时间知觉以及面孔和生物运动信息知觉等不同任务范式考察三方面考查了长期模拟失重状态（卧床实验）下人的视觉加工变化规律。同时采用 fMRI 的方法考查了模拟失重对人脑视觉功能区活动规律的影响。并选择部分典型实验任务，进行了空间站在轨实验。

在前期地面研究中，蒋毅课题组首次发现了生物运动信息在时间维度上的加工存在特异性，即正立生物运动相对于倒立刺激的主观时间膨胀效应，这一效应在将整体结构信息打乱的情况下依然存在[52]。此外，蒋毅课题组利用生物运动朝向辨别任务考察运动速度在生物运动知觉中的作用，发现生物体运动速度调节受试者对其运动方向辨别的敏感性，而局部运动在这一过程中具有关键的作用[53]。上述研究结果挑战了生物运动知觉是一个单一现象的观点，说明至少有两种不同水平的加工在起作用，即基于整体结构信息的加工以及基于局部运动的加工。在我们的大脑中很有可能存在对局部生物运动尤其是其包含的重力信息敏感的神经机制。这些行为研究初步确立了航天任务条件下测量个体自身运动和视知觉间的相互作用的有效指标和有效实验范式，也为进一步考察失重条件下的视知觉加工特异性提供了重要的基础实验数据。

蒋毅课题组通过卧床前、中、后共计 5 次实验发现：卧床削弱了双眼竞争中正立面孔相对于倒立面孔的知觉优势，但这一趋势在卧床后重新恢复（见图 2）。在面孔与生物运动识别方向辨别和检测任务中，倒置效应随时间推移逐渐变小，表现为对倒置面孔和生物运动刺激判断成绩的显著提高（见图 3）。时间知觉任务中也表现出对正立生物运动的主观时间膨胀效应随卧床时间推移逐渐减弱的趋势。

褚宇明课题组则在单通道和跨通道整合中的时序知觉任务中发现，卧床条件并未影响

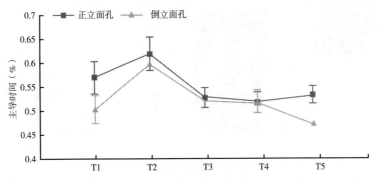

图 2　卧床前（T1）、中（T2、T3、T4）、后（T5）双眼竞争任务中面孔主导时间的变化
（误差线表示 ±SE）

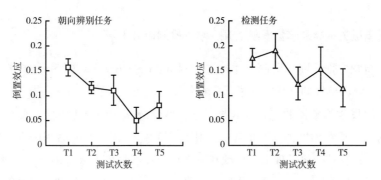

图 3 卧床前（T1）、中（T2、T3、T4）、后（T5）生物运动知觉任务倒置效应的变化

（倒置效应＝（正立条件正确率－倒立条件正确率）/（正立条件正确率＋倒立条件正确率）；误差线表示 ±SE）

听觉的时序知觉，但对卧床前、中期视觉敏感性和视听整合的时序知觉产生影响。后者主要表现在判断的主观相等点偏移，倾向于认为听觉刺激出现于视觉刺激之前。

此外，蒋毅课题组发现负责生物运动知觉的 pSTS（posterior superior-temporal sulcus）区在卧床前表现出对生物运动刺激的倒置效应，即对正立的刺激的激活强度强于倒立刺激。而卧床后 pSTS 对正立和倒立的生物运动刺激的激活差异减少了，表明模拟长期失重对生物运动的加工产生了神经层面的影响（见图4）。另外，专门负责运动知觉的 MT 区对正倒立生物运动刺激的激活差异在卧床前后并无显著变化，说明上述脑活动的改变不是由于对一般性运动的知觉发生变化引起的。负责房屋知觉的 PPA（parahippocompal place area）区和负责面孔知觉的 FFA（fusiform face area）区也没有表现出相应刺激倒置效应受卧床影响的趋势，进一步提示失重引发的脑功能改变可能具有很强的领域特异性。

这些研究结果说明失重会影响面孔与生物运动刺激的特异性视觉加工过程，并引发相应脑区活动的规律性改变，为面孔和生物运动信息的表征部分依赖于重力参照系提供了支持证据，也暗示了长期失重条件可能对航天员的视觉认知过程产生影响。随后的在轨实验发现了类似的结果，即生物运动知觉的倒置效应在在轨飞行之后显著降低，进一步证实了失重对生物运动知觉的影响。

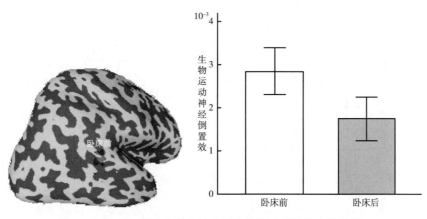

图 4 右侧 STS 区卧床前和卧床后生物运动倒置效应的差异

2. 长期模拟失重导致嗅觉阈限上升，嗅觉检测能力下降

在人类嗅觉方面，周雯课题组通过实验测试 45 天 –6° 头低位卧床（模拟失重）状态下人的嗅觉探测敏感性的变化，探索了失重状态对人类嗅觉感知的潜在影响。

该课题组发现嗅觉探测能力在长期 –6° 头低位卧床期间显著下降。受试者的嗅觉阈限（图 5 的二分稀释梯度值，其值越大，则阈限越低）在卧床前后和卧床中有明显的变化（$p<0.001$），且其变化呈现出二次项和三次项非线性趋势（$ps<0.01$）。具体来看，卧床开始后，阈限对应的二分稀释梯度值逐渐下降，并于第 27 天达到最低。随着卧床的持续，阈限对应的二分稀释梯度值有所回升，但在整个卧床期间，始终没有超过卧床前的水平。卧床结束后经过一段时间的身体恢复训练，阈限对应的二分稀释梯度值迅速恢复甚至高于卧床前的水平。这种恢复的嗅觉探测能力在平卧和 –6° 头低位的后测中都能观察到。进一步对比后测的两次嗅觉探测能力测验的结果显示，阈限对应的二分稀释梯度值在 0° 卧床测试和 –6° 卧床测试中没有显著差异（$p=0.59$，图 6 左图），但对于同样的 –6° 头低位卧

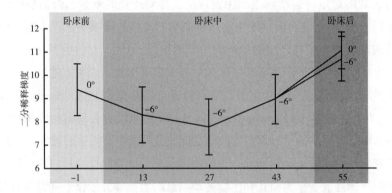

图 5　受试者在长期 –6° 头低位卧床前后和卧床中嗅觉探测能力的变化
（横轴代表距离卧床开始的天数，纵轴代表阈限对应的二分稀释梯度值，其值越小，表明样本稀释程度越小，因此受试者的嗅觉阈限越高、嗅觉感受性越低）

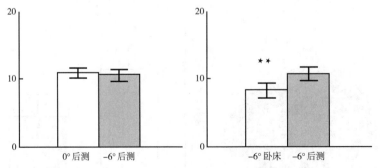

图 6　左图表明阈限对应的二分稀释梯度值在两次后测（分别为 0° 和 –6° 头低位卧床姿势）中没有显著的差异；右图表明阈限对应的二分稀释梯度值在后测中要显著高于卧床中（都为 –6° 头低位卧床姿势）

床姿势测试，阈限对应的二分稀释梯度值在后测中要显著高于在 45 天卧床期间的三次测试的平均值（$p=0.002$，图 6 右图）。造成这种结果的一个可能的原因是 –6° 头低位卧床的姿势本身并不能显著影响受试者的嗅觉探测能力，长期模拟失重的状态才是导致其嗅觉敏锐度下降的主要原因。另一个可能的原因是 –6° 头低位卧床的姿势本身会降低受试者的嗅觉敏感性，但是随着卧床的持续进行，受试者逐渐适应这种身体状态，其嗅觉探测能力也相应地逐渐恢复并保持到卧床后的恢复训练时期。

为了检验上述的哪种解释更有可能性，周雯等设计了控制实验。控制组除了受试者不需要进行长期 –6° 头低位卧床之外，其他方面与实验组一致。他们对控制组的数据分析发现，受试者的嗅觉探测能力在 6 次测试间没有显著的差异（$p=0.13$），也就是说，在不进行长期 –6° 头低位卧床的情况下，–6° 头低位姿势本身相对于平卧并不会影响嗅觉的探测阈限，因此不会显著改变其敏感性。因此，实验组受试者在长期卧床过程中降低的嗅觉敏感性，很可能是长期模拟失重的状态导致的。这为进一步考察长期失重状态相关的神经生理的变化对人类嗅觉加工的影响提供了研究的基础。这些研究成果可以使我们进一步了解嗅觉的加工机制以及身体状态对嗅知觉的影响，也为载人太空飞行提供了一定的指导信息。

（三）长期航天作业环境与人类的高级认知功能和情绪

1. 长期模拟失重导致前瞻记忆、情绪和抑制与执行控制功能受损

北京师范大学周仁来课题组在模拟失重条件对记忆和情绪影响的方面，进行了一系列研究。

在记忆方面，该课题组在女性受试者中，利用 15 天 –6° 头低位卧床实验，采用工作记忆 2–back 任务，发现卧床期间被试的工作记忆成绩变化趋势与对照组一致，在 –6° 头低位卧床模拟失重条件下，被试并未出现工作记忆能力的损害。研究认为，与航天特殊环境相比，在模拟失重条件下，个体的认知功能未受损，这很有可能与头低位卧床环境未能诱发被试的临床焦虑与抑郁情绪有关[54]。但该课题组利用 45 天 –6° 头低位卧床实验，发现在男性样本中，前瞻记忆反应的正确率和检查时间的频率在卧床期间和卧床后下降。周仁来等人认为，有氧身体活动的缺乏或者前额叶皮质的变化可能是导致基于时间的前瞻记忆伴随长时期 HDBR 下降的原因[55]。

在情绪方面，该课题组发现，在 15 天头低位卧床实验中，女性受试者的贝克焦虑量表（BAI）分数表现出明显的高低变化波形曲线，贝克抑制自评问卷（BDI）分数和正性负性情绪量表（PANAS）消极情绪分数均表现出随着卧床的进行而缓慢降低的趋势，但被试在卧床期间并未出现临床焦虑和抑郁情绪。尽管受试者的积极情绪分数稳定，但卧床组的焦虑量表得分表现出损害 – 恢复趋势。作者认为，头低位卧床使女性志愿者情绪经历从紧张、容易激动到平静，从痛苦到适应的过程[56, 57]。该课题组另一项研究结合了生理和主观情绪报告的方法，考察了男性受试者在 45 天 –6° 头低位卧床实验中的情绪变化。研

究结果发现，与卧床前 2 天相比，被试在卧床期间（卧床第 11、20、32 和 40 天）皮肤电反应显著减弱，心率降低，正性情绪下降；心率变异性的结果显示，与卧床两天相比，被试的心率高频（HF）值在卧床第 32 天和卧床后 8 天显著下降；BDI、BAI 结果表明整个卧床期间被试并未表现出临床上的焦虑和抑郁情绪。研究表明，–6° 头低位卧床模拟失重条件会影响情绪和生理活动[31]。

此外，该课题组也考察了模拟失重条件对个体抑制和执行控制功能的影响。如，该课题组采用数字 Stroop 任务测试女性志愿者的抑制能力。发现卧床第 5 天，卧床组的抑制功能明显下降，到卧床第 10 天恢复到卧床前的基线水平并与对照组持平，卧床结束后抑制能力继续提高且与对照组无差异。作者认为，头低位卧床对女性抑制功能的影响表现为由损害到恢复的发展变化过程。[57]。另一项研究中，该课题组采用 Flanker 任务，考察了健康男性在 45 天 –6° 头低位卧床模拟失重条件下执行控制能力的变化趋势。研究结果发现，与卧床前 2 天相比，被试在卧床期间执行 Flanker 任务的反应时显著增加。这表明，–6° 头低位卧床模拟失重条件会对个体执行控制能力产生损伤，并同时影响情绪和生理活动[31]。

2. 长期模拟失重未影响心理负荷行为绩效，对脑认知活动存在潜在影响

在情境意识与心理负荷方面，孙向红课题组探索了长期模拟失重状态对航天员的多任务操作绩效的影响。他们采用了经典的模拟航天复杂作业的多属性任务成套测试（MATB，multi–attribute task battery），整合了仪表监控、追踪、通信、资源管理等认知任务，通过操纵各种属性任务的难度、信息显示方式和设备的自动化水平，在连续 45 天的 –6° 头低位卧床模拟失重条件下，进行了心理负荷的测试任务。

初步的结果发现，MATB 的行为操作绩效受到难度水平的影响，但难度对不同任务的影响方向不同：追踪和通信的正确率表现为难度越低绩效越好（见图 7），但资源管理绩效和通信反应时表现为难度越高绩效越好，而难度水平对监控任务的绩效影响不大。总体

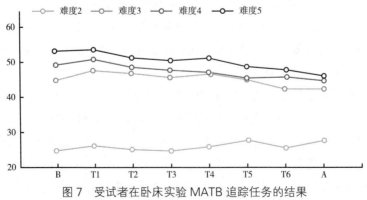

图 7　受试者在卧床实验 MATB 追踪任务的结果

（纵坐标是偏离中心点的平方根，值越大说明追踪绩效越差。横坐标是测试阶段。B 是卧床前测试，A 是卧床后测试，T1–6 是卧床中测试）

来说，长期头低位条件并未对受试者绩效产生明显影响，受试者的多任务操作绩效基本保持稳定，并没有出现认知绩效受损的情况。这可能与受试者的适应和练习效应所带来的绩效增长抵消了头低位对认知的消极影响有关，也可能是由于第一次测试是在受试者模拟失重卧床3天以后，很可能受试者的操作绩效已经恢复到了一定的水平。

EEG结果表明，在45天的长期模拟失重状态下，受试者操作MATB时的EEG在各频段都有显著变化（见图8）。这表明，长期头低位条件对受试者的脑认知活动存在着潜在的影响，但就目前的任务难度来说，未达到行为绩效上的变化。心电数据显示卧床前后在某些难度水平下，RR间期均值和PNNSD时间有显著变化，PNNSD反映的是迷走神经的张力大小，表明头低位卧床对于受试者的迷走神经张力有影响。而随着卧床时间的增加，RR间期均值和PNNSD值呈现下降趋势，HRV总体来讲并没有明显变化趋势，但都在第4次施测时出现了显著减小。NASA Task Load Index心理负荷的主观评估结果显示，受试者认为最高难度任务的心理负荷较大，而其他难度任务之间的心理负荷相当。

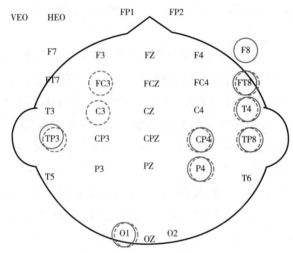

图8　受试者在卧床实验操作MATB时各个电极点在头
低位条件下的 β 波段的 EEG 变化

（实线圈示 β_1 波段时间主效应显著的电极点，虚线圈示 β_2 波段时间主效应显著的电极点）

3. 典型航天作业条件影响决策

中国科学院心理研究所李纾课题组以典型航天作业条件相关的主要决策过程为主要研究对象，重点开展了模拟长期失重条件对人类决策及相关认知功能影响的研究，探讨了长期模拟失重条件对不同类型决策的影响及其神经机制。同时，李纾课题组还在空间站实验中，对风险决策和跨期决策中人类决策的特征和变化规律进行了验证性实验。

在风险决策部分，李纾课题组使用BART任务测量了受试者的风险决策偏好。BART任务已被证明具有较好的信效度，是测量风险偏好的有效工具[58]。受试者内单因素重复

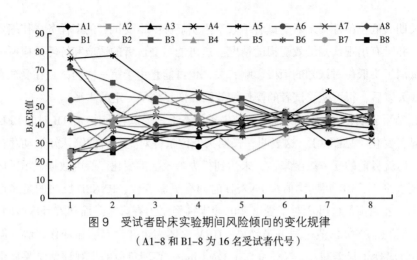

图9　受试者卧床实验期间风险倾向的变化规律

（A1–8和B1–8为16名受试者代号）

测量方差分析的结果表明，测试点的效应不显著，$p>0.05$，表明受试者的风险倾向不随着卧床时间的增加而发生变化。对各测试点进行配对样本 T 检验的结果，亦未发现受试者的风险倾向在不同的测试点有所不同，$ps>0.05$。这些结果表明卧床对风险决策没有显著的影响。

在跨期选择部分，李纾课题组使用经典的二择一任务范式测量了受试者的跨期选择偏好。实验中，给受试者呈现时间较近和时间较远的两个选项（金额表示得钱数额，时间表示获得该金钱的时间），要求受试者在选项中按照自己的偏好选择一个。研究发现，受试者进行自我控制选择的比例具有显著的测试时间、数额差异和时间间隔的主效应，以及测试时间与数额差异和延迟时间的交互作用，$ps<0.001$。具体来说，R7—28 测试点，受试者进行自我控制选择的比例均高于前测，$ps<0.05$；说明受试者在卧床后，进行自我控制选择的比例呈增高趋势，但到 R28 时间点后，该比例又逐渐下降至卧床前水平。此外，对于各测试时间点，数额差异大小不同时，受试者自我控制选择比例间的差异呈变化趋势，从R28 开始，间隔时间长时，数额大小条件间的差异消失，至 R41 时，无论延迟时间长短，数额大小条件间均无差异。后测时，该效应呈恢复趋势，但未达到显著水平，$ps<0.10$。这些结果说明，个体在卧床不同阶段跨期决策中倾向不同，卧床前期至中期，跨期决策中的冲动控制倾向呈增加趋势，且卧床后期个体对于不同属性跨期决策的敏感性呈下降趋势（见图 10）。

此外，李纾课题组还进行了风险决策和跨期决策的空间站行为实验。其研究结果显示，在轨飞行环境对航天员的风险倾向、跨期决策倾向有影响，且该作用表现出了显著的个体差异。这些结果说明，与一般人相比，航天员的风险倾向处于风险中性；航天员的风险倾向稳定性更高；个别航天员会受到航天环境的影响；地面模拟器的绩效预测在轨手控对接的绩效会受到稳定性因素的调节。

在紧急决策部分，李纾课题组以言语材料为刺激，考察了受试者是否对内容相同而顺序不同的紧急状况言语描述形成不同的判断？受试者的判断是否会随着模拟微重力实验时间的延长而改变？受试者被随机分成两组，对内容相同的紧急状况言语描述，按照相反的

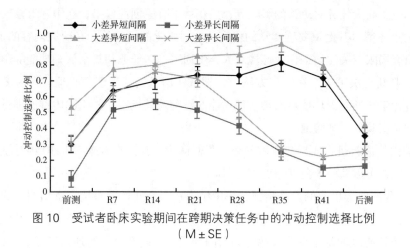

图 10　受试者卧床实验期间在跨期决策任务中的冲动控制选择比例
（M±SE）

顺序进行测试：一组听到的场景的描述严重程度从高到低（比如，刹车失灵，挂挡困难，喇叭不响，雨刷失灵，座椅破损，车门掉漆）；另一组听到的顺序相反（车门掉漆，座椅破损，雨刷失灵，喇叭不响，挂挡困难，刹车失灵）。研究发现，场景信息的言语报告顺序对个体的判断具有显著影响：当让受试者听到的场景描述由轻微到严重（相对于相反顺序）时，受试者判断紧急状况更为严重（近因效应），但是判断的严重程度并不因卧床时间的变化而变化[59]。这些研究发现与重力条件下相关的研究结论一致。

最后，李纾课题组在攻击性与社会行为方面发现，在卧床实验期间，受试者在竞争性反应时游戏中选择最高强度噪音的次数随卧床的时间呈增长趋势。且在最后通牒游戏中，参与者的接受程度随方案公平性的下降而逐渐降低。

这些研究说明，长期模拟失重条件对决策及其相关功能的影响不一致。长期模拟失重条件可能导致不同个体的风险倾向变化趋势产生差异，降低其在跨期决策中进行自我控制的倾向，增加其攻击性行为倾向。但该条件不影响个体对公平性的决策倾向和对紧急状况的判断。该结果有利于认识人类决策的机制，亦有助于探索个体在长期空间飞行时决策倾向的变化规律。

四、我国发展趋势与展望

随着我国航天事业的发展，我国心理学界在航天心理学领域的研究发展也日新月异，不仅对航天员选拔、训练以及心理干预等方面进行了广泛的研究，近年更着重探索长期空间飞行对人类心理影响的机制。与国外同类研究相比，这些研究密切依托我国航天事业发展的实际需求，从以往保密应用研究逐步转为民用基础研究，不仅获得了诸如国家重点基础研究发展规划项目"973"计划、中国科学院重点部署项目等的资助，并已形成了我国航天心理学特有的研究范式，取得了创新性成果。如，研究内容紧紧围绕着与空间任务密切相关的特异性心理功能展开，如重量参照系对视知觉的影响，模拟失重对时间知觉的影响，复杂和应急航天任务对决策的影响等，并获得了有原创性成果；在国际上首次开展了长期模拟失重环境对其他重要感知觉的研究，如对嗅觉的影响等。在研究内容的范围上，突破以往研究局限，关注航天作业环境对人类多通道、多任务和复杂认知功能的影响，如心理负荷，判断与决策等；在研究方法上，尝试使用基因、生理、心理、行为多层面证据，汇聚性探索长期航天环境对人类心理功能的影响及其机制，并于国内首次进行了地面实验与空间站实验的交叉验证。

结合国内外最新研究成果与发展趋势，我们认为，我国在未来5～10年对航天心理学领域的研究，可以从两个角度考虑进行布局。

1）结合我国航天事业的发展步骤，集中精力在与空间任务直接、密切相关的心理特征和心理功能上，积累并挖掘大量基础数据，通过多种研究技术和方法的交互验证，探索航天环境中个体心理的基本变化规律，如空间知觉、时间知觉、跨通道知觉、躯体感觉、操作能力、紧急决策等。力求这些研究结果能直接应用在我国载人航天工程计划中航天员选拔、训练、科研等方面。

2）围绕我国航天事业的发展中长期规划，在一些具有前瞻性的重要方向上着手进行探索性研究，进行基础数据的收集和积累，如探索极端物理环境（视听觉线索缺失、极端温度等）、极端社会环境（长期隔离幽闭、小团体）、高不确定或高风险环境等对个体及团体心理和作业能力的影响。这些研究结果将可以从航天器、航天计划的规划设计等方面，为我国载人航天事业的发展提供基础理论支持和依据。

综上，尽管起步较晚，成果相对薄弱，但籍着我国航天事业迅速发展的契机，可以预期，在不久的将来，航天心理学将成为我国心理学界的一支新葩。

参 考 文 献

［1］Casler J G，Cook J R. Cognitive performance in space and analogous environments ［J］. International Journal of Cognitive Ergonomics，1999，3（4）：351–372.

［2］McDonald C M. Physical activity，health impairments，and disability in neuromuscular disease ［J］. American Journal of Physical Medicine & Rehabilitation，2002，81（11）：S108–S120.

［3］Aubert A E，Beckers F，Verheyden B. Cardiovascular function and basics of physiology in microgravity ［J］. Acta Cardiologica，2005，60（2）：129–151.

［4］Kirsch K，Rocker L，Gauer O，et al. Venous pressure in man during weightlessness ［J］. Science，1984，225（4658）：218–219.

［5］Convertino V A，Doerr D F，Eckberg D L，et al. Head–down bed rest impairs vagal baroreflex responses and provokes orthostatic hypotension ［J］. Journal of Applied Physiology，1990，68（4）：1458–1464.

［6］Cintro N，Lane H，Leach C. Metabolic consequences of fluid shifts induced by microgravity ［J］. The Physiologist，1990，33（1 Suppl）：S16.

［7］Narici L，Bidoli V，Casolino M，et al. ALTEA：Anomalous long term effects in astronauts. A probe on the influence of cosmic radiation and microgravity on the central nervous system during long flights ［J］. Advances in Space Research，2003，31（1）：141–146.

［8］ Aamodt S. Neurolab Launches the decade of the brain into space ［J］. Nature Neuroscience, 1998, 1（1）: 10–12.

［9］ Borchers A T, Keen C L, Gershwin M E. Microgravity and immune responsiveness: Implications for space travel ［J］. Nutrition, 2002, 18（10）: 889–898.

［10］ Fitts R H, Riley D R, Widrick J J. Physiology of a microgravity environment invited review: Microgravity and skeletal muscle ［J］. Journal of Applied Physiology, 2000, 89（2）: 823–839.

［11］ Williams D R. The biomedical challenges of space flight* ［J］. Annual Review of Medicine, 2003, 54（1）: 245–256.

［12］ Mergner T, Rosemeier T. Interaction of vestibular, somatosensory and visual signals for postural control and motion perception under terrestrial and microgravity conditions—a conceptual model ［J］. Brain Research Reviews, 1998, 28（1）: 118–135.

［13］ Montgomery L, Parmet A, Booher C. Body volume changes during simulated microgravity: Auditory changes, segmental fluid redistribution, and regional hemodynamics ［J］. Annals of Biomedical Engineering, 1993, 21（4）: 417–433.

［14］ Paloski W H, Black O, Reschke M F, et al. Vestibular ataxia following shuttle flights: effects of microgravity on otolith-mediated sensorimotor control of posture ［J］. Otology & Neurotology, 1993, 14（1）: 9–17.

［15］ Gaul C, Schmidt T, Windisch G, et al. Subtle cognitive dysfunction in adult onset myotonic dystrophy type 1（DM1） and type 2（DM2）［J］. Neurology, 2006, 67（2）: 350–352.

［16］ Edwards H, Rose E A, Schorow M, et al. Postoperative deterioration in psychomotor function ［J］. JAMA: The Journal of the American Medical Association, 1981, 245（13）: 1342–1343.

［17］ Young L R, Oman C M, Watt D, et al. Spatial orientation in weightlessness and readaptation to earth's gravity ［J］. Science, 1984, 225（4658）: 205–208.

［18］ Lundström J N, Boyle J A, Jones-Gotman M. Sit up and smell the roses better: Olfactory sensitivity to phenyl ethyl alcohol is dependent on body position ［J］. Chemical Senses, 2006, 31（3）: 249–252.

［19］ Vickers Z M, Rice B L, Rose M S, et al. Simulated microgravity［bed rest］has little influence on taste, odor or trigeminal sensitivity ［J］. Journal of Sensory Studies, 2001, 16（1）: 23–32.

［20］ Kase Y, Hilberg O, Pedersen O F. Posture and nasal patency: Evaluation by acoustic rhinometry ［J］. Acta oto-laryngologica, 1994, 114（1）: 70–74.

［21］ Ronald Schondorf PhD M, Low P A. Gender related differences in the cardiovascular responses to upright tilt in normal subjects ［J］. Clinical Autonomic Research, 1992, 2（3）: 183–187.

［22］ Eccles R, Jawad M, Morris S. Olfactory and trigeminal thresholds and nasal resistance to airflow ［J］. Acta oto-laryngologica, 1989, 108（3–4）: 268–273.

［23］ Hornung D E, Chin C, Kurtz D B, et al. Effect of nasal dilators on perceived odor intensity ［J］. Chemical Senses, 1997, 22（2）: 177–180.

［24］ Rundcrantz H. Postural variations of nasal patency ［J］. Acta oto-laryngologica, 1969, 68（1–6）: 435–443.

［25］ Seaton K A, Slack K J, Sipes W A, et al. Cognitive functioning in long-duration head-down bed rest ［J］. Aviation, Space, and Environmental Medicine, 2009, 80: A62–A65.

［26］ Dolenc P, Tušak M, Dimec T, et al. Anxiety, emotional regulation and concentration during a 35-day bed rest ［J］. Review of Psychology, 2008, 15: 11–16.

［27］ Shehab R L, Schlegel R E, Schiflett S G, et al. The NASA Performance Assessment Workstation: Cognitive performance during head-down bed rest ［J］. Acta Astronautica, 1998, 43: 223–233.

［28］ Seaton K A, Bowie K E, Sipes W A. Behavioral and psychological issues in long-duration head-down bed rest ［J］. Aviation, Space, and Environmental Medicine, 2009, 80: A55–A61.

［29］ Lipnicki D M, Gunga H-C, Belavý D L, et al. Bed rest and cognition: Effects on executive functioning and reaction time ［J］. Aviation, Space, and Environmental Medicine, 2009, 80: 1018–1024.

［30］ Lipnicki D M, Gunga H-C. Physical inactivity and cognitive functioning: Results from bed rest studies ［J］. European Journal of Applied Physiology, 2009, 105: 27–35.

［31］ Liu Q, Zhou R, Chen S, et al. Effects of Head–Down Bed Rest on the Executive Functions and Emotional Response ［J］. PloS one, 2012, 7（12）: e52160.

［32］ Fowler B, Bock O, Comfort D. Is dual–task performance necessarily impaired in space? ［J］. Human Factors: The Journal of the Human Factors and Ergonomics Society, 2000, 42（2）: 318–326.

［33］ Seaton K A, Slack K J, Sipes W A, et al. Cognitive functioning in long–duration head–down bed rest ［J］. Aviat Space Environ Med, 2009, 80（5 Suppl）: A62–65.

［34］ Zhao X, Wang Y, Zhou R, et al. The influence on individual working memory during 15 days–6° head–down bed rest ［J］. Acta Astronautica, 2011, 69（11）: 969–974.

［35］ DeRoshia C W, Greenleef J E. Performance and mood–state parameters during 30–day 6 degrees head–down bed rest with exercise training ［J］. Aviation, Space, and Environmental Medicine, 1993, 64: 522–527.

［36］ 杨炯炯, 沈政. 载人航天中微重力环境对认知功能的影响 ［J］. 航天医学与医学工程, 2003, 16（6）: 463–467.

［37］ Messina P, Ongaro F. Aurora–the European space exploration programme ［J］. ESA Bulletin, 2003, 115: 34–39.

［38］ NASA. NASA's plans to explore the moon, Mars and beyond ［M］. 2008.

［39］ Comstock J R, Arnegard R J. The Multi–Attribute Task Battery for human operator workload and strategic behavior research ［M］. Hampton, Virginia: NASA Langley Research Center, 1994.

［40］ Trevorrow K, Moore S. The association between loneliness, social isolation and women's electronic gaming machine gambling ［J］. Journal of Gambling Studies, 1998, 14: 263–284.

［41］ Ishizaki Y, Ishizaki T, Fukuoka H, et al. Changes in mood status and neurotic levels during a 20–day bed rest ［J］. Acta Astronautica, 2002, 50: 453–459.

［42］ Styf J R, Hutchinson K, Carlsson S G, et al. Depression, mood state, and back pain during microgravity simulated by bed rest ［J］. Psychosomatic Medicine, 2001, 63: 862–864.

［43］ Smoski M J, Lynch T R, Rosenthal M Z, et al. Decision–making and risk aversion among depressive adults ［J］. Journal of Behavior Therapy and Experimental Psychiatry, 2008, 39: 567–576.

［44］ Lipnicki D M, Gunga H–C, Belavy D L, et al. Decision making after 50 days of simulated weightlessness ［J］. Brain Research, 2009, 1280: 84–89.

［45］ Tversky A, Kahneman D. The framing of decisions and the psychology of choice ［J］. Science, 1981, 211（4481）: 453–458.

［46］ Asch S E. Forming impressions of personality ［J］. The Journal of Abnormal and Social Psychology, 1946, 41（3）: 258–290.

［47］ Monroe G, Ng J. An examination of order effects in auditors' inherent risk assessments ［J］. Accounting & Finance, 2000, 40（2）: 153–167.

［48］ Collins D L. Psychological issues relevant to astronaut selection for long–duration space flight: A review of the literature ［J］. Human Performance in Extreme Environments: The Journal of the Society for Human Performance in Extreme Environments, 2002, 7（1）: 43–67.

［49］ Zhou Y, Wang K, Liu Y, et al. Spontaneous brain activity observed with functional magnetic resonance imaging as a potential biomarker in neuropsychiatric disorders ［J］. Cognitive Neurodynamics, 2010, 4（4）: 275–294.

［50］ Pavy–Le Traon A, Heer M, Narici M V, et al. From space to Earth: Advances in human physiology from 20 years of bed rest studies（1986—2006）［J］. European Journal of Applied Physiology, 2007, 101（2）: 143–194.

［51］ Zhou Y, Wang Y, Xiao Y, et al. If we stay lying: The influence of 45 days –6° head–down bed rest on resting–state brain activity ［M］. 19th Annual Meeting of the Organization of Human Brain Mapping. Seattle, WA, USA. 2013.

［52］ Wang L, Jiang Y. Life motion signals lengthen perceived temporal duration ［J］. Proceedings of the National Academy of Sciences（USA）, 2012, 11: 673–677.

［53］ Cai P, Yang X, Chen L, et al. Motion speed modulates walking direction discrimination: The role of the feet in biological motion perception ［J］. Chinese Science Bulletin, 2011, 56（19）, 2025–2030.

［54］ Zhao X，Wang Y，Zhou R，et al. The influence on individual working memory during 15 days −6° head−down bed rest［J］. Acta Astronautica，2011，69（11−12）：969−974.

［55］ Chen S,Zhou R,Xiu L,et al. Effects of 45−day −6。head−down bed rest on the time−based prospective memory［J］. Acta Astronautica，2013，84：81−87.

［56］ 陈思伕，赵鑫，周仁来，等．15d −6° 头低位卧床对女性个体情绪的影响［J］. 航天医学与医学工程，2011，24（4）：253−258.

［57］ 姚茹，赵鑫，王林杰，等．15d −6° 头低位卧床对女性抑制功能的影响［J］. 航天医学与医学工程，2011，24（4）：259−264.

［58］ Lejuez C，Read J P，Kahler C W，et al. Evaluation of a behavioral measure of risk taking：The Balloon Analogue Risk Task（BART）［J］. Journal of Experimental Psychology：Applied，2002，8（2）：75−84.

［59］ Jiang C−M，Zheng R，Zhou Y，et al. Effect of 45−day simulated microgravity on the evaluation of orally reported emergencies［J］. Ergonomics，2013，1−7.

撰稿人：梁竹苑　蒋　毅　周　雯　孙向红　禚宇明

周　媛　饶俪琳　王　莹　李　纾

心理学实验技术、实验设备及实验平台的研究进展

一、引言

当前，心理学的研究路线和手段越来越具象化和精密化，哲学意味浓郁的思辨让位于对实证和可重复性的追求，甚至有人不无武断的宣称，认知神经科学已经把心理学变成了生物学；然而，作为一门在宏观层面上关注个人行为和社会行为的学科，无论对微观机制的研究如何深入，心理学也从不放弃对个体和群体的外在行为表现进行观察、赋值和分析。在方法论的层面上，心理学同时表现出两种相当不同的取向：在内部机制方面走向还原论，极力探求心理过程和心理现象的细胞、分子、生物电机制，试图将心理活动还原为分子间的相互作用，理解神经细胞的放电模式的心理学内涵，生理心理学就是其典型代表，在进行这一领域研究时，心理学家所使用的技术和设备与生物学家并无差异，分子生物学、神经生物学、遗传学研究的工具成为实验室的基本配置；在外显行为方面走向整体论，将"完整"的人放在社会文化和历史的背景之下加以考察，强调个体的行为受社会文化因素和生物学因素的交互作用的影响，坚持认为行为的出现具有一种概然性特点[1, 2]，社会心理学、发展心理学、儿童心理学是其典型代表，行为学观测技术在此领域被广泛使用。此外，有些心理学的分支学科则相当深刻地融合了这两种取向。神经心理学（也包括认知神经心理学和认知神经科学等关联学科）关注心智的本质，试图将感知觉、语言、智力等宏观行为与大脑的物质结构和生物功能等关联起来，以回答精神与物质的关系这一重大心理学问题；医学心理学（包括临床心理学）以障碍人群为对象，研究障碍行为与心理活动之间的关系，并基于对障碍行为的大脑机制的理解，采用生物学、心理学的手段和工具开展疾病诊断、治疗和预防工作。实际上，心理学研究范式已经从以往的单一水平转向多学科交叉和综合，外显行为已经可以从"分子－细胞－脑"等多个层次加以解释。依托脑科学、生命科学和计算科学的技术手段，社会认知神经心理学（包括社会神经科学）力图揭示社会文化背景相关的行为与神经系统的发育和可塑性之间存在着的交互作用，这一

研究思路意味着行为学技术、宏观脑功能成像技术和微观可视化技术同等重要。

事实上，研究工具和科学家之间存在着交互作用。一方面，心理学研究对技术手段和设备的依赖性越来越强，另一方面，心理学家对技术手段和设备的理解越深刻，就越有可能发挥自身的能动性，既推动心理学的发展，也推动各种技术手段的发展，推陈出新以满足更高层次的科研需求。本文就心理学领域新近发展起来的技术和设备加以论述，阐明其在研究中的用途和优势；并对国内外心理学研究机构的设备和平台配置水平加以比较，以期对中国心理学事业有所帮助。

二、心理学实验技术

（一）全脑宏观可视化技术

心理是大脑的功能，但心理学家对大脑本身加以研究只有短短 200 年的历史。由于技术上的局限，早期对大脑功能和活动的研究都是以对大脑进行创伤性操作为前提的，无论是早期 Broca 对失语症的观察（1861 年），还是更为晚期的 Sperry 对割裂脑的研究（1961年），都是如此，心理学的脑研究无法在一种所谓的"自然和自在"的状态下进行，近 20年发展出来的全脑可视化技术使得这一需求得到满足，以 fMRI 和 MEG 为代表的宏观可视化技术使心理学家可以直接观察认知任务激活前后的脑内结构、功能的变化。

实现全脑宏观可视的代表性技术包括：①功能性磁共振成像（Functional Magnetic Resonance Imaging，fMRI）；②脑磁成像（Magnetoencephalography，MEG）；③脑电描记术（Electroencephalography，EEG）；④扩散光学成像（Diffusion Optical Imaging，DOI）；⑤正电子发射成像（Positron Emission Tomography，PET）；⑥单光子发射计算机断面成像（Single Photon Emission Computer Tomography，SPECT）等 6 种。

磁共振成像是通过对原子核自旋进行射频激发并对随后弛豫过程中的射频信号加以采集和处理得到的。在 Ogawa（1990 年）[3] 和 Belliveau（1991 年）[4] 发展出血氧水平依赖的磁共振成像（BOLD-MRI）技术之后，磁共振开始具备研究脑功能的能力并为心理学家所重视。实际上，弥散加权成像（DWI）、灌注加权成像（PWI）、弥散张量成像（DTI）、扩散峰度成像、多 b 值扩散加权成像、磁共振波谱（MRS）等在广义上也属于功能成像技术，但在心理学研究中应用最广泛的还是 BOLD。BOLD 信号产生的基础是脱氧血红蛋白含量的下降，其信号的位置则在微血管。因此，功能性磁共振成像的时间和空间分辨率必然受制于血管本身的物理和生理的动力学特性而不能无限进步。就目前看，功能性磁共振成像技术的时间分辨率不仅远低于脑电扫描成像和脑磁扫描成像，也低于扩散光学成像。但是与 EEG 相比，fMRI 可以提供包括皮层以及脑内深部核团在内的全脑的功能活动信息，而 EEG 仅能测量皮层脑功能活动的信息；并且 fMRI 空间分辨率已经足够对激活脑区进行直接定位，而 EEG 则需要用复杂的算法间接计算出发生脑功能活动的脑区，相比之下，扩散光学成像的分辨率最高也不过1cm，成像深度只有2～3cm，对深部核团的活动无能为力。由于具备这样的综合优势，fMRI成为心理学家"看透"人脑的有力工具，到2013年，用fMRI技术发表的与心理学相关的文献已经超过2800篇（基于MEDLINE数据库）。

fMRI测量的是与神经元活动相伴随的代谢活动，因此它是一种"间接"的全脑可视技术。脑磁成像技术（MEG）则不同，它直接测量神经元（更准确地说，是锥体细胞）的活动。一般认为，头部磁场起源于突触后电位引发的树突电流。神经元被激活后，会产生沿细胞膜传导的局部电流，这时膜表面会同时存在去极化和复极化的区域，它们实际上形成了位置相近但方向相反的电流偶极子，电流偶极子会带来磁场的微弱变化，通过超导量子干涉装置（superconducting quantum interference device，SQUID）可以把这种磁场的变化转换为电压变化，从而在显示器上把神经元的活动描记出来。SQUID最早被麻省理工大学的Cohen[5]用于检测人脑的节律性磁活动，由于脑磁成像技术的空间分辨率略优于fMRI（<1mm），时间分辨率极高（<1ms），该技术首先在医学领域得到了广泛的应用，特别是神经外科手术之前的功能定位，用以辅助划定癫痫病灶和运动、语言、感觉中枢等。自1997年之后，MEG技术开始进入心理学研究领域。在MEDLINE数据库中，依托脑磁技术发表的心理学相关文献超过110篇；而以中文发表的文章则不到30篇（基于中国知网的数据），且主题集中在抑郁症、精神分裂和海洛因成瘾等领域，所有文章作者都是临床医生。也就是说，目前尚没有一个心理学研究机构利用这一技术开展关于注意、学习与记忆、语言、决策等心理学重大基础问题的研究。MEG有极高的时间分辨率，并且直接反映了脑内神经活动的本质（突触后电流），且信号分析统计相对简单，基于这些优势，可以预计在不久的将来，MEG技术将在中国的心理学界得到广泛应用。

与MEG技术类似，脑电描记术（electroencephalography，EEG）也直接记录神经元的电位变化，这一事实决定了二者的时间分辨率相差无几。但是，MEG主要是测量垂直于颅骨的神经元的活化情况，而EEG主要记录的则是平行于颅骨的神经元活动的节律特征。在早期，通过EEG获得的数据仅仅被看作是大量神经元活动的简单相加，随着事件相关电位（event-related potential，ERP）这一重要概念和相应的数据分析手段的出现，EEG成为探索大脑信息处理机制的有效工具。国内第一篇重要的EEG论文发表于1990年[6]，而在MEDLINE数据库上以event-related potential为关键词，可以查找到同时期的文章多达2776篇，可见当时国内对这一技术的理解和应用还很有限。但在短短的10年时间内，EEG成为国内最为倚重的心理学研究技术，2012年用此技术发表的文章已经多达383篇，相比之下，2012年以中文发表的fMRI文章只有36篇（基于中国知网的数据）。EEG技术在中国的心理学研究中得到这么广泛的应用，与它先天具备的优势密切相关。首先，心理学研究经常采用"刺激－反应"模式，EEG可以以很高的时间分辨率（1ms）持续记录从刺激开始到行为反应结束的整个完整过程中脑内神经元的变化，不但能揭示脑内的信息加工发生于"哪个阶段"、发生在哪里，还可揭示这种加工是怎样完成的，这对于回答物质与精神（brain-mind）的关系问题是极为有用的；其次，与MRI或MEG不同，EEG技术不要求被试的头部保持固定，所以这种技术具备更好的"现场性"，甚至当被试执行某些行为任务或身处实验室之外时也可以应用，而且仪器本身价格低廉，所以尽管 EEG 所获得的脑功能图像空间分辨率相对较低，但它仍然成为当前在中国应用最为广泛的全脑成像技术，并且在可以预见的未来，它将继续在视觉和语言认知、决策、判断、情绪等极为重要的心理学研究领域发挥作用[7, 8]。

与 EEG 相似，扩散光学成像（diffusion optical imaging，DOI）技术对头动的容忍度也较高（甚至高于 EEG）。活体组织中存在着与代谢活动相关的内源性光学特性变化，这种变化可被照射进来的光线所反映。经过数十年的探索发现，大脑组织在近红外光谱范围内比较透明，故绝大部分 DOI 技术都采用了波长在 700 ~ 1300nm 区间的近红外光线作为探测光源。不过，内源性光学信号非常微弱，而且噪声很大，直到 1985 年，随着光导纤维的引入，利用红外光照射头皮，根据反射和散射光的强度和角度判断脱氧血红蛋白浓度变化的光学成像技术才开始具备实用价值，所以 DOI 成像大多是近红外光学成像（near-infrared spectroscopy，NIRS），第一篇 NIRS 文献发表于 1985 年[9]。NIRS 技术具备一些特殊优势。它在数据采集的过程中非常安静，用于发射和接受红外光的探头和光纤柔韧、细长，即使被试在实验中有大幅度的动作（比如：运动状态）也不影响结果，且探头帽较为舒适，连续数小时进行实验观测也不至于导致被试的抗拒。因此，虽然 NIRS 获得的脑功能图像存在一些不足，如时间分辨率上远低于 EEG（25 ~ 100ms），空间分辨率远低于 fMRI 与 MEG（极限值为 1.5cm），且探测范围只能达头皮下 2.5cm，对深部核团的活动无能为力，但因为具备上述优势，NIRS 技术首先在探测婴幼儿群体的脑功能研究中得到应用，其后扩展到一些特殊群体成年人。在最近几年，利用该技术探测脑功能的文章每年都在 30 篇左右（基于 MEDLINE 数据库）。国内用 NIRS 技术研究脑功能的第一篇中文论文发表于 1997 年[10]，目前以中文发表的研究性论文在 30 篇左右，大部分被试是儿童，似乎这一技术尚未受到心理学界的重视。不过，由于 NIRS 是通过血流动力学和能量代谢信息来推断神经元活动的，因此其检测结果与 fMRI 获得的结果有较好的一致性，在未来，除了继续作为 fMRI 的补充，研究特定群体（儿童、运动的被试）之外，还可以与 fMRI 技术互相印证，研究神经激活的生物物理学机制。

正电子发射成像（positron emission tomography，PET）和单光子发射计算机断面成像（single photon emission computer tomography，SPECT）都属于核医学领域的成像技术，二者的共同之处在于需要预先注射含有放射性同位素的示踪剂，都通过接收被试体内发射的 γ 射线成像，故可以把利用 PET 技术和 SPECT 技术生成图像的工具称为 γ 照相机。这种照相机可以通过连续显像，追踪和记录核素在某个解剖结构（比如大脑）中的分布。PET 技术采用的示踪剂是能发射正电子的核素，如 ^{11}C、^{13}N、^{15}O、^{18}F 等，这些核素参与人体的生理、生化代谢过程，从而使研究者可以直接理解目标结构内部的相关生物学参数的变化，如血流、葡萄糖代谢、氨基酸代谢、精神活性药物的作用过程和受体密度等。PET 所使用的核素的半衰期短，允许注入的剂量比较大，从而能得到较高对比度和空间分辨率的脑功能图谱。PET 技术成像的优点在于它能提供生理参数的绝对定量值，在检测体内神经传导时高度特异而且成像清晰，因此是研究认知过程中神经血管耦合机制、认知过程中神经递质的释放机制的有效工具。在使用特殊的神经递质受体示踪剂时，PET 的显像效果超过了所有的脑成像技术，因为它能显示突触前、突触后的结构变化、神经递质转运子与底物的结合情况等[11, 12]。由于这些优势，PET 在早期被广泛应用于精神病理学领域（尤其是抗精神分裂药物的分子、受体机制）研究，后扩展到用于语言、知觉、决策过程的生物学机制研究。国内在 1985 年发表了第一篇关于 PET 技术在心理学中的应用的综述文章[13]，但该技术在很长一段时间内都没有被心理学家所使用，国内作者在国际上发表的第一篇 PET 与心理学相关的文章的时间是 2008 年[14]，价格昂贵、需配备回旋加速器以制造放射性核素是两个最重要的原因。作为一种替代性解决方案，SPECT 技术也可用于大脑核团内的血流和神经化学观测。它不需要使用回旋加速器，价格较为低廉，在敏感性和分辨率上，与 PET 技术的成像质量仍有一定差距。但 SPECT 技术仍然具备独特优势，它使用半衰期很长的放射性核素如 ^{123}I、^{99M}Tc 等作为示踪原子，尤其是 ^{123}I，半衰期高达 13 小时，这使得 SPECT 能在很长时间内对大脑的功能区域进行连续观察和成像，不仅可以研究神经递质或蛋白的合成，而且可以研究递质（多巴胺、五羟色胺）的分解、产物在活体内的转移及再释放过程，这对于理解学习记忆的长时程的神经、分子机制是极为重要的[15, 16]。PET 和 SPECT 虽然属于"无创"的全脑成像技术，但需要在扫描之前经血管注射示踪核素，这种"侵入性"手段只有专业人士才有资格使用，以免引发伦理学问题，因此可以预计，这 PET 和 SPECT 只能局限于医院使用而难以扩展到纯粹的心理学研究机构。

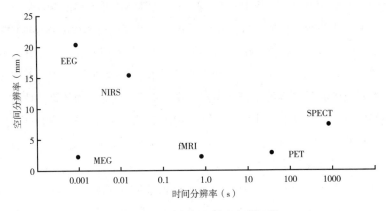

图 1　数种脑成像技术的参数比较

（fMRI：功能性磁共振成像；MEG：脑磁成像；EEG：脑电描记成像；NIRS：近红外光学成像；PET：正电子发射成像（Positron Emission Tomography，PET）；SPET：单光子发射计算机断面成像）

在心理学这一特定研究领域，理想的全脑可视化技术，除了无创和使用简单之外，至少还应该具备如下条件：①可全脑定位，空间分辨率和时间分辨率足够高；②适用于多种实验范式，既可快速重复刺激，也可持续观测单任务的长时程反应；③可重复性好；④信噪比高；⑤长时间实验无不适感；⑥对头部位移的容忍度高。按这个标准，现有的各种全脑成像技术，都各有不足之处，如图 1 所示。BOLD–fMRI 的时间分辨率尚不能令人满意，而且无法胜任刺激任务快速多次呈现的认知心理学设计；EEG 的空间分辨率不足；NIRS 的空间分辨率差，且无法探测深部脑区的活动；PET 和 SPECT 能直接显示分子水平的大脑活动过程，但需要进行有创操作（核素注射）；MEG 可直接测量神经元的活动，且时间和空间分辨率都很高，但它的缺点在于扫描过程中必须保持头部静止，且其成像忽略了深度和大部分径向磁源。总的来看，MEG 的综合指标在目前的各种全脑成像技术中最优秀的，虽然目前这种设备只是安装于临床医院，但在不久的将来，必然会在中国心理学界得到广泛使用。

（二）微观可视化技术

随着认知神经科学相关技术的发展，心理学的生物属性越来越明显。冯特曾经说过，心理学在分析意识过程时，要尽量利用近代生理学所贡献的工具。心理过程心理现象的背后，是极为复杂、极为精密的细胞、分子的活动。微观可视化技术是理解心理过程和心理现象的生物学本质的重要工具。基于伦理学考虑，对大脑的微观可视化技术只能应用于实验动物，通过对各种实验动物的离体（in vitro）或在体（in vivo）的大脑进行干预，理解神经元信号传导、突触可塑性、离子通道等与学习、记忆关系紧密生命现象的心理学内涵。传统的微观可视化技术适用于离体的脑组织样本。随着单分子光谱时代的到来，近几年发展起来的近场扫描显微镜、双（三）光子显微镜等突破了光学衍射的极限，使人们可以看到纳米水平的具有心理学意义的实体，比如学习记忆领域非常关注的突触形状和厚度变化、囊泡释放、神经元细胞内骨架的生长，甚至可以利用荧光能量共振技术，观察激动剂与受体的相互作用。除了光学显微技术之外，利用扫描探针与扫面样品之间的作用力的梯度信息成像的原子力显微镜也开始被引入心理学领域。原子力显微镜可以在接近生理状态下检测细胞膜及跨膜结构，实现单个受体分子在神经元细胞膜上的精确定位，故在神经退行性疾病、成瘾相关的受体机制研究中有广泛应用前景[17, 18]。

但是，对离体大脑组织进行微观研究不能完整反映操作相关的大脑活动过程。随着新型荧光染料、靶物质标记技术的发展，利用插入动物大脑中的光纤和冷 CCD 相机，在活体、清醒动物上实现微观可视成为可能。这类微观可视技术可长时间反复成像，直接反应细胞事件、分子事件或基因表达与操作或动物的行为之间的相互关系，从而提高数据的可比性，甚至获得因果关系。活体微观成像所利用的光源主要是生物发光或荧光。生物发光采用荧光素酶标记目标细胞或细胞内的 DNA，荧光素酶在同时存在 ATP 和氧气的情况下被氧化而发光，发光强度与被标记的底物数量呈线性关系；荧光发光技术利用了荧光报告基团受激发后会产生发射光的特性而成像，信号强于生物发光，操作相对简单，标记靶点多，钙离子成像（calcium imaging）和电压成像（voltage imaging）是常见的两种荧光成像技术，二者均可以对一定区域内数千个不同类型的神经元进行标记成像，空间分辨率能达到亚微米水平，可清晰记录神经元胞体、轴突、树突甚至树突棘的信号和分子事件，用于应激、听觉信息整合等研究[19, 20]。Dombeck 用不同颜色的染料区分出运动皮质中的星形胶质细胞和神经元，结合钙离子成像和膜片钳技术，发现清醒小鼠在修饰（grooming）和跑动（running）中，运动皮质的神经元的激活模式不同[21]。不过，这类技术在国内心理学界的应用还鲜有报道。

（三）脑功能干预技术

大脑的结构和功能极为复杂，各个脑区、各个核团既相对独立，又通过错综复杂的纤维和突起建立联系。早期的研究发现，似乎不同的脑区承担不同的心理学功能（见Sperry）。基于这种观念，脑切除或脑损毁成为研究大脑与心理功能之间相互关系的重要实验方法。采用这种方法，动物要经历一次大手术，且脑区的破坏边界很难控制，从而导致研究结论似是而非。近来发展起来的最先进的技术，使心理学家可以经由微小创口，精确地干预（激活或抑制）某个区域中某一种特定类型的细胞的同时，保持其他细胞不受影响。光遗传学技术就是其中最有代表性的一种，其他重要的脑功能干预技术还包括经颅磁刺激、经颅直流电刺激等。

光遗传学（optogenetics）技术是一种结合了DNA标记和光学技术的研究手段。通过遗传学的方法，可以向大脑中特定区域、特定类型的细胞转染一段表达光敏感物质（比如藻类光驱动氯离子泵，谷氨酸离子通道受体、蓝光激活的离子通道等）的外源性基因，外源性物质在没有光照时处于潜伏状态，一旦受到特异性光线的照射，光敏物质激活，实现对细胞功能的特异性抑制或激活。光敏物质对光的反应是毫秒级的，停止光照后的失活也是毫秒级的，因而光遗传学技术具有极高的时间分辨率。使用光遗传学技术，能够激活或抑制清醒动物脑内特定类型的神经元（嗅觉、视觉、听觉等），并使动物直接表现出与神经元激活或抑制相对应的行为反应。光遗传学技术被 Nature 评为 2010 年的年度技术（method of the year），在成瘾、焦虑、抑郁、攻击行为、睡眠与觉醒障碍、孤独症、精神分裂等领域中开始得到应用[22]。Chaudhury 利用光遗传学技术，特异性地、快速地激活或抑制中脑腹侧背盖的多巴胺能神经元，发现社会挫败应激导致的抑郁症小鼠的抑郁行为也相应出现变化，表现出糖水消耗量的增加或减少[23]。目前还未发现以中文发表的光遗传学的原创性文章，但中国作者已经在国际知名杂志发表了超过 10 篇的相关论文。可以预见，由于光遗传学技术在调控大脑功能的特异性和时效性优势，它将很快为心理学家所用。不过，光遗传学以基因标记技术和转基因动物为前提，这使得它的应用受到一定程度的限制。

经颅磁刺激技术（transcranial magnetic stimulation，TMS）是一种利用脉冲磁场影响大脑电活动的脑功能干预技术。目前，TMS 对大脑定位的空间分辨率可达 0.5 ~ 1cm，刺激深度可达 3 ~ 5cm，心理学家利用 TMS 对脑功能的干预具有"暂时、可逆"的特点，开展了大量心理功能与大脑皮层定位的相关性研究，如数字计算功能定位于左半球角回，左侧前额叶和对悲伤、快乐等情绪的认知相关，视觉皮质与嗅觉分辨有关等[24]。除基础研究之外，TMS 还被广泛用于精神神经疾病的干预与治疗，Balconi 利用 rTMS 刺激抑郁症患者的左前额叶的背外侧（DLPFC），发现能显著改善不良症状[25]。国内也有人用TMS治疗创伤后应激障碍、抑郁症、精神分裂症等[26, 27]。

与TMS类似，经颅直流电刺激（transcranial direct current stimulation，tDCS）也是一种非侵入性脑功能干预技术。但与TMS利用磁场改变神经元的电活动不同，tDCS通过直接对目标脑区施加恒定、低强度的直流电以改变大脑神经元的兴奋程度，其刺激效果具有极性特点，后效应强弱取决于刺激强度和刺激形式。tDCS受到医学家和心理学家的重视开始于10年前。在临床方面，tDCS治疗中风、帕金森综合征、脊髓损伤的文章较多；在心理学领域，tDCS被用于研究抑郁症、孤独症、药物成瘾的干预。近年来tDCS被用于研究运动学习、数学能力学习、工作记忆、顿悟、语言认知与习得等诸多心理学领域的热点题。Hauser发现，用tDCS对后顶叶皮质施加刺激，可显著提高被试的数学学习能力且可以保持至少半年[28]，最近国内也有利用tDCS干预失语症的报告[29]。总的来看，本技术尚未在国内得到广泛应用，第一篇相关中文文献发表于2009年[30]，此后几年内只是陆续发表了不到10篇文章。未来，随着定位技术的进步（如引入辅助定位系统、电极微型化等），tDCS可望在注意、意识、学习、感知觉缺损等领域，增进人们对相应脑区定位的理解。

其他重要的脑功能干预技术还包括侵入性电刺激技术和侵入性化学刺激技术等。电损毁和电激活属于电刺激技术。电损毁利用较大能量的电流破坏脑组织，这种技术手段用于初步推测脑区与心理功能缺损之间的因果关系，但特异性不强，因为电损毁会导致一个区域内的神经元和神经纤维都受到破坏。电激活与电损毁类似，也通过电极末端发放电流，但强度极为微弱，只能起到局部神经兴奋的作用，Olds等人最早在1954年使用了这一技术，发现大鼠的下丘脑是快感中枢，如果按压杠杆与下丘脑的电击相关联，则老鼠会以100次/分钟的频率来寻求快感的满足，直至最后死亡。化学性脑功能刺激技术也可以分为两类，化学损毁和化学刺激。海人藻酸（包括鹅膏蕈氨酸、N-甲基-D-天门冬氨酸等）之类的化合物，对神经元的兴奋效应比谷氨酸强30～100倍，一旦与神经元结合，将导致细胞的不可逆性损伤，化学损毁只破坏细胞体，对神经纤维基本无害，因此相比于电损毁有较好的特异性。如果注入脑内的不是破坏性化学物质，而是受体的激动剂或抑制剂，那么这种脑功能手段就属于化学刺激术。随着特异性更强的受体结合物的出现，在成瘾、应激、学习等领域，化学刺激术的重要性将越来越显著。

（四）整体行为观测与分析技术

心理学是综合而深刻的，同时具有社会科学和自然科学的属性；整合了宏观的人类现象与微观的内部机制；既关注行为的生物学本源，也关注外显行为本身的含义。理解行为意味着理解情感、人格和心智，理解人类如何被塑造，如何作出反应，如何适应他所生活的世界。为了理解行为，心理学家需要激发行为、记录行为，并对行为进行归类、编码、赋予意义。从这个意义上，行为观测与分析技术是全部心理学研究的基础，是心理学特有的一类实验技术。

近年来，随着计算机技术的发展，结合视频音频技术、以模式识别为基础的高精度行为记录和分析系统被引入心理学研究领域，对行为变量的记录、提取、编码和分析因此更为高效和客观。在动物研究方面，行为记录分析系统可以实时（或事后）分析标准或特殊设计的行为实验，对"攻击、直立、修饰、低头、伸展、抬头"等行为进行赋值，用于分析开场实验、位置偏好、Morris水迷宫实验、T-迷宫、Y-迷宫、八臂迷宫、高架十字迷宫的结果，自动计算，提供移动距离、最大和最小运动速度、运动时间、静止时间等方面的分时和分区统计等数据。用于人类的行为变量提取和分析技术，其原理与此相近，也可用于分析被试的动作、姿势、运动、位置、情绪、社会交往、人机交互（按键次数、频率、间隔）等各种活动。最新的数字记录工具，在1280×1024像素模式下工作，采集频率可以达到800帧/秒；1280×512像素时可达1500帧/秒；1280×256像素时3000帧/秒，并且拥有每秒900万像素的处理能力，利用这一技术，心理学家可以对面部的数十块肌肉的微小运动进行记录，分析持续时间在1/25秒至1/5之间的微表情，从而开展微表情与人的情绪、认知和无意识状态之间的关系的研究[31]。

虚拟现实（virtual reality）是另一项重要的行为学技术。虚拟现实技术的优势在于它具有操作性和现场性。利用虚拟现实技术可以诱发出被试的各种行为反应，而且是基于"真实环境"的行为反应。利用多媒体技术、仿真技术和3D图形技术，心理学家可以构建一个虚拟的"真实"环境，被试（人、猴子甚至老鼠）能通过语言、姿态等与这个虚拟环境互动。这种互动是交互的，计算机系统根据被试的行为表现，相对应地呈现包括视觉、听觉、触觉在内的反馈，由此产生一种仿佛身临其境的感觉，从而能保证研究具有良好的生态效度和内部效度，而这对于许多心理学的基础问题如空间认知、操作决策、视觉分配和控制等是极为重要的[32, 33]；它还广泛被用于某些情境依赖的精神神经疾病的治疗，比如进食障碍、PTSD、广场恐怖、精神分裂症等[34-37]，利用虚拟现实技术可以使研究者对现实生活中很难控制的变量进行操纵[38]，从而允许心理学家开展由于现实或伦理限制而无法开展的研究工作，如火灾逃生、危机中的决策、恐惧症的系统脱敏治疗等。

三、心理学研究相关仪器设备

如上所述，在技术层面，心理学研究采纳了大量生物学（神经、解剖）、物理学（磁、光、电）、化学（药物、染料）等学科的技术，因而在仪器设备层面，越来越多的生物学、物理学、化学领域的仪器也为心理学家所用。实际上，由于学科交叉越来越成为趋势，那种所谓的心理学研究所特有的仪器设备也越来越少见，心理学家所使用的研究工具，越来越综合化，功能越来越全面，价格也越来越昂贵。随着国家对科技投入的增加，国内的心理学研究机构获得了大量的设备经费，硬件配置水平显著提高，无论是数量还是质量，都是过去难以想象的；与国外先进实验室的差距，也在逐渐缩小。

（一）高精尖设备大量引入

近年来，中国的经济建设取得了世界瞩目的成就，科研投入也随之增加，心理学家所使用的研究工具越来越多，越来越高级。在 20 世纪初期，脑电仪（ERPs）曾经被视为一种昂贵的科研装备，但在目前，中国几乎所有心理学研究机构都配备有脑电仪，有些单位的拥有量甚至超过 15 台；超高场强的磁共振扫描仪是研究脑功能的利器，但在 20 世纪初，全国只有中国科学院生物物理所的脑与认知重点实验室配备 3.0T 磁共振扫描仪，心理学家只能利用安置在医院的 1.5T 甚至更低级别的扫描仪开展工作，但到 2012 年，国内可用于心理学科学研究的 fMRI 设备已达两位数，包括北京大学、清华大学、北京师范大学、西南师范大学等在内高校都配置了磁共振扫描设备，中国科学院心理研究所也于 2013 年安装一台 3.0T 的 fMRI。

当前，中国心理学的仪器设备配置呈现如下两个特点：①心理学的神经生物学机制研究设备越来越普及。诸如磁共振成像仪、近红外脑功能成像仪、脑电仪这样的全脑成像设备越来越普及，它们使脑功能的多模态研究成为可能；而在生理心理学家的实验室里，神经元多通道记录系统、膜片钳系统、微透析系统、流式细胞仪、生物显微成像系统等纯生物学仪器也普遍可见，心理学家正在像生物学家或医学家一样开展工作；②行为学研究设备正在向智能化、模块化转变，尽管斯金纳箱、视野计这样的简单设备依然还在心理学研究中起着重要作用，但在行为学领域，实验仪器与计算机的结合正在成为趋势，仪器设备的功能更加全面，适用领域更广泛。如运动捕捉系统既能观测面部微小肌肉的运动，也能分析人的肢体动作；惊吓反射系统既可测量动物的惊吓反射，也可测量人类的惊吓反射；驾驶模拟器将视景系统与汽车驾驶舱进行一体化设计，有效摆脱以前实验手段单一、场景单调的缺点，可实现不同时间、不同天气下的模拟驾驶，对被试的各种行为操作的记录是自动的，在必要时还可以通过计算机串口关联生理反馈仪或眼动仪，以记录驾驶相关的生理和眼动指标；虚拟现实系统在理论上可以容纳数以百计的场景模块，依据不同的实验目的，这些模块可以自由切换、自由组合，被试通过头盔、力反馈仪、数据手套等工具与虚拟情境互动，所有的行为指标都由计算机自动记录和分析。目前，中科院心理所和清华大学、天津师范大学、浙江大学、西南大学等高校的心理学系，都利用虚拟现实系统开展了一系列工作。

总的来看，与欧美发达国家相比，国内心理学研究设备在总体水平上依然存在差距。在欧美，fMRI 是心理学研究机构的标准配置，而且一个实验室往往不止一台，即使是 7 T、9 T 甚至 16.4 T 这样的磁共振成像仪，也并不少见。与此同时，国外心理学实验室在生物学和行为学领域的配置也非常全面，比如加州大学伯克利分校，甚至提供一整套的生物分子病理学系统和蛋白质定位数据库供心理学家使用。脑磁图仪是高水平实验室的常规仪器，哈佛大学、纽约大学、科罗拉多大学等均用此设备发表过高水平的心理学相关文章，但脑磁图仪在国内的心理学机构中尚未见配备。

（二）自主研制能力日益增强

据统计，中国每年的科研固定投资达到万亿元水平，而其中的 60% 用于购买进口设备，部分领域高端科学仪器 100% 依赖进口[39]。同样地，心理学实验仪器和设备也大部分依赖进口。人们已经认识到这种情况必须改变。近年来，包括科技部、科学院在内的多个部门，均非常重视仪器自主研发的能力。科技部和自然科学基金委员会均设立了"国家重大科研仪器设备研制"项目，每年投入金额接近 10 亿元。中国科学院自 2009 年开始，资助了数量众多的重大和院级仪器设备研制项目，重大项目的资助强度为千万元数量级，院级项目的资助强度为数百万元数量级。中国科学院生物物理研究所脑与认知重点实验室的研制项目"9.4 T 超高场代谢成像磁共振超导磁体系统"于 2011 年获得批准，标志着中国的心理学家和物理学家具备了世界一流的研发能力；在科学院的资助下，中国科学院心理研究所的心理学家和技术人员，开发出"人类及动物可编程控制系统""多感觉通道刺激发生与控制系统""基于 GPU 的人脑功能连接组的并行计算工具及软件"等具有自主知识产权的心理学专用设备，其中，人类及动物可编程控制系统极大地简化了动物行为学研究的操作程序；多感觉通道刺激发生与控制系统能方便有效地呈现嗅觉刺激，并将嗅觉刺激与其他感觉通道刺激进行时间上的同步，时间精确到毫秒，既拓宽了脑电研究的范畴，也提高了相应嗅觉研究的效率。

实际上，中国的心理学界很早以前就具备相当的自主研制能力，尤其是 20 世纪 80 年代，成功经验屡见报道[40, 41]，但当时的产品大都是小设备，结构简单，功能单一，且基本未见后续的推广使用，更无成果的商业化。未来，随着心理学对其他学科的接纳，心理学研究机构的人员组成将会高度交叉，更多具备物理学、生物学、化学、数学背景的科学家在一起共事，对于我国的心理学仪器设备的自主研制能力，将起到重要的提升作用。

四、心理学实验平台

心理学研究涵盖了"分子－细胞－全脑－个体－群体"等各个水平，每项具体的研究都可能涉及多个专业设备，在这种背景下，打破研究组之间各自为政的界限，整合设备、技术和支撑人员，构建统一管理、共享共用的实验平台就显得尤为重要。

从全世界范围看，欧美国家的心理学实验平台的仪器设备配置功能较为完善和先进。加州大学伯克利分校的心理学实验平台能支撑认知与脑、行为神经科学、可塑性与发展等领域的研究，仪器设备可满足从微观生物机制到宏观行为观察的研究之所需，fMRI、脑电仪、虚拟现实、眼动仪是其常规设备。哈佛大学的心理学实验平台可支撑脑与认知、发展、临床等领域的研究，除了有多台 fMRI 之外，还装备有 MEG 等先进脑成像设备。昆士兰大学的心理学家可以使用其公用的先进成像中心（center for advanced lmaging）。这是一个以成像为目标的超级公共实验平台，除了全套 MRI（人体成像为 1.5 T、3 T、4 T；小动物成像为 7 T、9.4 T 和 16.4 T）之外，还配备了 EEG、PET 等脑功能成像设备。

在中国，心理学实验平台的数量和水平也在逐年提高。除认知神经科学与学习国家重点实验室（北京师范大学）和工业心理学国家专业实验室（浙江大学）外，多个大专院校或研究所拥有部级实验平台，如心理研究所（中国科学院心理健康重点实验室）、华中师范大学（青少年网络心理与行为教育部重点实验室）和西南大学（认知与人格教育部重点实验室）等。北京师范大学的心理学实验平台，在国内首先配备了 3.0 T 磁共振成像仪，加上近红外光学脑成像仪、ERP、TMS 等，完全具备了开展脑功能多模态研究的硬件条件，这在全世界都属于先进水平；心理研究所的实验平台由"生理心理学实验系统""行为实验系统"和"动物实验中心"三部分组成，拥有包括高效液相色谱、基因扩增、蛋白电泳、凝胶成像、显微成像在内的全系列分子生物学及遗传学设备，动物实验中心可构建各种心理行为障碍（焦虑、抑郁、成瘾、应激）动物模型，行为遗传学实验室所属的双生子样本库是国内首个针对青少年情绪与行为问题而设立的大型行为学和 DNA 信息库，再加上即将到位的磁共振成像仪和近红外光学脑成像仪，其实验平台的仪器设备总值超过6000 万元，覆盖了从宏观、外显行为到微观生物学机制的大部分领域，在水平和体量上较之国外的优秀研究所并不逊色；北京大学的心理学实验平台，配备了脑电仪、眼动仪、经颅磁刺激仪、电生理实验系统、动物行为观察分析系统等设备，可支撑生理心理学、认知神经科学、实验心理学、发展与教育等领域的研究工作；此外，以清华大学、华东师范大学、华南师范大学、天津师范大学等为代表的各大高校，均有独具特色的心理学实验平台。

但也必须看到，并非国内所有实验平台都称得上完备和先进，处于经济较为不发达地区的研究机构，获取的资源相对有限，其实验平台的硬件水平并不尽如人意，有一些大学的心理学系，长期以来可以使用的主要仪器只有脑电仪和眼动仪，高端仪器严重不足，生物学相关的配置很有限，从而导致学校在研究布局上出现明显的不均衡，对硬件要求较高的生物心理学和脑科学的发展在普通高校举步艰难，而这反过来又成为国内心理学研究水平存在显著的区域发展不均衡的原因之一。

实验平台的区域发展不均衡问题可以通过增加资金投入的总量来解决，而加强协作、建设跨学科的公用技术支撑体系则被证明更为快捷、便利、有效。中国科学院建了多个跨研究所的仪器区域中心，心理研究所的科学家除了可以使用本单位的仪器之外，还可以方便地通过预约使用中科院北京生命科学大型仪器区域中心的所有设备和服务；北京大学、西南大学、华东师范大学等高校，都建有校级的公共技术服务中心，而且都是开放共享的。此外，心理学家还可以通过加强与医院的合作，利用医院的科研平台开展工作。

五、结语和展望

心理学发展到今天，对技术精确性的要求已经达到了一个全新的高度。基于还原论的观点，心理过程和心理现象可以被大脑中的细胞事件、分子事件和电活动所解释。然而，心理事件在时间尺度上是毫秒级的[42, 43]，目前我们所掌握的技术，除了电生理记录能达到毫秒水平之外，对于细胞事件和分子事件的观察，只能达到秒或者毫秒这个级别，差距甚远。未来，随着单细胞转录组分析技术[44]和实时超高分辨率成像技术的成熟，心理学家有望在功能和成像上，对大脑神经元的蛋白质合成、转运以及轴突或树突的可塑性变化所代表的心理学含义加以解读；利用无干扰的单细胞电位记录技术，以接近心理事件的时间分辨率解读神经元放电模式的深刻内涵。可以预计，分子生物学、行为遗传学、神经生物学领域的技术会更多地为心理学家所利用，并在机制研究中发挥越来越重要的作用。

在全脑水平，各成像设备所获得的脑功能图谱的质量都会继续优化。但由于技术本身的特点，以生理代谢为基础的 fMRI、PET、SPECT 等技术，其时间分辨率不可能无限提高；而 EEG 虽然可以利用基于偶极子定位的算法来提升空间分辨率，但这种溯源技术的定位的可靠性是有限的。MEG 技术结合了高时间分辨率和高空间分辨率的优势，因此尽管仪器本身价格昂贵，但在未来必将成为中国心理学实验室中的关键仪器。由于每种全脑成像技术均有明显的缺陷，在以后的心理学研究中，多种成像设备联用，发挥各自的技术优势将成为趋势。这种结合多个成像设备的"多模态"的脑功能研究手段，能同时获得高时间分辨率和空间分辨率大脑图谱。ERP 和 fMRI 联用、ERP 和 PET 联用、fMRI 和 MEG 联用、NIRS 与 ERP 联用等都大有发展前景。

然而，"没有自己创新出来的仪器设备，很难获得世界一流的突破性、变革性的成果"（陈宜瑜）。中国的心理学家，不能满足于跟随别人的脚步，应主动加强与数学、物理学、计算机科学、化学、生物学等领域的研究者的联系，增强创新意识，在高端、精密仪器的研制中作出应有的贡献。总之，受惠于国家对科学研究工作的重视，国内心理学实验平台的仪器设备体系和技术支撑能力将愈加完善和先进，自主研发能力也将有显著的提高。

参 考 文 献

［1］ Johnson, Lisa M, Morris, et al. When speaking of probability in behavior analysis［J］. Behaviorism, 1987, 15（2）, 107–129.

［2］ Newell, Ben R, Koehler, et al. Probability matching in risky choice：The interplay of feedback and strategy availability［J］. Memory & Cognition, 2013, 41（3）, 329–338.

［3］ Ogawa S, Lee T M, Kay A R, et al. Brain magnetic resonance imaging with contrast dependent on blood oxygenation［J］. Proc Natl Acad Sci, 1990, 87, 9868–9872.

［4］ Belliveau, J W Kennedy J R, McKinstry R C, et al. Functional mapping of the human visual cortex by magnetic resonance imaging［J］. Science, 1991, 254, 716–719.

［5］ Cohen D. Magnetoencephalography：detection of the brain's electrical activity with a superconducting magnetometer［J］. Science, 1972, 175：664–666.

［6］ Wei J H, Ding H Y. Elimination of Conditioning Movement Component in Wave EML and Difference Between Waves V and C［J］. Chinese Science Bulletin, 1990, 35（3）：227–227.

［7］ 郑志伟，黄贤军，张钦. 情绪韵律调节情绪词识别的 ERP 研究［J］. 心理学报，2013，45（4）：427-437.

［8］ 王敬欣，贾丽萍，白学军，等. 返回抑制过程中情绪面孔加工优先：ERPs 研究［J］. 心理学报，2013，45（1）：1-10.

［9］ Brazy J E, Lewis D V, Mitnick M H, et al. Noninvasive monitoring of cerebral oxygenation in preterm infants：preliminary observations［J］. Pediatrics, 1985, 75（2）：217-225.

［10］ 张家洁，周林，周丛乐. 近红外光谱测定技术对缺氧新生儿脑反应性功能检测的意义［J］. 新生儿科杂志，1997，12（6）：241-243.

［11］ Zimmer L. Positron emission tomography neuroimaging for a better understanding of the biology of ADHD［J］. Neuropharmacology, 2009, 57, 601-607.

［12］ Salimpoor V N, Benovoy M, Larcher K, et al. Anatomically distinct dopamine release during anticipation and experience of peak emotion to music［J］. Nat Neurosci, 2011, 14：257-262.

［13］ 李小云，沈政. 正电子发射层描术及其在心理学研究中的应用［J］. 心理科学通讯，1985，03：56-60.

［14］ Shi J, Zhao L Y, Copersino M L, et al. PET imaging of dopamine transporter and drug craving during methadone maintenance treatment and after prolonged abstinence in heroin users［J］. Eur J Pharmacol, 2008, 579（1-3）：160-166.

［15］ Urban N B, Martinez D. Neurobiology of addiction：insight from neurochemical imaging［J］. Psychiatr Clin North Am, 2012, 35（2）：521-541.

［16］ Chou Y H, Wang S J, Lirng J F, et al. Impaired cognition in bipolar I disorder：the roles of the serotonin transporter and brain-derived neurotrophic factor. J Affect Disord, 2012, 143（1-3）：131-137.

［17］ Knowles J K, Rajadas J, Nguyen T V, et al. The p75 neurotrophin receptor promotes amyloid-beta（1-42）-induced neuritic dystrophy in vitro and in vivo［J］. J Neurosci, 2009, 29（34）：10627-10637.

［18］ 徐如祥，郁毅刚，姜晓丹，等. 培养大鼠皮层神经元 NMDA 受体蛋白单分子原子力显微镜定位研究［J］. 神经解剖学杂志，2004，4：343-349.

［19］ Schneider E R, Civillico E F, Wang S S. Calcium-based dendritic excitability and its regulation in the deep cerebellar nuclei［J］. J Neurophysiol, 2013, 109（9）：2282-2292.

［20］ Bathellier B, Ushakova L, Rumpel S. Discrete neocortical dynamics predict behavioral categorization of sounds［J］. Neuron, 2012, 76（2）：435-449.

［21］ Dombeck D A, Graziano M S, Tank D W. Functional clustering of neurons in motor cortex determined by cellular resolution imaging in awake behaving mice［J］. J Neurosci, 2009, 29（44）：13751-13760.

［22］ Touriño C, Eban-Rothschild A, de Lecea L. Optogenetics in psychiatric diseases［J］. Curr Opin Neurobiol, 2013, 23（3）：430-435.

［23］ Chaudhury D, Walsh J J, Friedman A K, et al. Rapid regulation of depression-related behaviours by control of midbrain dopamine neurons［J］. Nature, 2013, 493（7433）：532-536.

［24］ Jadauji J B, Djordjevic J, Lundström J N, et al. Modulation of olfactory perception by visual cortex stimulation［J］. J Neurosci, 2012, 32（9）：3095-3100.

［25］ Balconi M, Ferrari C. Repeated transcranial magnetic stimulation on dorsolateral prefrontal cortex improves performance in emotional memory retrieval as a function of level of anxiety and stimulus valence. Psychiatry Clin Neurosci, 2013, 67（4）：210-218.

［26］ 张烨，黄国平，李跃，等. 重复超低频经颅磁刺激对首发抑郁症患者的早期疗效及认知功能影响的初步分析［J］. 四川精神卫生，2013，01：38-41.

［27］ 刘锐，王继军，柳颖，等. 重复经颅磁刺激治疗对精神分裂症认知功能影响的对照研究［J］. 上海精神医学，2008，05：257-260.

［28］ Hauser T U, Rotzer S, Grabner R H, et al. Enhancing performance in numerical magnitude processing and mental arithmetic using transcranial Direct Current Stimulation（tDCS）［J］. Front Hum Neurosci, 2013, 6; 7：244.

［29］ 汪洁，吴东宇，宋为群，等. 左外侧裂后部经颅直流电刺激对失语症动作图命名的作用［J］. 中国康复医学杂志，2013，02：119-123.

［30］屈亚萍，吴东宇，涂显琴，等. 经颅直流电刺激对缓解卒中患者上肢痉挛的疗效观察［J］. 中国脑血管病杂志，2009，11：586-589.

［31］Shen X, Wu Q, Fu X. Effects of duration of expressions on the recognition of microexpressions［J］. Journal of Zhejiang University SCIENCE B, 2012, 13（3）：221-230.

［32］Meijer F, Geudeke B L, van den Broek EL. Navigating through virtual environments：visual realism improves spatial cognition［J］. Cyberpsychol Behav, 2009 Oct, 12（5）：517-521.

［33］Pridmore J, Pliillips-Wren G. Assessing decision making quality in face-to-face teams versus virtual teams in a virtual world［J］. Journal of Decision Systems. 2011, 20（3），283-308.

［34］Roy M J, Costanzo M E, Jovanovic T, et al. Heart Rate Response to Fear Conditioning and Virtual Reality in Subthreshold PTSD［J］. Stud Health Technol Inform, 2013, 191：115-119.

［35］Meyerbröker K, Morina N, Kerkhof G, et al. Virtual reality exposure treatment of agoraphobia：a comparison of computerautomatic virtual environment and head-mounted display［J］. Stud Health Technol Inform, 2011, 167：51-56.

［36］Cesa G L, Manzoni G M, Bacchetta M, et al. Virtual Reality for Enhancing the Cognitive Behavioral Treatment of Obesity With Binge Eating Disorder：Randomized Controlled Study With One-Year Follow-up［J］.J Med Internet Res, 2013, 15（6）：e113.

［37］Tsang M M, Man D W. A virtual reality-based vocational training system（VRVTS）for people with schizophrenia in vocational rehabilitation［J］. Schizophr Res, 2013, 144（1-3）：51-62.

［38］Loomis J M, Blascovich J J, Beall AC. Immersive virtual environment technology as a basic research tool in psychology［J］. Behav Res Methods Instrum Comput, 1999, 31（4）：557-564.

［39］范丽敏. 国内科学仪器深陷依赖进口窘境［EB/OL］.［2013-05-28］. http://www.chinatradenews.com.cn/html/maoyixinxi/2013/0528/1884.html.

［40］杨治良，乐竟泓，王新发等. 心理学仪器的研制报告［J］. 心理科学通讯，1983，01：57-62.

［41］张志群. 微机控制速示仪的研制及其在实验心理学中的应用［J］. 首都师范大学学报（自然科学版），1994，03：45-50.

［42］Kunst-Wilson WR, Zajonc RB. Affective discrimination of stimuli that cannot be recognized［J］. Science, 1980, 207（4430）：557-558.

［43］Bornstein R F, D'Agostino PR. Stimulus recognition and the mere exposure effect［J］. J Pers Soc Psychol, 1992, 63（4）：545-552.

［44］Tang F C, Lao K Q, Surani M A. Development and applications of single cell transcriptome analysis［J］. Nat Methods, 2011,（4 Suppl）：S6-11.

撰稿人：黄景新

ABSTRACTS IN ENGLISH

Comprehensive Report

The Biological Foundation and Environmental Factors on Mind and Behavior

The human mind and behavior are the basic research topics of psychological science. Mind and behavior are not only based on physical and biological foundations, but also influenced by social, economic and cultural, and environmental factors. Focusing on this subject, the present report will introduce the recent major progresses both at home and abroad, narrate the comparison between domestic and foreign research situations and future development trends, and give some suggestions for the research and development of psychology in our country.

1. Research progress

People's knowledge of various complicated process and the relevant biologic foundation of mind and behavior is going through a process from locality and isolation to overallness and unification. The research progress made in different fields has reflected the major trend of this discipline, such as progress in the roles of consciousness based on center awakening, space–time mode of neuron information communication and collection, central gating system, integration of memory and learning process and emotion process, unification in neuromechanism from primitive emotion to artistic aesthetics, evolution of language source and sports system, individual development in the complicated interaction among brain–behavior–gene–environment, animal models on brain function abnormality etc.

The relationship between mind and environment has always been a basis research filed in psychological sphere. Network, social class and culture are environmental factors influencing people's mind and behavior. Internet community, as a virtual environment, takes impact on various aspects of human life, such as socializing and learning and its influence on mind and behavior has been an important research subject. Social classes have been widely researched from the perspective of social cognition, finding a relatively stable cognitive disposition among the same social class that can further influence the way how a man percept himself, others and the society. Creativity is not just a personal feature and individual phenomenon, but rather a complicated cultural phenomenon. Culture decides the development and expression of individual creativity. Behavior decision reveals some cross−cultural differences in coopetition, self−assertiveness, risk seeking, risk communication, deception and corruption. Both similarities and differences exist between western and Chinese cultures in many perspectives. The present research intends to explore from the cultural provisions on individual lifelong development, cultural communication and relevant economic and political practices, influence of the development of psychology particularly from the visual angle of history and cultural comparison.

Theories and methodologies of psychology have been widely applied to all fields of social life, accordingly forming psychology−related sub−disciplines that are important components of psychology discipline. As our country enters the special stage of social development, the social reform is also in a critical stage. It can bring both opportunities and challenges to the development of psychology in China by standing at the world frontier of science and extracting scientific issues thought focusing on major problems in practices and reality.

Cognitive neuroscience, a highly interdisciplinary subject, is closely correlated to high−tech development. In recent years, researchers began to reconsider the cerebral cognitive neural mechanism from a neural network angle, and attach importance to the functions of encephalic regions and the effective linking mechanism, regulation of encephalic region dynamic activation by stimulus and tasks, collaboration mechanism of cognitive encephalic region and other regions etc. Studies of brain neurosciences frame—human brain connection group based on complex networks and graph theory have updated people's knowledge on brain structural connection graph. Individual differences should be the core variable in studying human cognitive ability and neural basis.

Cognitive diagnostic model, as the core of the new generation test theory, pushes psychometrics to an era of soft measurement. The statistical methods applied also show a trend of consolidation. Structural equation model, multi−level regression model and growth model plus response time analysis is three newly developed psychological statistical methods representing latest progress of psychological statistics.

2. Comparisons

To disclose the neurobiological foundation of mind and behavior is not only a critical issue in psychology, but also the world scientific frontier and one of the fields possibly conceiving major breakthrough. Over the recent two decades, the international community has come up with a series of scientific plans, invested massive financial and material sources, and organized scientists from different domains to jointly conquer this major difficulty. Our country has also made some important deployment in this field, including establishing of National Key Laboratory of Brain and Cognition, related project 973 and natural science funds etc. Researches by Chinese scholars in certain fields of study has reached, or almost approached the international level, such as the researches on sensory perception, social cultural cognitive neuron science and branch function connection and so on.

Psychological researches in the western society mainly employ a social cognitive visual angle. Domestic scholars, by contrast, mainly focus on researches on measurement of social class, controllability of subjective social class and attribution preference etc. The domestic web-based learning researches, combining the reality of China's education, investigated the cognition, emotion and motive rules as well as relevant education countermeasures, all of which have been new issues of researches on domestic education psychology. In the West, the concepts of creativity, measurement and influential factors have been widely and adequately studied. Shi Jiannong et al. have been engaged in researches on genius children and creativity for many years and come up with the research result on the creativity development in the context of Chinese culture. Li Yu et al. have performed in-depth researches on the influence of culture on decision making, and found differences in decision making between Chinese and western cultures. With respect to lifelong development, the western psychology pays equal attention to the three perspectives of physics, psychology and spirit. Chinese psychology should perceive the cultural connotation hidden behind western psychology and constructs psychological science and practices suitable to Chinese people.

3. Prospects

With the increasing knowledge on the interaction between the biological mechanism and mind and behavior, the future researches may make new breakthroughs in brain "pacemaker" mechanism, "binding issues" of perception neuromechanism, door control process, emotion and learned regulation as well as direct language communication between human beings and computers. Influences of social and cultural environments on mind and behavior will be studied more detailedly and deeply. Researches on social psychology and behaviors should attach more importance to dynamics, groups and cultural specificity. Moreover, the influences of culture on creativity, decision-making and lifelong development will receive more attentions from scholars. The present China is in a transformation stage, so introduction of political psychology for interpretation and investigation of the social problems in China has been an inevitable trend. The frontier issues of political psychology mainly include international politics, ideological and system rationalization, influences of emotion on political behaviors and so on. At present the political psychology in our country is in a developing stage. As for the future development, it is mainly about the sinicization of political psychological researches and the localization of related theories.

Written by Li Liang, Guo Yongyu, Xu Yan, Shu Hua, Liu Huashan, Shi Jiannong, Li Shu, Han Buxin, Yue Guoan, Liu Li, Ke Yannan, Gao Hongmei, Zuo Xinian, Liu Jia, Yu Jiayuan, Hou Jietai

Reports on Special Topics

Advances in Sensation and Perception Research

Sensation is the reception, transduction and transmission of sensory information obtained by individuals from external world. Perception is the identification, organization and interpretation of afferent sensory information by the brain. Sensation and perception feed information into high-level cognitive processes, such as memory and decision-making, and therefore serve as the basis of those processes. There are multiple sensory modalities, including vision, audition, olfactory, gustation, tactile perception, etc. Among them, vision and audition are the two dominant and most efficient channels for humans to obtain sensory information under normal circumstances. Visual neuroscience focuses on partitioning and locating functions of visual cortices, identifying response properties of neurons in visual pathways, disclosing neural circuits and neural networks, as well as interactions among various visual areas. In particular, the fast development of brain imaging technologies in recent years enables us to record neural activities throughout the whole brain and achieve better knowledge of the functional distribution and structural localization of high-level visual cortices, which furthermore helps us to explore the neural mechanisms of object representation and neural plasticity. Abnormal vision and working principles of the brain can be better understood through the investigation of how visual information is processed in higher mammals. Auditory neuroscience aims at revealing how the brain encodes and processes both the characteristics of basic sound signals like frequency, intensity, pitch, temporal duration and spatial location, and complex sound signals like speech. Remarkable progress has been made in recent years in speech recognition under interfering environment in both fundamental and applied research, along the development of research techniques and methodologies, especially the introduction of the powerful brain imaging technologies into the field and the refinement of techniques in behavioral and neural electrophysiological studies. The research findings are being applied to medical, neural-bionic, national defense areas and people's daily life. Neural mechanism of attention has always been an important topic in the studies of working principles of the brain. Here, we review important research progress in vision, audition and other sensory modalities within the past five years. These research work were conducted using various approaches such as psychophysics, electrophysiology, brain imaging and computational modeling.

Written by Fang Fang, Li Liang, Sun Yang

Recent Advances in the Cognitive Neuroscience of Learning in China

Learning and memory is fundamental to human survival and development, and also is one of the most vibrant and exciting frontiers in cognitive neuroscience. For several prominent reasons, research in the cognitive neuroscience of learning is particular important in China. Although a relatively recent area in China, the last five years have witnessed significant development in this area. The present review provides an overview of the major findings that contribute to our understanding of the basis cognitive and neural mechanisms of human learning, the mechanisms of learning in special domains (e.g., perceptual learning, language learning and motor learning), the neurobiology of learning and memory as well as the disorders of learning. Suggestions for further research in the cognitive neuroscience of learning in China are proposed.

Written by Xue Gui, Gao Zhiyao

Advances in Computational Models of Human Cognition in China

Research in computational models of human cognition explores the essence of cognition and various cognitive functionalities through developing detailed, process-based understanding by specifying corresponding computational models of representations, mechanisms, and processes. It embodies algorithmic descriptions of human cognition in computer programs, and thereby it produces runnable computational models. In this article, we first briefly review the existing symbolist (both procedure models and methods and production system models) and connectionist (i.e., neural network) models of human cognition. Then we describe the development of computational models of cognition in China, followed by a description of how the existing computational models of cognition are applied in the field of information science and psychology. A newly-proposed computational cognition model of Perception, Memory, and Judgment (PMJ model as short) is introduced, which consists of three stages and three pathways by integrating the cognitive mechanism and computability aspects in a unified framework. The process of perception, memory, and judgment

2012-2013

in PMJ Model are corresponding to the steps of analysis, modeling, and decision making in computing, respectively. The applications of the PMJ model in neocortex computing and modeling of driver speed control are described. Neural computing in neocortex proposes that each region of neocortex serves as an information processing unit that completes the process of perception, memory, and judgment in PMJ model. Driver speed control model consists of three major elements: speed perception, memory, and speed selection which are consistent with the three components in PMJ model. Finally, future work in the development of computational models of human cognition in China and the promising expectation of the PMJ model are discussed.

Written by Chen Wenfeng, Zhao Guozhen, Liu Ye,

Wu Changxu, Fu Xiaolan

Progress on Sub-health in China

Health protection and promotion have become a critical topic that is nation-wide concerned. Keeping both physical and mental health of every citizen is largely related to individual well-being, family harmony and social stability, therefore it is of great importance and significance to development and modernization of China. It has been evident that many people today tend to feel uncomfortable in their body and minds, although there is no clear diagnosis of clinically defined health problems identified in them, and they thus go frequently to seek medical treatment. The trend indicates that health condition of our people decline somewhat at the national level, which therefore increases the national expenses on enterprise of health-caring and further affect social productive outcomes and efficiency. Sub-health is a concept that can be used to describe these pre-clinical health phenomena, and it can also be measured and used in work of diagnosis and intervention.

The sub healthy states include physical sub-health, mental sub health, and physical-mental mixed sub health. It was found that the mixed sub health is the most serious one because it is usually resulted from a negatively interaction of one's physical and psychological problems and bring an overall impact on one's normal life. Therefore, to study and solve this kind of mind – body derived sub health problems, become a very important task and responsibility facing Chinese psychologists today. With a financial support of "863 project" from the Ministry of science and technology, Chinese psychologists have developed a series of studies on construction of measuring tools of sub health state, on investigation of distribution of sub health states in Chinese population through a large scale of survey. And at the same time, they have also explored cultural factors and potential resources that are related to sub health. In these studies, a series of sub health intervention technique has been tested. Particularly, the concept as well as the techniques have been used and found useful in the psychological intervention program after the "4.12 WenChuan" earthquake which affected million people living in that part of China.

In general, these research showed that people in sub–health state occupies a large proportion in the population. It is urgent to carry out further research on sub health, and to create various techniques to detect and intervene in sub health problems in its early stage of development. In this way, it is expected to be able to help reduce the number of people who would otherwise be diagnosed as clinical patients, and improve people's quality of life in general.

It is understood that the concept of sub health is still including controversy among scholars of various fields. However, since it is the concept that is believed to primarily emerges from Chinese culture, and it indeed broadens our understanding about distinction between health and disease or illness, it invites more researches from psychology, and from Chinese medicine, western medicine and other fields as well in future.

Written by Luo Fei, Zhang Jianxin, Wang Sisi,
Wang Yu, Zhou Mingjie, Wang Li

Psychosocial Issues in Long-term Spaceflights : Developments in China

Abstract: Manned spaceflights are facing tremendous challenges after nearly five decades of development. These challenges include those encountered in the current space station, as well as those that will be encountered in future manned lunar and Mars exploration and other long–term spaceflights. Astronauts, who are the principal players in manned spaceflights, undertake arduous tasks in such flights, including monitoring, repairing, and assembling spacecraft in orbit, as well as conducting scientific experiments. However, the unique environmental factors in space, i.e., weightlessness, change in circadian rhythm, and extreme isolation, increase the physical and psychological burdens of astronauts. As a result, the cognition and decision–making competency of astronauts are impaired, and their performance becomes less effective, which can lead to mission failure. Therefore, ensuring the safety and health of astronauts and improving their job performance during long–term spaceflights are major challenges and research foci in the field of manned spaceflight.

In recent years, psychologists in China have investigated the effects of working for a long time in the aerospace environment on human psychology and behavior. At present, studies have primarily focused on the effects and mechanism of long–term spaceflights on human perception, cognition, emotion, and decision making. An effective evaluation system and experimental paradigm for human cognition, emotion, and decision making under space conditions in a ground–based gravity environment have been established in these studies. A head–down bed rest is used to simulate the condition of weightlessness. Chinese researchers have examined the applicability of the aforementioned systems and paradigms by using such bed rest experiments. They have probed into the various effects of weightlessness on human cognition, emotion, and decision making. They have explored the role of weightlessness in brain functions and have revealed its possible mechanism. In particular, Chinese psychologists have cross–examined the aforementioned experimental paradigms under orbit conditions and have achieved meaningful results.

These interim results have laid the foundation for the further investigation of the characteristics and mechanisms of human cognition, emotion, and decision making under complex and emergency conditions. The aforementioned studies do not only provide an understanding of the mechanism of human cognition, emotion, and decision making but also pave the way for the exploration of the variation patterns of individual psychological and behavioral tendencies in long–term spaceflights.

Written by Liang Zhuyuan, Jiang Yi, Zhou Wen, Sun Xianghong,
Xuan Yuming, Zhou Yuan, Rao Lilin, Wang Ying, Li Shu

Progress of Techniques, Instruments and Experimental Platforms in Psychological Research

Today, it is realized by scientific community that psychology is not so much speculative as positivistic. Instruments and equipment have been of particular importance in psychology and related disciplines, affecting the dynamics of psychological research. With the theoretical and technological progress in physics, chemistry, biology and computer science, there has been a trend that the instruments used by psychological research become more and more sophisticated and complex. Based upon the understanding of the correlation between technology, instrument and experimental platform, this paper provides a dynamic perspective on the different roles that technologies and instruments have had over the course of psychology history domestically as well as internationally, thus suggesting the more psychological researchers know what instruments are, the more benefit enhancing they will be able to achieve by them.

Written by Huang Jingxin

索　引